普通高等教育"十三五"应用型规划教材

土力学与地基基础

主　编　朱韶茹　潘梽橼

副主编　杨丽平　易　凌

参　编　岳欢欢　刘依莲　胡　帆

U0254836

东南大学出版社

·南京·

内 容 提 要

《土力学与地基基础》从"土力学"和"地基基础"两个方面系统阐述了土的物理性质、土中应力计算、土的变形性质与地基沉降计算、土的抗剪强度、土压力与土坡稳定、地基承载力、浅基础设计、桩基础、区域性地基和地基处理，共 11 章内容。

本书依据《高等学校土木工程本科指导性专业规范》所提出的知识单元和知识点，并主要参考《建筑地基基础设计规范》(GB 50007—2011)编写。内容广泛，实用性强，理论联系实际。

本书既可作为高等院校土木工程专业应用型本科教材，又可供土木工程相关专业，如建筑工程、岩土工程、工程管理、公路桥梁工程等专业人员阅读参考。

图书在版编目(CIP)数据

土力学与地基基础 / 朱韶茹，潘桂橡主编. — 南京：
东南大学出版社，2017.8(2020.1 重印)
ISBN 978-7-5641-7333-3

Ⅰ.①土… Ⅱ.①朱… ②潘… Ⅲ.①土力学 ②地基
－基础(工程) Ⅳ.①TU4

中国版本图书馆 CIP 数据核字(2017)第 171956 号

土力学与地基基础

出版发行：东南大学出版社
社　　址：南京市四牌楼 2 号　　邮编：210096
出 版 人：江建中
责任编辑：史建农　戴坚敏
网　　址：http://www.seupress.com
电子邮箱：press@seupress.com
经　　销：全国各地新华书店
印　　刷：常州市武进第三印刷有限公司
开　　本：787mm×1092mm　1/16
印　　张：17.5
字　　数：448 千字
版　　次：2017 年 8 月第 1 版
印　　次：2020 年 1 月第 2 次印刷
书　　号：ISBN 978-7-5641-7333-3
印　　数：3 001～5 000 册
定　　价：52.00 元

本社图书若有印装质量问题，请直接与营销部联系。电话：025－83791830。

前　言

《土力学与地基基础》是高等学校土木工程本科专业的一门主干课程。随着城市建设的快速发展以及高层建筑、大型公共建筑、重型设备基础、城市地铁、越江越海隧道等工程的大量兴建，土力学理论与地基基础技术显得越来越重要。据统计，国内外发生的工程事故中，以地基基础领域的事故为最多，并且造成的损失和对社会的不良影响越来越大，事故处理的成本与难度也在不断增加，因此，土建类专业的学生及相关工程技术人员应重视本学科知识的学习。

编者根据课程的定位和培养目标，以应用型本科教育为导向进行课程内容编著，立足于实际能力的培养，全书由浅入深、概念清楚、层次分明、重点突出，注重实用性内容，并附有思考题和习题，以巩固学生的学习。本书注重反映地基基础领域的新规范、新规程及推广应用的新技术、新工艺。本书采用的规范、规程有《建筑地基基础设计规范》(GB 50007—2011)、《岩土工程勘察规范》(GB 50021—2001(2009 修订))、《建筑地基处理技术规范》(JGJ 79—2012)、《土工试验方法标准》(GB/T 50123—1999)等。

本书共 11 章，由武汉华夏理工学院朱韶茹、潘桤橼主编，武汉华夏理工学院杨丽平、江西理工大学应用科学学院易凌副主编，武汉华夏理工学院岳欢欢、刘依莲、胡帆参编。具体编写分工如下：朱韶茹编写第 4、5、6、11 章，潘桤橼编写第 1 章，杨丽平编写第 9 章，易凌编写第 2 章，岳欢欢编写第 7、8 章，刘依莲编写第 3 章，胡帆编写第 10 章。全书由朱韶茹统稿完成。

由于时间和编者水平有限，书中不妥之处敬请读者批评指正。

编者

2017 年 5 月

目　录

1 绪论 ………………………………………………………………………………… 1
  1.1 土力学与地基基础的概念 ……………………………………………………… 1
  1.2 国内外土木工程事故案例及对策 ……………………………………………… 3
  1.3 本课程的内容和特点 …………………………………………………………… 7
2 土的物理性质 …………………………………………………………………… 9
  2.1 土的三相组成 …………………………………………………………………… 9
  2.2 土的结构和构造 ………………………………………………………………… 14
  2.3 土的物理性质指标 ……………………………………………………………… 16
  2.4 土的物理性质 …………………………………………………………………… 21
  2.5 土的渗透及渗流 ………………………………………………………………… 25
  2.6 土的压实原理 …………………………………………………………………… 30
3 土中应力计算 …………………………………………………………………… 35
  3.1 土的自重应力 …………………………………………………………………… 35
  3.2 基底压力 ………………………………………………………………………… 37
  3.3 地基附加应力 …………………………………………………………………… 40
  3.4 有效应力原理 …………………………………………………………………… 58
4 土的变形性质与地基沉降计算 ……………………………………………… 61
  4.1 土的压缩性 ……………………………………………………………………… 61
  4.2 地基最终沉降量计算 …………………………………………………………… 66
  4.3 应力历史对地基沉降的影响 …………………………………………………… 77
  4.4 地基沉降与时间的关系 ………………………………………………………… 78
  4.5 地基变形特征与建筑物沉降观测 ……………………………………………… 84
5 土的抗剪强度 …………………………………………………………………… 90
  5.1 土的抗剪强度 …………………………………………………………………… 90
  5.2 抗剪强度的测定方法 …………………………………………………………… 93
  5.3 孔隙压力系数 …………………………………………………………………… 100
  5.4 土的抗剪强度指标 ……………………………………………………………… 102
6 土压力与土坡稳定 …………………………………………………………… 109
  6.1 土压力概述 ……………………………………………………………………… 109
  6.2 土压力计算 ……………………………………………………………………… 110
  6.3 挡土墙设计 ……………………………………………………………………… 122

6.4 土坡稳定分析 ………………………………………………………………… 127

7 地基承载力 …………………………………………………………………… 135

7.1 地基破坏形式及地基承载力 ……………………………………………… 135

7.2 浅基础地基极限承载力 …………………………………………………… 138

7.3 地基承载力的确定方法 …………………………………………………… 142

8 浅基础设计 …………………………………………………………………… 148

8.1 地基基础的基本设计原则 ………………………………………………… 148

8.2 浅基础的类型 ……………………………………………………………… 152

8.3 基础埋深的选择 …………………………………………………………… 156

8.4 基础底面尺寸的确定 ……………………………………………………… 161

8.5 地基变形验算 ……………………………………………………………… 168

8.6 无筋扩展基础的设计 ……………………………………………………… 170

8.7 墙下钢筋混凝土条形基础设计 …………………………………………… 173

8.8 柱下钢筋混凝土独立基础设计 …………………………………………… 177

8.9 减轻不均匀沉降的措施 …………………………………………………… 184

9 桩基础 ………………………………………………………………………… 190

9.1 概述 ………………………………………………………………………… 190

9.2 桩的分类 …………………………………………………………………… 193

9.3 单桩在竖向荷载下的性状 ………………………………………………… 197

9.4 单桩竖向承载力 …………………………………………………………… 199

9.5 群桩基础 …………………………………………………………………… 207

9.6 桩基础的设计 ……………………………………………………………… 213

10 区域性地基 ………………………………………………………………… 230

10.1 概述 ……………………………………………………………………… 230

10.2 湿陷性黄土地基 ………………………………………………………… 230

10.3 膨胀土地基 ……………………………………………………………… 233

10.4 红黏土地基 ……………………………………………………………… 238

10.5 山区地基 ………………………………………………………………… 239

11 地基处理 …………………………………………………………………… 243

11.1 概述 ……………………………………………………………………… 243

11.2 复合地基理论 …………………………………………………………… 246

11.3 换土垫层法 ……………………………………………………………… 251

11.4 重锤夯实与强夯法 ……………………………………………………… 255

11.5 碎(砂)石桩法 ………………………………………………………… 257

11.6 排水固结法 ……………………………………………………………… 259

11.7 高压喷射注浆法与深层搅拌法 ………………………………………… 265

11.8 水泥土搅拌桩法 ………………………………………………………… 267

11.9 土工合成材料 …………………………………………………………… 269

11.10 托换技术 ……………………………………………………………… 271

参考文献 ………………………………………………………………………… 274

1 绪　论

1.1　土力学与地基基础的概念

1.1.1　土与土力学

土是在第四纪地质历史时期地壳表层母岩经受强烈风化作用后所形成的大小不等的颗粒状堆积物,是覆盖于地壳最表面的一种松散的或松软的物质。土是由固体颗粒、液体水和气体组成的一种三相体。固体颗粒之间没有连接强度或连接强度远小于颗粒本身的强度是土有别于其他连续介质的一大特点。因此,土体具有以下 3 个特性。

1) 强度低

土体发生破坏,是剪应力过大所致,因此土的强度是指抗剪强度。土的抗剪强度由摩擦力和黏阻力组成,其强度大大低于钢材、混凝土、砖石、木材等的强度。

2) 变形大

土颗粒之间联结很弱或无联结,在荷载作用下土颗粒很容易发生相对位移,土中水和气体从孔隙排出而使孔隙体积减小,所以土的压缩变形较大。而且,土的变形并不是在加荷(载)瞬间就完成的,而是要经历一定时间才能完成。除了弹性变形外,还有部分不可恢复的塑性变形存在。

3) 透水性大

土颗粒之间具有无数连通的孔隙,形成水气通道,使水可以通过孔隙流动。水在土体内流动称为渗透,又称渗流。砂、石的孔隙大,透水性很大;黏性土的孔隙小,透水性较小。与混凝土等材料相比,土的渗透性很强。

土在地球表面分布极广,它与工程建设关系密切。在工程建设中,土被广泛用作各种建筑物的地基或材料,或构成建筑物周围的环境或护层。在土层上修建工业厂房、民用住宅、涵管、桥梁、码头等时,土是作为承受上述结构物荷载的地基;修筑土质堤坝、路基等时,土又被用做建筑材料,在我国的边远和不发达地区,目前仍有大量的土木结构类型的农舍存在。

总之,土的性质对于工程建设的质量、性状等具有直接的重大影响。土力学是以传统的工程力学和地质学的知识为基础,研究与土木工程有关的土中应力、变形、强度和稳定性的应用力学分支。此外,还要用专门的土工试验技术来研究土的物理化学特性以及土的强度、变形和渗透等特殊力学特性。

1.1.2 地基和基础

支承基础的土体或岩体,称为地基。任何建筑物或构筑物都是建造在地层上的,地基是地层的部分。基础上的压力通过一定深度和宽度的土体或岩体来承担,这部分土体或岩体就是地基。由于土的压缩性大,强度小,因而在绝大多数情况下上部结构荷载不能直接通过墙、柱等传给下部土层(地基),而必须在墙、柱、底梁等和地基接触处适当扩大尺寸,把荷载扩散以后安全地传递给地基,这种位于建筑物墙、柱、底梁以下,经过适当扩大尺寸的建筑物最下部结构称为基础。直接和基础底面接触的土层,称为基础的持力层,简称持力层。土层、地基和基础之间的关系如图1-1所示。

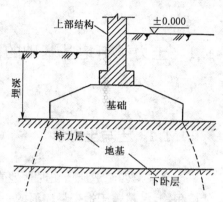

图1-1 地基及基础示意图

土的性质极其复杂。为了保证建筑物的安全,地基需要满足强度、刚度和稳定性条件。强度条件要求地基不发生剪切破坏,即作用于地基上的荷载不超过地基的承载能力;刚度条件就是地基在建筑物荷载作用下的变形不能太大,从而保证建筑物不因地基变形而发生开裂、损坏或者影响正常使用;稳定性条件要求在建筑物使用期间,地基不应发生开裂、滑移和塌陷等有害地质现象,基坑施工过程中开挖边坡不发生滑移。

当地层条件较好、地基土的力学性能较好、能满足地基基础设计对地基的要求时,建筑物的基础被直接设置在天然地层上,这样的地基被称为天然地基;而当地层条件较差,地基土强度指标较低,压缩性较大,无法满足地基基础设计对地基的承载力和变形要求时,常需要对基础底面以下一定深度范围内的地基土体进行加固或处理,这种部分经过人工改造的地基被称为人工地基。

基础底面到地面的距离,称为基础的埋置深度。根据埋置深度的不同,可将基础分为浅基础和深基础两类。通常把埋置深度小于或等于其底面宽度的基础,称为浅基础,如柱下独立基础[图1-2(a)]、墙下条形基础、筏形基础、箱形基础等;而对于浅层土质不良,需要利用深处良

(a) 柱下独立基础

(b) 桩基础

图1-2 典型的基础形式

好地层的承载能力,采用专门施工方法和机具建造的基础,称为深基础,如桩基础[图1-2(b)]、沉井基础、沉箱基础和地下连续墙等。

地基和基础是建筑物的根基,又属于隐蔽工程,它的勘察、设计和施工质量直接关系着建筑物的安危。工程实践表明,建筑物的事故很多都与地基基础问题有关,而且一旦发生地基基础事故,往往后果严重,补救十分困难,有些即使可以补救,但其加固修复工程所需的费用也非常高。

1.2 国内外土木工程事故案例及对策

地基与基础是建筑物的重要组成部分,又属于地下隐蔽工程,一旦发生事故,难以补救,有时会造成重大经济损失甚至人员伤亡。此外,基础工程的费用可占建筑物总造价的10%～30%。实践证明,建筑工程实践中出现的很多事故均与地基基础有关。随着高层建筑物的兴起,深基础工程增多,这对地基基础的设计和施工提出了更高的要求。

1.2.1 地基工程事故类别

地基工程事故,按其性质可分为强度和变形两大问题。地基强度问题引起的地基事故主要表现在地基承载力不足导致地基丧失稳定性和斜坡丧失稳定性两个方面。地基的变形问题引起的地基事故表现为地基过量变形或不均匀变形,使上部结构出现裂缝、倾斜,削弱和破坏了结构的整体性,并影响建筑物的正常使用,甚至导致建筑物倒塌。

1) 地基失稳事故

基底压力超过地基的承载力,使地基土发生剪切滑移破坏,地基便失稳了。地基失稳破坏,主要发生在软弱地基中。

斜坡失稳以滑坡形式出现。滑坡可以是缓慢的、长期的,也可以是突然发生的。滑坡规模差异很大,滑坡体积从数百立方米到数百万立方米,对工程危害极大。斜坡上和斜坡附近的房屋,因所处位置不同,所受到的危害也不相同,大致可以分为以下3类。

(1)位于斜坡顶部的房屋。从顶部形成滑坡,土从房屋下挤出,地基土松动。房屋出现不均匀沉降,可导致开裂损坏或倾斜。

(2)位于斜坡上部的房屋。滑坡发生时,房屋下的土发生移动,部分土绕过房屋基础移动,使房屋产生过大变形,导致结构破坏。

(3)位于斜坡下部的房屋。房屋要经受滑动土体的侧压力。对房屋造成的危害程度与滑坡规模、移动速度有关。事故常常是灾难性的。

建筑施工中,深基坑的开挖,牵涉边坡稳定问题。要满足边坡稳定,方法之一是放坡开挖,但需要的施工场地很大,在城市内施工受到限制;方法之二是垂直开挖,边坡支护,占用场地小,适合城市工地。如果基坑支护不牢,会导致基坑事故或使周围建筑物受到不同程度的损害。

2）地基变形事故

地基变形引起的不均匀沉降,对上部结构的影响主要体现在以下几个方面。

（1）砖墙开裂。

（2）砖柱断裂。

（3）钢筋混凝土柱倾斜或开裂。

（4）高层建筑或高耸构筑物倾斜。建在软土地基上的烟囱、水塔、油罐、储气柜等高耸构筑物,若采用天然地基,则产生倾斜的可能性较大。

1.2.2 地基失稳案例

地基失稳较典型的案例是特朗斯康谷仓事故。

加拿大特朗斯康谷仓,平面呈矩形,长度为 59.44 m,宽度为 23.47 m;谷仓高度为 31.00 m,总容积为 36 368 m³。每排 13 个圆形筒仓,共布置 5 排,总计 65 个筒仓构成一个整体。基础为钢筋混凝土筏形基础,其中筏板厚度为 61 cm,埋深 3.66 m。

谷仓于 1911 年开始施工,1913 年秋完工。谷仓自重 20 000 t,相当于装满谷物后满载总重量的 42.5%。1913 年 9 月起往谷仓装谷物,仔细地装载,使谷物均匀分布。10 月,当谷仓装了 31 822 m³ 谷物时,发现 1 小时内垂直沉降达 30.5 cm。结构物向西倾斜,并在 24 小时间谷仓倾倒,倾斜度离垂线达 26°53′。谷仓西端下沉 7.32 m,东端上抬 1.52 m。整个谷仓倾斜 26°53′,如图 1-3 所示。经过检查,钢筋混凝土筒仓除个别部位出现裂纹外,其余部分完好无损。

该工程未做岩土工程勘察,仅根据邻近工程基槽开挖试验结果进行设计。该基础下有厚达 16 m 的软土层,承载能力远低于设计采用值。在自重和稻谷重量共同作用下,基底实际压力远远大于基土的极限承载力,引起土体整体剪切滑移破坏,致使结构下陷、倾斜。为修复筒仓,在基础下设置了 70 多个支承于深 16 m 基岩上的混凝土墩,使用了 388 个千斤顶,逐渐将倾斜的筒仓纠正。补救工作是在倾斜谷仓底部水平巷道中进行的,新的基础在地表下深 10.36 m。经过纠倾处理后,谷仓于 1916 年起恢复使用。修复后的位置比原来降低了 4 m。

图 1-3 特朗斯康谷仓

1.2.3 斜坡失稳案例

斜坡失稳引起的地基事故典型的是香港宝城滑坡。

1972 年 7 月某日清晨,香港宝城路附近,20 000 m³ 残积土从山坡上下滑,巨大滑动体正好冲过一幢高层住宅——宝城大厦,顷刻间宝城大厦被冲毁倒塌并砸毁相邻一幢大楼一角的 5 层住宅,事故死亡 67 人。如图 1-4 所示。

图 1-4　香港宝城大厦

山坡上残积土本身强度较低,加之雨水入渗使其强度进一步大大降低,使得土体滑动力超过土的强度,于是山坡土体发生滑动。

1.2.4　地基变形案例

1)比萨斜塔

比萨斜塔,位于意大利西部古城比萨市,石砌建筑,塔身为圆筒形,是比萨大教堂的钟楼,共 8 层,总高 55 m,如图 1-5 所示。

该塔于 1173 年破土动工,开始时,塔高设计为 100 m 左右,但动工五六年后,塔身从 3 层开始倾斜,限于当时的技术水平,因不知原因而于 1178 年停工。1272 年重新开工,倾斜问题不能解决,1278 年又停工;1360 年再次复工,直到 1370 年全塔竣工。完工后还在持续倾斜,在其关闭之前,塔顶已南倾(即塔顶偏离垂直线)3.5 m。1990 年,意大利政府将其关闭,开始进行整修工作。该塔楼以斜闻名,伽利略曾在此做过自由落体的科学试验,现已成为意大利的重要旅游景点。

图 1-5　比萨斜塔

全塔总质量大约 14 500 t,塔北侧沉降超过 1 m,南侧下沉近 3 m,倾斜严重时塔顶偏离竖直中心线 5 m 多。这是典型的地基不均匀沉降导致的倾斜。1932 年做过一次纠偏处理,当时在塔基灌注了 1 000 t 水泥,但未能奏效。21 世纪初,经过科学家和工程技术人员的不懈努力,该塔的倾斜程度明显减小,加固取得成功。目前塔向南倾,南北两端沉降差 1.80 m,塔顶偏离中心线已达 5.27 m,倾斜 5.5°。

2）虎丘塔

虎丘塔（图1-6）位于苏州市西北虎丘公园山顶，建成于959～961年，为七级八角形砖塔，塔底直径13.66 m，全塔7层，高47.5 m，重63 000 kN。塔的平面呈八角形，由外壁、回廊与塔心三部分组成。虎丘塔全部砖砌，外形完全模仿楼阁式木塔。从明朝起，虎丘塔即已开始倾斜，至今，塔身最大倾角为3°59′，塔顶偏离中心线距离已达2.31 m，而且底层塔身发生不少裂缝，被称为"中国第一斜塔"。1961年，作为苏州最古老的建筑物被列为国家级保护文物。塔建成后由于历经战火沧桑、风雨侵蚀，使塔体严重损坏，为了使该名胜古迹安全留存，我国于1956～1957年对其进行了上部结构修缮，但修缮的结果使塔体重量增加了约2 000 kN，同时加速了塔体的不均匀沉降，塔顶偏离中心线的距离由1957年的1.7 m发展到1978年的2.31 m，并导致地层砌体产生局部破坏。后于1983年对该塔进行了基础托换，使其不均匀沉降得以控制。

图1-6　虎丘塔

虎丘塔倾斜的主要原因是坐落于不均匀粉质黏土层上，产生不均匀沉降。虎丘塔没有做扩大的基础，砖砌塔身垂直向下砌八皮砖，即埋深0.5 m，直接置于块石填土人工地基上。估算塔重63 000 kN，则地基单位面积压力高达435 kPa，超过了地基承载力。塔倾斜后，使东北部位应力集中，超过砖体抗压强度而压裂。最后在塔四周建造一圈桩排式地下连续墙并对塔周围与塔基进行钻孔注浆和打设树根桩加固塔身，效果良好。

1.2.5　地基工程事故处理方法

出现地基工程事故的原因大致可归纳为岩土工程勘察失误、设计方案和计算错误、施工未按规定进行、环境发生变化、不合理使用等几个方面。地基事故发生后，首先应进行认真细致的调查研究，然后根据事故发生原因和类型，因地制宜地选择相应的基础托换方法。根据其原理不同可概括为下列5类：

（1）基础扩大托换——减少基础底面压力。

（2）基础加深托换——对原地基持力层卸荷，将基础上荷载传递到较好的新的持力层上。如坑式托换和桩式托换。

（3）灌浆托换——对地基加固提高地基承载力。

（4）纠偏托换——调整地基沉降，如迫降纠偏托换和顶升纠偏托换。

（5）排水、支挡、减重和护坡等措施综合治理。

如果建筑物基础需要进行托换，在施工开始前，首先要对该建筑物被托换的安全性予以论证；其次，在建筑物基础托换过程中，还要借助于监测手段，来保证建筑物各部位之间不致产生过大的沉降差；第三要保证其邻近建筑物的安全性。

1.3 本课程的内容和特点

土力学及基础工程是土木建筑、公路、铁路、水利、地下建筑、采矿和岩土工程等有关专业的一门主要课程，属于专业基础课范畴。土力学是基础工程设计和施工技术的理论基础，而基础工程则是土力学与结构工程相结合的结果。它们二者构成本课程的完整体系。

1.3.1 土力学基本内容

土力学部分包括：土的工程性质指标的试验与设计参数确定方法，土的渗透、变形和强度稳定性的计算原理。土的工程性质指标包括物理性质指标和力学性质指标两类，物理指标是指用于定量描述土的组成、土的干湿、疏密与软硬程度的指标；力学性质指标主要是用于定量描述土的变形规律、强度规律和渗透规律的指标。测定这些指标的试验方法包括室内试验和原位测试两类，它们各有其特点和适用条件，学习土力学的理论知识的同时必须重视学习与掌握这些指标的试验测定方法，了解这些指标的适用条件，因此对主要的试验指标，在理论教学的过程中还要安排实验教学，学习土工试验的操作与数据整理方法。

1.3.2 基础工程基本内容

地基基础部分包括地基承载力、浅基础的设计、桩基础、区域性地基和地基处理。该部分内容主要是从地基基础的设计和施工方法进行阐述。

地基承载力包括：地基破坏形式与地基承载力、浅基础地基极限承载力、地基承载力的确定方法。

浅基础设计包括：地基基础的基本设计原则、浅基础的类型、基础埋深的选择、基础底面尺寸的确定、地基变形验算、无筋扩展基础的设计、墙下钢筋混凝土条形基础设计、柱下钢筋混凝土独立基础设计和减轻不均匀沉降的措施。

桩基础包括：桩的分类、单桩在竖向荷载下的性状、单桩竖向承载力、群桩基础和桩基础的设计。

区域性地基包括：湿陷性黄土地基、膨胀土地基、红黏土地基和山区地基。

地基处理包括：复合地基理论、换土垫层法、重锤夯实与强夯法、碎(砂)石桩法、排水固结法、高压喷射注浆法与深层搅拌法、水泥土搅拌桩法、土工合成材料和托换技术。

1.3.3 本学科的发展概况

土力学与地基基础是一项古老的学科和建筑工程技术。早在几千年前的人类建筑活动中，人们就懂得利用土进行建筑。西安新石器时代的半坡村遗址，就发现有土台和石础，这就是古代的"堂高三尺、茅茨土阶"的建筑。我国举世闻名的秦万里长城逾千百年而留存至今，充分体现了我国古代劳动人民的高超水平。隋朝石工李春所修建成的赵州石拱桥,造型美观,至今安然无恙。桥台砌置于密实的粗砂层上,一千三百多年来估计沉降量约几厘米。现在验算其基底压力约 500~600 kPa,这与现代土力学理论给出的承载力值很接近。北宋初著名木工喻皓(公元 989 年)在建造开封开宝寺木塔时,考虑到当地多西北风,便特意使建于饱和土上的塔身稍向西北倾斜,设想在风力的长期断续作用下可以渐趋复正。可见当时的工匠已考虑到建筑物地基的沉降问题了。

上述一切证明,人类在其建筑工程实践中积累了丰富的基础工程设计、施工经验和知识,但是由于受到当时的生产实践规模和知识水平限制,相当长的历史时期内,地基基础仅作为一项建筑工程技术而停留在经验积累和感性认识阶段。

而作为本学科理论基础的土力学的发端,始于 18 世纪欧洲产业革命以后,水利、道路以及城市建设工程中大型建筑物的兴建,提出了大量与土的力学性态有关的问题并积累了不少成功经验和工程事故教训。特别是这些工程事故教训,使得原来按以往建设经验来指导工程的做法已无法适应当时的工程建设发展。这就促使人们寻求对许多类似的工程问题的理论解释,并要求在大量实践基础上建立起一定的理论来指导以后的工程实践。例如,17 世纪末期欧洲各国大规模的城堡建设推动了筑城学的发展并提出了墙后土压力问题,许多工程技术人员发表了多种墙后土压力的计算公式,为法国的库仑(Coulomb, C. A. 1773)提出著名的抗剪强度公式和土压力理论奠定了基础。19 世纪中叶开始,大规模的桥梁、铁路和公路建设推动了桩基和深基础的理论与施工方法的发展。路堑和路堤、运河渠道边坡、水坝等的建设,提出了土坡稳定性的分析问题。1856 年,法国工程师达西(H. Darcy)研究了砂土的透水性,创立了达西渗透公式;1857 年,英国学者朗肯(W. Jm. Rankine)建立了另一种土压力理论与库仑理论相辅相成;1885 年,法国科学家布辛内斯克(J. Boussinesq)提出了半无限弹性体中的应力分布计算公式,至今仍是地基中应力计算的主要方法。1922 年,瑞典学者 W. 费兰纽斯(Fellenius)提出了一种土坡稳定的分析方法。这一时期的理论研究为土力学发展成为一门独立学科奠定了基础。

从 20 世纪 20 年代起,不少学者发表了许多理论和系统的著作。1916 年瑞典彼得森提出了计算边坡稳定性的圆弧滑动法;1920 年法国普兰特发表了地基滑动面的数学公式;而最具代表意义的是 1925 年美国太沙基(K. Terzaghi)首次发表了《土力学》一书,这本著作比较系统地论述了若干重要的土力学问题,提出了著名的有效应力原理,至此,土力学开始真正地形成独立学科。

自 20 世纪 60 年代以来,随着电子计算机的出现和计算技术的高速发展,使土力学的研究进入了一个全新的阶段。现代土力学主要表现为 1 个模型(即本构模型)、3 个理论(即非饱和土的固结理论、液化破坏理论和逐渐破坏理论)、4 个分支(即理论土力学、计算土力学、实验土力学和应用土力学)。其中,理论土力学是龙头,计算土力学是筋脉,实验土力学是基础,应用土力学是动力。近年来,我国在工程地质勘察,室内及现场土工试验,地基处理新设备、新材料、新工艺的研究和应用方面取得了很大的进展。在大量理论研究与实践经验的基础上,有关基础工程的各种设计与施工规范或规程等也相应问世或日臻完善。当然,由于土性的复杂,目前的土力学地基基础理论尚需不断完善。

2

土的物理性质

2.1 土的三相组成

土是由岩石风化生成的松散沉积物，其物质成分包括构成土骨架的矿物颗粒及填充在孔隙中的水和气体，形成所谓的三相体系，即固相（颗粒）、液相（水）和气相（空气）。特殊情况下，土由两相组成：干土由颗粒和气体组成，没有水；饱和土由颗粒和水组成，没有气体。土的三相组成物质的性质，相对含量以及土的构造，都会对土的物理力学性质产生影响。

2.1.1 土的固相颗粒（固相）

固体颗粒（固相）构成土的骨架，土粒大小与其颗粒形状、矿物成分及其组成情况对土物理力学性质影响很大。

1）土的矿物成分

土的矿物成分主要取决于母岩的矿物成分及其所经受的风化作用。不同的矿物成分对土的性质有着不同的影响，通常，粗大土粒其矿物成分往往保持母岩未风化的原生矿物，而细小土粒主要是次生矿物等无机物质以及土生成过程中混入的有机质。因此，细粒土的矿物成分更为重要。

土的矿物成分可分为原生矿物和次生矿物。原生矿物是由岩浆在冷凝过程中形成的矿物，其矿物成分与母岩相同，常见的如石英、长石、云母等。一般较粗颗粒的漂石、卵石、圆砾等，都是由原生矿物组成的。由于其颗粒大，比表面积小（单位体积内颗粒的总表面积），与水的作用能力弱，其抗水性和抗风化作用都强，故工程性质比较稳定。其组成的土具有无黏性、强度高、压缩性较低的特征。

次生矿物是原生矿物经化学风化作用后形成的新矿物（例如黏土矿物）。它们颗粒细小，呈片状，是黏性土固相的主要成分，其矿物成分与母岩不相同。例如黏土矿物的蒙脱石、伊利石、高岭石等。由于其粒径非常小（小于 2 μm），具有很大的比表面积，与水的作用能力很强，能发生一系列复杂的物理、化学变化。上述 3 种黏土矿物的亲水性和膨胀性依次减弱。

2）土粒粒组

自然界中的土都是由大小不同的土粒组成，大的有几十厘米，小的只有千分之几毫米；形状也不一样,粗大土粒往往是岩石经物理风化作用形成的原岩碎屑,是物理化学性质比较稳定的原生矿物颗粒,其形状呈块状或粒状。细小土粒主要是化学风化作用形成的次生矿物颗粒和生成过程中介入的有机物质,其形状主要呈片状。这与土的矿物成分有关,也与土粒所经历的风化、搬运过程有关。

土粒的大小称为粒度,通常以粒径表示。工程上一般将大小相近、性质相似的土粒合并为组,这种按土粒粒径大小和工程性质归并、划分的组别称为粒组。而划分粒组的分界尺寸称为界限粒径。对于粒组的划分方法,目前各个国家、各个部门并不统一。表 2-1 为一种常用的土粒粒组的划分方法。表中根据《土的工程分类标准》(GB/T 50145—2007),按规定的界限粒径 200 mm、60 mm、2 mm、0.075 mm 和 0.005 mm,将土粒粒组先粗分为巨粒、粗粒和细粒 3 个统称,再细分为 6 个粒组:漂石(块石)、卵石(碎石)、圆砾(角砾)、砂粒、粉粒和黏粒。

表 2-1　土粒粒组的划分

粒组统称	粒组名称		粒径范围(mm)	一般特征
巨粒	漂石或块石颗粒		＞200	透水性很大,无黏性,无毛细水
	卵石或碎石颗粒		60～200	
粗粒	圆砾或角砾颗粒	粗	20～60	透水性大,无黏性,毛细水上升高度不超过粒径大小
		中	5～20	
		细	2～5	
	砂粒	粗	0.5～2	易透水,当混入云母等杂质时透水性减小,而压缩性增加;无黏性,遇水不膨胀,干燥时松散;毛细水上升高度不大,随粒径变小而增大
		中	0.25～0.5	
		细	0.075～0.25	
细粒	粉粒		0.005～0.075	透水性小,湿时稍有黏性,遇水膨胀小,干时收缩显著;毛细水上升高度较大较快,极易出现冻胀现象
	黏粒		＜0.005	透水性很小,湿时有黏性、可塑性,遇水膨胀大,干时收缩显著;毛细水上升高度大,但速度较慢

注:(1) 漂石、卵石和圆砾颗粒均呈一定的磨圆状(圆形或亚圆形);块石、碎石和角砾颗粒均呈棱角状;
(2) 粉粒可称为粉土粒,粉粒的粒径上限 0.075 mm 相当于 200 号筛的孔径;
(3) 黏粒可称为黏土粒,黏粒的粒径上限也有采用 0.002 mm 为标准的。

3）土的颗粒级配

土中土颗粒的大小及其组成情况,通常用颗粒级配来表示。所谓颗粒级配,就是土中各个粒组的相对含量,即各粒径的质量占总质量的百分数。确定土中各个粒组相对含量的方法称为土的颗粒分析试验,有筛分法和沉降分析法两种。筛分法适用于粒径小于或等于 60 mm、大于 0.075 mm 的粗粒土。对于粒径小于 0.075 mm 的细粒土,则可用沉降分析法(水分法)。通常需将上述两种方法联合使用。

（1）筛分法

用一套标准筛子[如孔径(mm)分别为 60、40、20、10、5、2、1、0.5、0.25、0.1、0.075],按从上至下筛孔逐渐减小放置,将风干且分散了的有代表性的试样倒入标准筛内摇振,然后分别称出留在各筛子上的土重,并计算出各粒组的相对含量,即得土的颗粒级配。

(2) 沉降分析法

具体有密度计法和移液管法(也称吸管法)。这两种方法的理论基础都是依据 Stokes(斯托克斯)定律,即球状的细颗粒在水中的下沉速度与颗粒直径的平方成正比,用公式表示为

$$d = 1.126\sqrt{v} \tag{2-1}$$

注:直径 d 以毫米计。实际上土粒并不是圆球形颗粒,因此用 Stokes 公式求得的粒径并不是实际土粒的尺寸,而是与实际土粒有相同沉降速度的理想球体的直径,称为水力直径。

具体的试验过程是:将过了筛的风干试样盛入 1 000 mL 的量筒中,注入蒸馏水搅拌制成一定体积的均匀浓度的悬浮液,如图 2-1 所示。停止搅拌静置一段时间 t 后,根据式(2-1),在液面以下深度 L_i 以上的溶液中就不会有大于 d_i 的颗粒(见图 2-1),如在 L_i 处考虑一小区段 $m \sim n$,则 $m \sim n$ 内的悬浮液中只有等于及小于 d_i 的颗粒,而且等于及小于 d_i 颗粒的浓度与开始时均匀悬浮液中等于及小于 d_i 颗粒浓度相等。其效果如同土样在孔径为 d_i 的筛子里一样。这样,任一时刻在任一 L_i 处悬浮液中 d_i 颗粒浓度可用密度计法或移液管法测定。

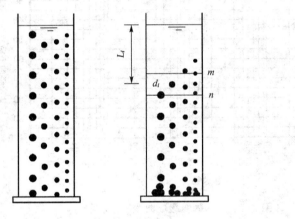

图 2-1　土粒在悬浮液中的沉降

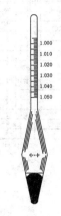

图 2-2　密度计

密度计的外形如图 2-2 所示,它的读数既表示浮泡中心处的悬浮液密度 ρ_i,又表示从悬浮液表面到浮泡中心处的沉降距离 L_i。速度 $v_i = L_i/t_i$;$d_i = 1.126\sqrt{L_i/t_i}$。则在深度 L_i 处等于及小于 d_i 粒径的土粒质量 m_{si} 为

$$m_{si} = 1\,000\,\frac{\rho_i - \rho_w}{\rho_s - \rho_w}\rho_s \tag{2-2}$$

式中:ρ_s——土粒的密度(g/cm³);

$\quad\rho_w$——水的密度(g/cm³)。

那么,相应 d_i(mm)的土粒质量 m_{si} 占土粒总质量 m_s 的累计百分比 P_i(以%表示)为

$$P_i = \frac{m_{si}}{m_s} \tag{2-3}$$

因此,具体试验时,只要将悬液搅拌均匀后,放入密度计,隔不同的时间 t_i(min)(1、2、5、15、30、60、240、1 440),测读密度计读数 ρ_i 及 L_i,就能求出相应于不同时间 t_i 的一系列 d_i 和

P_i 值。移液管法是按规定时间把土样吸出(通常在 100 mm 深度处吸出 10 mL 左右),然后烘干土样,记录留下来的土颗粒质量。

表 2-2 土的颗粒级配

土粒组成粒径（mm）（%） 土样编号	2～10	0.05～2	0.005～0.05	<0.005	d_{60}	d_{10}	d_{30}	C_u	C_c
A	0	99	1	0	0.165	0.11	0.15	1.5	1.24
B	0	66	30	4	0.115	0.012	0.044	9.6	1.40
C	44	56	0	0	3.00	0.15	0.25	20	0.14

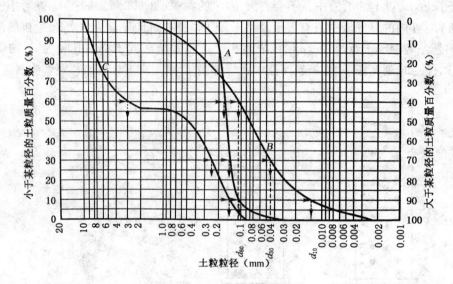

图 2-3 土的颗粒级配曲线

根据颗粒分析试验结果,常采用累计曲线表示土的级配。如果曲线较陡(如图 2-3 曲线 A、C),表示粒径大小相差不多,土粒较均匀,级配不良;反之,曲线平缓(图 2-3 曲线 B),则表示粒径大小相差悬殊,土粒不均匀,即级配良好。为了定量说明问题,工程中常用不均匀系数 C_u 和曲率系数 C_c 来反映土颗粒级配的不均匀程度,其计算公式为

$$C_u = \frac{d_{60}}{d_{10}} \tag{2-4}$$

$$C_c = \frac{(d_{30})^2}{d_{10} \cdot d_{60}} \tag{2-5}$$

式中:d_{60}——小于某粒径的土粒质量占土总质量 60% 的粒径,称为限定粒径;

d_{10}——小于某粒径的土粒质量占土总质量 10% 的粒径,称为有效粒径;

d_{30}——小于某粒径的土粒质量占土总质量 30% 的粒径,称为中值粒径。

可见,不均匀系数 C_u 反映了大小不同粒组的分布情况,即土粒大小或粒度的均匀程度。C_u 越大表示粒度的分布范围越大,土粒越不均匀,其级配越良好。曲率系数 C_c 描述了级配曲

线分布的整体形态,表示是否有某粒组缺失的情况。

工程上对土的级配是否良好可按如下规定判断:

① 对于级配连续的土,$C_u > 5$,级配良好;$C_u < 5$,级配不良。

② 对于级配不连续的土,级配曲线上呈台阶状(见图 2-3 曲线 C),采用单一指标 C_u 难以全面有效地判断土的级配好坏,需同时满足 $C_u > 5$ 和 $C_c = 1 \sim 3$ 两个条件时才为级配良好,反之则级配不良。一般认为:砾类土或砂类土同时满足 $C_u > 5$ 和 $C_c = 1 \sim 3$ 两个条件时,则定名为良好级配砾或良好级配砂。

工程中对于级配良好的土,较细颗粒填充粗颗粒之间的孔隙,密实度较好。作为建筑地基,承载力较高,稳定性较好,透水性和压缩性也较小;而作为填筑工程的建筑材料,则比较容易夯实,是堤坝、路基及其他土方工程中良好的填方用土。

2.1.2 土中水(液相)

土中水有液态水、固态水和气态水 3 种存在形态,而水在土中不同的存在形态对土的性质影响很大。固态水又称矿物内部结晶水或内部结合水,是指存在于土粒矿物的晶体格架内部或是参与矿物构造的水。根据其对土的工程性质的影响,可把矿物内部结合水当做土体矿物颗粒的一部分,这种水只有在比较高的温度下(80~680℃),才能化为气态水而与颗粒分离。气态水是土中气的一部分。液态水是人们日常生活中不可缺少的物质,通常分为自来水、井水、河水与海水等。土孔隙中的水,按其所呈现的状态和性质以及其对土的影响,分为结合水和自由水两种类型。

1) 结合水

结合水是指受电分子吸引力作用吸附于土粒表面成薄膜状的水。这种电分子吸引力高达几千到几万个大气压,使水分子和土粒表面牢固地黏结在一起。它又可细分为强结合水和弱结合水两种。

(1) 强结合水

强结合水紧靠土粒表面,受到电分子引力强,水分子与水化离子排列得非常紧密,密度为 1.2~2.4 g/cm³,冰点为 −78℃,有过冷现象,即温度降到零度以下不发生冻结现象。而黏土只含强结合水时,呈固体状态,磨碎后呈粉末状态;砂土的强结合水很少,仅含强结合水时呈散粒状。

(2) 弱结合水

距土粒表面较远地方的结合水称为弱结合水。仍受颗粒表面电荷所吸引而定向排列于颗粒四周,但水分子的排列不如强结合水紧密,密度为 1.1~1.7 g/cm³,冰点为 −30~−20℃。受力时能由水膜较厚处缓慢转移到水膜较薄处,也可以因电场引力从一个土粒的周围移到另一个颗粒的周围。也就是说,弱结合水膜能发生变形,不能传递静水压力,也不因重力作用而流动。弱结合水的存在是使黏性土具有可塑性的原因,也影响土的冻胀,一般认为弱结合水对黏性土的影响最大。

2) 自由水

自由水是存在于土粒表面电场影响范围以外的土中水。它的性质与普通水一样,能够传递静水压力,冰点为 0℃,有溶解盐类的能力。自由水按所受作用力的不同,又可分为重力水和毛细水两种。

（1）重力水

重力水是存在于地下水位以下透水土层中的地下水,因为在本身重力作用下运动,故称为重力水。在重力或压力差作用下能在土中渗流,对于土粒和结构物水下部分都有浮力作用,在土力学计算中,应考虑这样的渗流及浮力的影响。

（2）毛细水

毛细水是受到水与空气样界面处表面张力的作用、存在于地下水位以上的透水层中的自由水。毛细水不仅受到重力作用,还受到表面张力的支配,能沿着土的细毛孔从潜水面上升到一定的高度,毛细水的上升高度与土粒的粒度和成分有关。这种毛细水上升对于公路路基土的干湿状态及建筑物的防潮有重要影响,在工程中要高度重视。

2.1.3　土中气体(气相)

土的气相是指孔隙中未被水所占据的部位,分自由气体和封闭气泡两类。

土在孔隙中的气体与大气相连通的部分为自由气体。在粗颗粒的沉积物中常见到与大气相连通的空气,当土受外荷载作用时易被挤出土体外,对土的工程性质影响不大。

细颗粒中则存在与大气隔绝的封闭气泡,在受到外力作用时不能逸出。随着压力的增大,气泡可能压缩或溶解于水中,当压力减小时,气泡会恢复原状或重新游离出来,使土的弹性增加,延长土体受力后变形达到稳定的时间,降低透水性。可见,封闭气体对土的工程性质影响较大。

含气体的土称为非饱和土,非饱和土的工程性质研究已成为土力学的一个新的分支。

2.2　土的结构和构造

土的结构是组成土的固体矿物颗粒的形态和组合特征,包括颗粒大小、形状和表面特征,颗粒的排列组合情况和数量关系,以及颗粒的联结特征和孔隙特征。土的结构对土的工程性质影响很大,试验资料表明,同一种土,特别是黏性土,当结构被扰动或重塑时,强度就会降低很多。也就是说,土的结构和构造对土的性质也有很大影响。一般可分为单粒结构、蜂窝结构和絮状结构 3 种基本类型。

2.2.1　单粒结构

单粒结构是土粒在水或空气中下沉形成的一种土的结构。由碎石(砾石)颗粒或砂粒组成的土,具有单粒结构。在单粒结构中,因其颗粒较大,土粒间的分子吸引力相对很小,所以颗粒间几乎没有联结,只有在潮湿不饱和条件下,粒间才会有微弱的毛细压力联结。单粒结构可以是疏松的,也可以是紧密的[图 2-4(a)、(b)]。呈紧密状单粒结构的土,强度较高,压缩性较小,是比较好的天然地基;而具有疏松单粒结构的土,其骨架不稳定,当受到振动或其他外力作用时,土粒易于发生移动,土中孔隙剧烈减少,引起土体较大的变形,因此,疏松状态的单粒结构土,需要经过压实处理才能作为建筑物或构筑物的地基。

2.2.2 蜂窝结构

蜂窝结构主要是由粉粒(0.005~0.075 mm)或细砂组成的土的结构形式。据研究,粒径在 0.005~0.075 m(粉粒粒组)的土粒在水中沉积时,基本上是以单个土粒下沉,当碰上已沉积的土粒时,由于它们之间的相互引力大于其重力,土粒就停留在最初的接触点上不再下沉,逐渐形成土粒链。土粒链组成弓架结构,形成具有很大蜂窝状的结构[图 2-4(c)]。

具有蜂窝结构的土粒主要是粉粒,有很大孔隙,但由于弓架作用和一定程度的粒间联结,所以可承担一定大小的水平静荷载。但是,当其承受较高水平荷载或动力荷载时,其结构将破坏,导致严重的地基沉降。

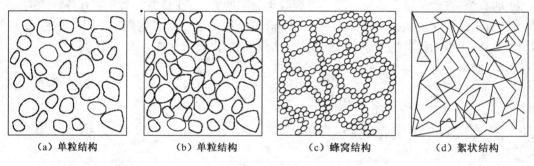

(a) 单粒结构　　　　(b) 单粒结构　　　　(c) 蜂窝结构　　　　(d) 絮状结构

图 2-4　土的结构

2.2.3 絮状结构

絮状结构是黏土颗粒特有的结构。黏粒的重力作用很小,能够在水中长期悬浮,不因自重而下沉。当悬浮液介质发生变化时,黏粒便凝聚成絮状的集粒絮凝体,并相继和已沉积的絮状集粒接触,从而形成空隙体积很大的絮状结构,如图 2-4(d)所示。

絮状结构的土骨架不稳定,随着溶液性质的改变或受到振荡作用后可重新分散。具有絮状结构的黏性土,在长期的固结作用和胶结作用下,土粒之间的联结得到加强,具有一定的承载能力。

2.2.4 土的构造

在同一土层中的物质成分和颗粒大小等都相近的各部分之间的相互关系的特征称为土的构造。土的构造最主要的有层理构造和裂隙构造(见图 2-5)。

1) 层理构造

土的成层性,就是层理构造,是指在土的形成过程中,由不同阶段沉积的物质成分、颗粒大

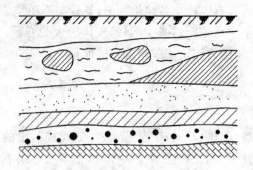

图 2-5　土的层理构造

小或颜色的不同,而沿竖向呈现的成层特征。常见的有水平层理构造和带有夹层、尖灭和透视体等的交错层理构造。

2)裂隙构造

土的裂隙构造,是指土体被许多不连续的小裂隙所分割,在裂隙中常充填有各种盐类的沉淀物,如黄土的柱状裂隙。裂隙的存在大大降低了土体的强度和稳定性,增大透水性,对工程不利。此外,土中的包裹物(如腐殖物、贝壳、结核体等)以及天然或人为的孔洞存在,都会造成土的不均匀性。

2.3　土的物理性质指标

土是固相、液相、气相的分散体系,土中三相组成的比例关系反映土的物理状态,如干湿、软硬、松密等。表示土的三相组成比例关系的指标,统称为土的比例指标。所以,要研究土的物理性质,就要分析土的三相比例关系,以其体积或质量上的相对比值,作为衡量土最基本的物理性质指标,并利用这些指标间接地评定土的工程性质。

2.3.1　指标的定义

为便于分析土的三相组成的比例关系,通常把土中本来交错分布的固体颗粒、水和气体三相分别集中起来,构成理想的三相关系图(图 2-6)。图中各符号意义如下:

V——土的体积;

V_a——土中气体所占的体积;

V_w——土中水所占的体积;

V_s——土中颗粒所占体积;

V_v——土中孔隙所占体积;

m——土的总质量;

m_w——土中水的质量;

m_s——土中颗粒的质量。

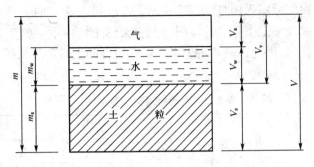

图 2-6 土的三相关系示意图

气体的质量相对甚小,可以忽略不计。

1）3 项基本指标

土的物理性质指标中有 3 个基本指标可直接通过土工试验测定,亦称直接测定指标。

（1）土的天然密度 ρ

土单位体积的质量称为土的密度（单位为 g/cm³ 或 t/m³）,即

$$\rho = \frac{m}{V} \tag{2-6}$$

天然状态下土的密度变化范围很大,一般情况下,黏性土 $\rho = 1.8 \sim 2.0$ g/cm³,砂土 $\rho = 1.6 \sim 2.0$ g/cm³,腐殖土 $\rho = 1.8 \sim 2.0$ g/cm³。

土的密度一般采用"环刀法"测定,用一个圆环刀（刀刃向下）放置于削平的原状土样面上,垂直边压边削至土样伸出环刀口为止,削去两端余土,使其与环刀口面齐平,称出环刀内土质量,求得它与环刀容积之比值即为土的密度。

（2）土的含水量

土中水的质量与土粒质量之比（用百分数表示）称为土的含水量,即

$$\omega = \frac{m_w}{m_s} \times 100\% \tag{2-7}$$

含水量是标志土湿度的一个重要物理指标。天然土层的含水率变化范围较大,砂土从 0 到 40%,黏土可达 60% 或更大,这与种类、埋藏条件及其所处的自然地理环境等有关。一般来说,同一类土（尤其是细粒土）,含水率越高,强度越低。

土的含水量一般采用"烘干法"测定。即将天然土样的质量称出,然后置于电烘箱内,在温度 100～105 ℃下烘至恒重,称得干土质量,湿土与干土质量之差即为土中水的质量,故可按式（2-7）求得土的含水量。

（3）土粒相对密度 d_s

土的固体颗粒质量与同体积时纯水的质量之比,称为土粒相对密度,即

$$d_s = \frac{m_s}{V_s} \frac{1}{\rho_{w1}} = \frac{\rho_s}{\rho_{w1}} \tag{2-8}$$

式中：ρ_s——土粒密度（g/cm³）;

ρ_{w1}——纯水在 4 ℃时的密度（单位体积的质量）,等于 1 g/cm³ 或 1 t/m³。

土粒相对密度可在实验室采用"比重瓶法"测定。将风干碾碎的土样注入比重瓶内,由排出同体积的水的质量原理测定土颗粒的体积。由于天然土体由不同的矿物颗粒组成,而这些矿物的相对密度各不相同,因此试验测定土粒是试样所含的土粒的平均相对密度,一般可参考表 2-3 取值。

表 2-3　土粒相对密度参考值

土的名称	砂　土	粉　土	黏性土	
			粉质黏土	黏　土
土粒相对密度	2.65～2.69	2.70～2.71	2.72～2.73	2.74～2.76

有机质土相对密度一般为 2.4～2.5;泥炭土相对密度为 1.5～1.8。

2) 反映土单位体积质量(或重力)的指标

反映土单位体积质量(或重力)的指标除土的天然密度外,还有下列指标。

(1) 土的干密度 ρ_d

土单位体积中固体颗粒部分的质量,称为土的干密度,并以 ρ_d 表示:

$$\rho_d = \frac{m_s}{V} \tag{2-9}$$

土的干密度一般为 $1.3 \sim 1.8 \text{ t/m}^3$。工程上常用土的干密度来评价土的密实程度,以控制填土、高等级公路路基和坝基的施工质量。

(2) 土的饱和密度 ρ_{sat}

土孔隙中充满水时的单位体积质量,称为土的饱和密度 ρ_{sat}:

$$\rho_{sat} = \frac{m_s + V_v \rho_w}{V} \tag{2-10}$$

式中:ρ_w——水的密度,近似取 $\rho_w = 1 \text{ g/cm}^3$。

(3) 土的有效密度(或浮密度)ρ'

在地下水位以下,单位体积中土粒的质量扣除同体积水的质量后,即为单位土体积中土粒的有效质量,称为土的有效密度 ρ',即

$$\rho' = \frac{m_s - V_s \rho_w}{V} \tag{2-11}$$

在计算自重应力时,须采用土的重力密度,简称重度。土的湿重度 γ、干重度 γ_d、饱和重度 γ_{sat}、有效重度 γ',分别按下列公式计算:$\gamma = \rho g$、$\gamma_d = \rho_d g$、$\gamma_{sat} = \rho_{sat} g$、$\gamma' = \rho' g$。式中 g 为重力加速度,各重度指标的单位为 kN/m^3。

3) 反映土的孔隙特征、含水程度的指标

(1) 土的孔隙比

土中孔隙体积与土粒体积之比称为土的孔隙比 e,即

$$e = \frac{V_v}{V_s} \tag{2-12}$$

这是表示土密实程度的一个重要指标。根据孔隙比 e 的数值，可以初步评价天然土层的密实程度：$e < 0.6$ 的土是密实的，压缩性小；$e > 1.0$ 的土是疏松的，压缩性大。

（2）土的孔隙率 n

土中孔隙体积与总体积之比（用百分数表示）称为土的孔隙率。

$$n = \frac{V_v}{V} \times 100\% \tag{2-13}$$

土的孔隙比和孔隙率都是反映土体密实程度的重要物理性质指标。在一般情况下，n 愈大，土愈疏松；反之，土愈密实。

（3）土的饱和度 S_r

土中水的体积与孔隙体积之比称为土的饱和度，以百分率计，即

$$S_r = \frac{V_w}{V_v} \times 100\% \tag{2-14}$$

土的饱和度反映了土中孔隙被水充满的程度。显然，干土的饱和度 S_r 为 0，当土处于完全饱和状态时，饱和度为 100。通常可根据饱和度的大小将细砂、粉砂等土划分为稍湿、很湿和饱和 3 种状态，见表 2-4。

表 2-4 砂土湿度状态的划分

湿 度	稍 湿	很 湿	饱 和
饱和度 S_r（%）	$0 < S_r \leqslant 50$	$50 < S_r \leqslant 80$	$S_r > 80$

2.3.2 三相比例指标的换算

进行各指标间关系的推导中常采用三相指标图，如图 2-7 所示，即令 $V_s = 1$，$\rho_{w1} = \rho_w$，则 $V_v = e$，$V = 1 + e$，再由式（2-7）和式（2-8）得

土颗粒的质量：$m_s = \rho_s \cdot 1 = d_s \rho_w$

水的质量：$m_w = \omega m_s = \omega d_s \rho_w$

土的总质量：$m = m_s + m_w = (1 + \omega) d_s \rho_w$

土的天然密度：$\rho = \dfrac{m}{V} = \dfrac{d_s(1+\omega)\rho_w}{1+e}$

土的干密度：$\rho_d = \dfrac{m_s}{V} = \dfrac{d_s \rho_w}{1+e} = \dfrac{\rho}{1+\omega}$

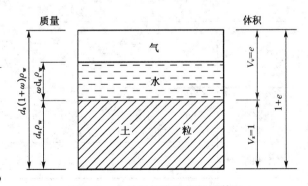

图 2-7 土的三相物理指标换算图

由上式可得出：

孔隙比：$e = \dfrac{d_s \rho_w}{\rho_d} - 1 = \dfrac{d_s(1+\omega)\rho_w}{\rho} - 1$

饱和密度：$\rho_{sat} = \dfrac{m_s + V_v \rho_w}{V} = \dfrac{(d_s + e)\rho_w}{1 + e}$

浮密度：$\rho' = \rho_{sat} - \rho = \dfrac{(d_s - 1)\rho_w}{1 + e}$

孔隙率：$n = \dfrac{V_v}{V} = \dfrac{e}{1 + e}$

饱和度：$S_r = \dfrac{V_w}{V_v} = \dfrac{m_w}{V_v \rho_w} = \dfrac{\omega d_s}{e}$

土的三相比例指标换算公式一并列于表 2-5。

表 2-5　土的三相比例指标换算公式

名　称	符　号	三项比例表达式	常用换算式	单　位	常见的数值范围
含水量	ω	$\omega = \dfrac{m_w}{m_s} \times 100\%$	$\omega = \dfrac{S_r e}{d_s} = \dfrac{\rho}{\rho_d} - 1$	%	20～60
土粒相对密度	d_s	$d_s = \dfrac{m_s}{V_s \rho_{w1}}$	$d_s = \dfrac{S_r e}{\omega}$		黏性土：2.72～2.75 粉土：2.70～2.71 砂土：2.65～2.69
密度	ρ	$\rho = \dfrac{m}{V}$	$\rho = \rho_d(1 + \omega)$ $\rho = \dfrac{d_s(1 + \omega)}{1 + e} \cdot \rho_w$	g/cm^3	1.6～2.0
干密度	ρ_d	$\rho_d = \dfrac{m_s}{V}$	$\rho_d = \dfrac{\rho}{1 + \omega} = \dfrac{d_s \rho_w}{1 + e}$	g/cm^3	1.3～1.8
饱和密度	ρ_{sat}	$\rho_{sat} = \dfrac{m_s + V_v \rho_w}{V}$	$\rho_{sat} = \dfrac{d_s + e}{1 + e} \cdot \rho_w$	g/cm^3	1.8～2.3
有效密度	ρ'	$\rho' = \dfrac{m_s - V_s \rho_w}{V}$	$\rho' = \rho_{sat} - \rho_w$ $\rho' = \dfrac{d_s - 1}{1 + e} \cdot \rho_w$	g/cm^3	0.8～1.3
孔隙比	e	$e = \dfrac{V_v}{V_s}$	$e = \dfrac{d_s \rho_w}{\rho_d} - 1$ $e = \dfrac{d_s(1 + \omega)\rho_w}{\rho} - 1$		黏性土和粉土： 0.40～1.20 砂土：0.3～0.9
孔隙率	n	$n = \dfrac{V_v}{V} \times 100\%$	$n = \dfrac{e}{1 + e} = 1 - \dfrac{\rho_d}{d_s \rho_w}$	%	黏性土和粉土： 30～60 砂土：25～45
饱和度	S_r	$S_r = \dfrac{V_w}{V_v} \times 100\%$	$S_r = \dfrac{\omega d_s}{e} = \dfrac{\omega \rho_d}{n \rho_w}$	%	0～100

注：水的重度 $\gamma_w = \rho_d g = 1\ t/m^3 \times 9.807\ m/s^2 = 9.807 \times 10^3 (kg \cdot m/s^2)/m^3$，常近似为 $10\ kN/m^3$。

　　这里要说明的是，在以上计算中，是以土的总质量作为计算的出发点，其实以土的总体积作为计算的出发点，或以其他量为 1 都可以得出相同的结果。因为事实上，上述各个物理指标都是三相间量的相互比例关系，不是量的绝对值。因此，在换算时，可以根据具体情况决定采用某种方法。

【例 2-1】　某土样采用环刀取样试验,环刀体积为 $60\ cm^3$,环刀加湿土的质量为 $156.6\ g$,环刀质量为 $45.0\ g$,烘干后土样质量为 $82.3\ g$,土粒相对密度为 2.73。试计算该土样的含水率 ω、孔隙比 e、孔隙率 n、饱和度 S_r 以及天然重度 γ、干重度 γ_d、饱和重度 γ_{sat} 和有效重度 γ'。

【解】　湿土质量:$m = 156.6 - 45.0 = 111.6\ g$,干土质量 $m_s = 82.3\ g$

水的质量:$m_w = 111.6 - 82.3 = 29.3\ g$

含水率:$\omega = \dfrac{m_w}{m_s} \times 100\% = \dfrac{29.3}{82.3} \times 100\% = 35.6\%$

土的重度:$\gamma = \rho \cdot g = \dfrac{111.6}{60} \times 10 = 18.6\ kN/m^3$

孔隙比:$e = \dfrac{d_s(1+\omega)\rho_w}{\rho} - 1 = \dfrac{2.73 \times 10 \times (1 + 35.6\%)}{18.6} - 1 = 0.990$

孔隙率:$n = \dfrac{e}{1+e} = \dfrac{0.990}{1+0.990} = 49.7\%$

饱和度:$S_r = \dfrac{\omega d_s}{e} = \dfrac{35.6\% \times 2.73}{0.990} = 98.2\%$

干重度:$\gamma_d = \dfrac{\gamma}{1+\omega} = \dfrac{18.6}{1+35.6\%} = 13.7\ kN/m^3$

饱和重度:$\gamma_{sat} = \dfrac{d_s + e}{1+e} \cdot \gamma_w = \dfrac{2.73 + 0.990}{1+0.990} \times 10 = 18.7\ kN/m^3$

有效重度:$\gamma' = \gamma_{sat} - \gamma_w = 18.7 - 10 = 8.7\ kN/m^3$

2.4　土的物理性质

2.4.1　无黏性土的密实度

1) 砂土的相对密度

无黏性土一般是指砂类土和碎石土,其主要影响因素是密实度。无黏性土的密实度对其工程性质具有重要的影响,密实的无黏性土具有较高的强度和较低的压缩性,是良好的建筑物地基。但松散的无黏性土,尤其是饱和的松散砂土,不仅强度低,而且水稳性较差,容易产生流砂、液化等工程事故。判定无黏性土密实度的方法,可以用孔隙比 e 的大小来评定。对于同一种土,当 e 小于某一限度时,处于密实状态。e 越大,表示土中孔隙越大,则土疏松。但对于级配相差较大的不同类土,则天然孔隙比 e 难以有效判定密实度的相对高低,因此,对于无黏性土的评价在工程中常引入相对密实度的概念。其表达式为

$$D_r = \dfrac{e_{max} - e}{e_{max} - e_{min}} \tag{2-15}$$

式中:e——砂土的天然孔隙比;

e_{max}——砂土在最松散状态时的孔隙比,即最大孔隙比;

e_{min}——砂土在最紧密状态时的孔隙比，即最小孔隙比。

最大孔隙比和最小孔隙比可直接由试验测定。显然，当 $D_r = 0$ 时，即 $e = e_{max}$，表示砂土处于最疏松状态；$D_r = 1$ 时，即 $e = e_{min}$，表示砂土处于最紧密状态。因此，根据相对密实度 D_r 可把砂土的密实度状态分为下列 3 种：

$0 < D_r \leqslant 0.33$ 松散

$0.33 < D_r \leqslant 0.67$ 中密

$0.67 < D_r \leqslant 1$ 密实

2）按标准贯入试验划分砂土密实度

在实际工程中，由于很难在地下水位以下的砂层中取到原状土样，砂土的天然孔隙比很难准确测定，这就使相对密实度的应用受到限制。因此《建筑地基基础设计规范》(GB 50007—2011) 中采用标准贯入试验的锤击数 N 来评价砂类土的密实度，其划分标准见表 2-6。

表 2-6　按标准贯入试验锤击数 N 划分砂土密实度

砂土密实度	松　散	稍　密	中　密	密　实
N	$N \leqslant 10$	$10 < N \leqslant 15$	$15 < N \leqslant 30$	$N > 30$

注：(1) N 为标准贯入试验锤击数；
(2) 当用静力触探头阻力判定砂土的密实度时，可根据当地经验确定。

3）按重型圆锥动力触探试验划分碎石土密实度

《建筑地基基础设计规范》(GB 50007—2011) 中采用重型圆锥动力触探试验的锤击数 $N_{63.5}$ 来评价碎石土的密实度，其划分标准见表 2-7。

表 2-7　按重型圆锥动力触探试验锤击数 $N_{63.5}$ 划分碎石土的密实度

密实度	松　散	稍　密	中　密	密　实
锤击数 $N_{63.5}$	$N_{63.5} \leqslant 5$	$5 < N_{63.5} \leqslant 10$	$10 < N_{63.5} \leqslant 20$	$N_{63.5} > 20$

注：本表适用于平均粒径小于或等于 50 mm 且最大粒径不超过 100 mm 的卵石、碎石、圆砾、角砾，对于平均粒径大于 50 mm 或最大粒径大于 100 mm 的碎石土，可按《建筑地基基础设计规范》(GB 50007—2011) 附录 B 鉴别。

2.4.2　黏性土的物理特性

含水量对黏性土的工程性质有着极大的影响，黏性土根据其含水率的大小可以处于不同的状态，随着黏性土含水量的增大，土成泥浆，呈黏滞流动的液体。它们在外力的作用下，可塑成任何形状而不产生裂缝，当外力移去后，仍能保持原形状不变，土的这种性质叫做可塑性。当含水量逐渐降低到某一值时，土会显示出一定的抗剪强度，并具有可塑性。这些特征与液体完全不同，它表现为塑性体的特征。当含水量继续降低时，土能承受较大的剪切应力，在外力作用下不再具有塑性体特征，而呈现具有脆性的固体特征。

1）黏性土的界限含水量

黏性土从一种状态转变为另一种状态的分界含水量称为界限含水量。同一种黏性土随其含水量的不同，而分别处于固态、半固态、可塑状态和流动状态，其界限含水量分别为缩限、塑限和液限,如图 2-8 所示。

图 2-8 黏性土的界限含水率

黏性土由一种状态转到另一种状态的分界含水量,称为界限含水量。黏性土由可塑状态转到流动状态的界限含水量称为液限,用符号 ω_L 表示;由半固态转到可塑状态的界限含水量称为塑限,用符号 ω_P 表示;由固态转到半固态的界限含水量称为缩限,用符号 ω_S 表示。界限含水量都以百分数表示,但省去"%"。

(1) 液限

我国目前采用锥式液限仪来测定黏性土的液限,如图 2-9 所示。

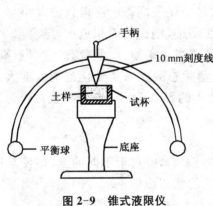

图 2-9 锥式液限仪

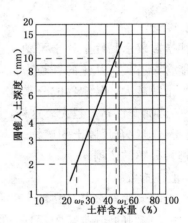

图 2-10 圆锥入土深度与含水量关系曲线

将调成浓糊状的试样装满盛土杯,刮平杯口面,将 76 g 重圆锥体(含有平衡球,锥角 30°)轻放在试样表面的中心,在自重作用下徐徐沉入试样,若经过 15 s 圆锥进入土样深度恰好为 10 mm 时,则该试样的含水量即为液限值。圆锥入土深度与含水量关系曲线如图 2-10 所示。

国外也有采用碟式液限仪测定黏性土的液限。它是将浓糊状试样装入碟内,刮平表面,用切槽器在土中成槽,槽底宽 2 mm,如图 2-11 所示。然后将碟子抬高 10 mm,自由下落撞击在硬橡皮垫板上。连续下落 25 次后,若土槽合拢长度刚好为 13 mm,则该试样的含水量就是液限。

图 2-11 碟式液限仪

(2) 塑限

黏性土的塑限多用"搓条法"测定。把塑性状态的土重塑均匀后,用手掌在毛玻璃板上把土团搓成小土条,搓滚过程中,水分渐渐蒸发,若土条刚好搓至直径为 3 mm 时产生裂缝并开始断裂,此时土条的含水量即为塑限值。由于上述方法采用人工操作,人为因素影响较大,测试成果不稳定,现在发展到用液限、塑限联合测定法。

联合测定法是采用锥式液限仪,以电磁放锥法对黏性土试样以不同的含水量进行若干次实验(一般 3 组),测定锥体入土深度。按测定结果在双对数纸上作出 76 g 圆锥体的入土深度与土样含水量的关系曲线,在曲线上取入土深度为 10 mm 的点所对应的含水量就是液限,入土深度为 2 mm 的点所对应的含水量为塑限。

(3)缩限

黏性土的缩限,一般采用收缩皿法测定。用收缩皿或环刀盛满含水量为液限的土试样,放在室内逐渐晾干,至试样的颜色变淡时,放入烘箱中烘至恒重,测定烘干后的收缩体积和干土质量,就可求得缩限。

2)黏性土的塑性指数和液性指数

(1)塑性指数

液限与塑限之差值定义为塑性指数,习惯上略去百分号,即

$$I_P = \omega_L - \omega_P \tag{2-16}$$

塑性指数表示黏性土处于可塑状态的含水量变化范围。塑性指数的大小与土中结合水的可能含量有关。从土的颗粒来说,土的颗粒愈细,则比表面积愈大,结合水含量愈高,因而塑性指数越大。从矿物成分来说,土的黏粒或亲水矿物(如蒙脱石)含量愈高,水化作用愈剧烈,因而塑性指数越大。这样,土处在可塑状态的含水量变化范围就愈大。也就是说,塑性指数能综合反映土的矿物成分和颗粒大小的影响,因此,塑性指数常作为工程上对黏性土进行分类的依据。

(2)液性指数

虽然土的天然含水量对黏性土的状态有很大影响,但对于不同的土,即使具有相同的含水量,如果它们的塑限、液限不同,则它们所处的状态也就不同。因此,还需要一个表征土的天然含水量与分界含水量之间相对关系的指标,这就是液性指数。液性指数一般用小数表示,即

$$I_L = \frac{\omega - \omega_P}{I_P} = \frac{\omega - \omega_P}{\omega_L - \omega_P} \tag{2-17}$$

由上式可见,当土的天然含水量小于塑限时,$I_L < 0$,土体处于坚硬状态;当 $\omega > \omega_L$ 时,$I_L > 1$,土体处于流动状态;当 ω 介于液限和塑限之间时,$0 < I_L < 1$,土体处于可塑状态。因此可以利用 I_L 来表示黏性土所处的软硬状态。I_L 值愈大,土质愈软;反之,土质愈硬。

《建筑地基基础设计规范》(GB 50007—2011)规定:黏性土根据液性指数可划分为坚硬、硬塑、可塑、软塑及流塑 5 种软硬状态。其划分标准见表 2-8。

表 2-8 黏性土的状态

状态	坚硬	硬塑	可塑	软塑	流塑
液性指数 I_L	$I_L \leqslant 0$	$0 < I_L \leqslant 0.25$	$0.25 < I_L \leqslant 0.75$	$0.75 < I_L \leqslant 1$	$I_L > 1$

注:当用静力触探头阻力或标准贯入锤击数判定黏性土的状态时,可根据当地经验确定。

2.5　土的渗透及渗流

土孔隙中的自由水在重力作用下透过土孔隙流动的现象称为渗透或渗流,而土被水流透过的性质,称为土的渗透性。水在土体中渗流,一方面会引起水头损失或基坑积水,影响工程效益和进度;另一方面将引起土体变形,改变构筑物或地基的稳定条件,直接影响工程安全。在许多实际工程中都会遇到渗流的问题,如水利工程中的土坝和闸机、建筑物基础施工中开挖的基坑等。通常都要计算其渗透量并评判其渗透稳定性。当渗透的流速较大时,水流拖曳土体的渗透力将增加。渗透力的增大将导致土体发生渗透变形,并可能危及建筑物或周围设施的安全。因此,在工程设计与施工中,应分析可能出现的渗透情况,必要时采取合理的防渗措施。

2.5.1　土的渗透性

1）达西定律

1856 年,法国工程师达西(H. Darcy)对均匀砂土进行了大量渗透试验(图 2-13),发现土中水的渗透速度与试样两端面间的水头差成正比,而与相应的渗透路径成反比,即达西定律。用下式表示:

$$v = k\frac{\Delta h}{L} = ki \tag{2-18}$$

也可用渗流量表示:

$$q = vA = kiA \tag{2-19}$$

式中:q——单位渗水量(m^3/s);

$\quad\ v$——渗透速度(cm/s);

$\quad\ i$——水力梯度或水力坡降,即水头差与其距离之比,也表示单位渗流长度上的水头损失;

$\quad\ k$——土的渗透系数,其物理意义为单位水力梯度 $i = 1$ 时的渗透速度,其量纲与渗透速度相同(cm/s),它是反映土的透水性大小的一个综合指标。

要注意的是,式(2-19)中的渗透速度 v 并不是土孔隙中水的实际平均流速。它假定水在土中是通过整个断面面积,其中包括了土粒骨架所占的部分面积。显然,土粒本身是不能透水的,渗透水流只通过土体中的孔隙,故真实的过水断面面积应小于整个断面面积 A,从而实际平均流速应大于 v,一般称 v 为假想平均流速,目前在渗流计算中广泛采用的流速也是假想平均流速。

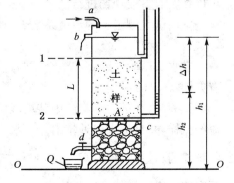

图 2-12　达西渗透实验装置

2）达西定律的适应范围

达西定律是由砂质土体实验得到的,如图 2-13(a)所示,渗透速度 V 与水力梯度 i 的一次方成正比。后来推广应用于其他土体如对密实的黏土,由于结合水具有较大的黏滞阻力,进一步的研究表明,在某些条件下,这类土的渗透特征偏离达西定理,汗斯博(S. Hansbo,1960 年)对 4 种原状黏土进行了试验,其 v-i 关系如图 2-13(b)所示。实线表示非线性增长,且不通过原点。因此,只有当水力梯度达到某一数值,克服了吸着水的黏滞阻力以后,才能发生渗透。将这一开始发生渗透时的水力梯度(截距)称为黏性土的起始水力梯度。这时达西定理修改为

$$v = k(i - i_b) \tag{2-20}$$

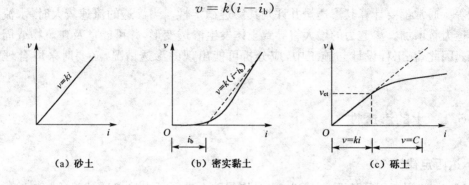

（a）砂土　　　　　（b）密实黏土　　　　　（c）砾土

图 2-13　土的渗透速度与水力梯度的关系

式中:i_b——密实黏土的起始水力梯度。

其余符号意义同前。

另外,试验也表明,在粗粒土中,只有在水力梯度较小时,渗透速度与水力梯度才呈线性关系,而在较大的水力梯度下,水在土中的流动即进入紊流状态,则呈非线性关系,此时达西定律不能适用,如图 2-13(c)所示。

3）土的渗透系数

土的渗透系数 k 反映了土的渗透性能,是土的重要力学性能指标之一,也是渗流计算时必须要用到的一个基本参数,它的大小不能通过计算得出,只能通过试验确定,渗透系数的测定可以在实验室或现场进行。

室内试验测定土的渗透系数 k 可根据实验装置不同分为常水头法和变水头法。

（1）常水头试验

常水头试验法就是在整个试验过程中保持水头为一常数,从而水头差也为常数。试验装置如图 2-14(a)所示。

试验时,在透明塑料筒中装填截面为 A、长度为 L 的饱和试样,打开水阀,使水自上而下流经试样,并自出水口处排出。待水头差 Δh 和渗出流量 Q 稳定后,量测经过一定时间 t 内流经试样的水量 Q,则由 $Q = qt = k\dfrac{\Delta h}{L}At$（$q$ 为单位时间内流过土截面面积 A 的流量）,根据达西定律可得土样的渗透系数为

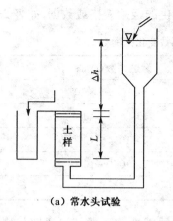
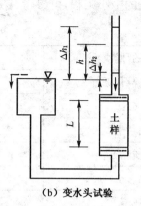

（a）常水头试验　　　　　　　（b）变水头试验

图 2-14　室内渗透试验

$$k = \frac{Q \cdot L}{\Delta h \cdot A t} \tag{2-21}$$

常水头试验适用于测定透水性大的砂性土的渗透参数。黏性土由于渗透系数很小，渗透水量很少，用这种试验不易准确测定，须改用变水头试验。

（2）变水头试验

变水头试验适用于透水性较差的黏性土。变水头试验法就是试验过程中水头差一直随时间而变化，其装置如图 2-14(b)，水从一根直立的带有刻度的玻璃管和 U 形管自下而上流经土样。试验时，将玻璃管充水至需要高度后，开动秒表，测记起始水头差 Δh_1，经时间 t 后，再测记终了水头差 Δh_2，通过建立瞬时达西定律，即可推出渗透系数 k 的表达式。

设玻璃细管过水截面积为 a，土样截面积为 A，长度为 L，试验开始后任一时刻土样的水头差为 h，经 $\mathrm{d}t$ 时间，管内水位下落 $\mathrm{d}h$，则在 $\mathrm{d}t$ 时间内流经试样的水量为

$$\mathrm{d}Q = -a\mathrm{d}h \tag{2-22}$$

式（2-22）中，负号表示渗水量随 h 的减小而增加。

根据达西定律，在 $\mathrm{d}t$ 时间内流经试样的水量又可表示为

$$\mathrm{d}Q = k\frac{h}{L}A\mathrm{d}t \tag{2-23}$$

由式（2-22）和式（2-23）得

$$\mathrm{d}t = -\frac{aL}{kAh}\mathrm{d}h \tag{2-24}$$

将上式两边积分

$$\int_{t_1}^{t_2} \mathrm{d}t = -\int_{h_1}^{h_2} \frac{aL}{kAh}\mathrm{d}h \tag{2-25}$$

即可得到土的渗透系数

$$k = \frac{aL}{A(t_2 - t_1)}\ln\frac{h_1}{h_2} \approx 2.3\frac{aL}{A(t_2 - t_1)}\lg\frac{h_1}{h_2} \tag{2-26}$$

对于大量的中小工程,可参考有关规范、文献提供的经验表格或数据,如表 2-9 所示。

表 2-9 各类土渗透系数变化范围

土的种类	渗透系数(cm/s)
卵石、碎石、砾石	$5 \times 10^{-4} \sim 5 \times 10^{-3}$
砂	$10^{-6} \sim 5 \times 10^{-4}$
粉 土	$5 \times 10^{-8} \sim 10^{-6}$
粉质黏土	$5 \times 10^{-9} \sim 10^{-8}$
黏 土	$< 5 \times 10^{-9}$

对于天然沉积的土层,一般呈层理构造,具有成层特性。显然其渗透性与均质土不同,则渗透系数 k 需通过"等效"概念换算得到,具体见有关书籍及资料。

4) 影响土渗透性的主要因素

影响土体渗透性的因素很多,而且也比较复杂。土体颗粒大小、级配、密度以及土中封闭气泡,都会直接影响到土的渗透性。

(1) 土的粒度成分及矿物成分。土的颗粒大小、形状及级配,影响土中孔隙大小及其形状,因而影响土的渗透性。土颗粒越粗、越浑圆、越均匀时,渗透性就越大。砂土中含有较多粉土及黏土颗粒时,其渗透系数就大大降低。

(2) 结合水膜厚度。黏性土中若土粒的结合水膜厚度较厚时,会阻塞土的孔隙,降低土的渗透性。

(3) 土的结构构造。天然土层通常不是各向同性的,在渗透性方面往往也是如此。如黄土具有竖直方向的大孔隙,所以竖直方向的渗透系数要比水平方向大得多。层状黏土常夹有薄的粉砂层,它在水平方向的渗透系数要比竖直方向大得多。

(4) 水的黏滞度。水在土中的渗流速度与水的容重及黏滞度有关,而黏滞度又受温度影响。温度越高,黏滞度越低,渗流速度越大。

2.5.2 渗流力及渗流破坏

水在土中流动的过程中将受到土阻力 J_s 的作用,使水头逐渐损失。同时,水的渗透将对土骨架产生拖曳力,导致土体中的应力与变形发生变化。这种渗透水流作用对土骨架产生的拖曳力称为渗流力 J,也称为动水压力。

研究有水渗流时的土体稳定性问题,常需计算渗流力的大小,故渗流力的计算具有一定的工程实践意义。

1) 渗流力 J 的计算公式

当饱和土体内有水头差时,水体就通过土体间的孔隙流动。我们在土中沿水流的渗透方向,切取一个土柱体 ab(见图 2-15),土柱体长度为 l,横截面面积为 A。已知 a、b 两点距基准面的高度分别为 z_1 和 z_2,两点的测压管水柱高分别为 h_1 和 h_2,则两点的水头分别为 $H_1 = h_1 + z_1$ 和 $H_2 = h_2 + z_2$。

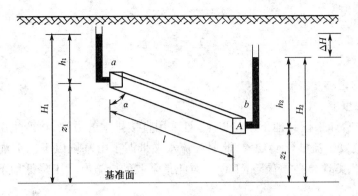

图 2-15　渗透力水的计算

将土柱体 ab 内的水作为脱离体,分析作用在水上的各种力(在 ab 轴线方向)有:

(1) 作用在土柱 a、b 两端的孔隙水压力分别为 $\gamma_w h_1 A$(水流方向)和 $\gamma_w h_2 A$(水流相反方向)。

(2) 孔隙水重力和土粒浮力的反力之和,后者应等于土粒同体积的水柱重力,两者方向都与水流方向一致,即

$$V_v \gamma_w + V_s \gamma_w = \gamma_w n l A \cos\alpha + \gamma_w (1-n) l A \cos\alpha = \gamma_w l A \cos\alpha$$

式中:n——土的孔隙率。

(3) 土柱中土粒对渗流水的阻力 lAJ_s,其方向与水流方向相反。

略去渗流时的惯性力,根据作用在土柱体 d 内水上的各力平衡条件可得

$$\gamma_w h_1 A - \gamma_w h_2 A + \gamma_w l A \cos\alpha - lAJ_s = 0$$

化简,并以 $\cos\alpha = \dfrac{z_1 - z_2}{l}$ 代入上式,可得

$$\gamma_w(h_1 - h_2) + \gamma_w(z_1 - z_2) - lJ_s = 0$$

$$J_s = \frac{\gamma_w[(h_1 + z_1) - (h_2 + z_2)]}{l} = \frac{\gamma_w(H_1 - H_2)}{l} = \gamma_w i$$

阻力 J_s 的大小应与渗流力 J 相等,而方向相反。故得渗流力计算公式为

$$J = J_s = \gamma_w i \tag{2-27}$$

从式(2-27)可知,渗流力是一种体积力,量纲与 γ_w 相同,大小与水头梯度成正比,方向与水流方向一致。

2）渗透变形

由于渗透力方向与渗流方向一致,地下水流动时,若水流方向为由上向下,此时动水力(渗流力)方向与土粒重力方向一致,使土粒压得更紧,对工程无害;如渗流自下而上,则渗透力方向与土体重力方向相反,这将减少土颗粒之间的压力,使土颗粒悬浮。特别当动水力 J 的数值等于或大于土的浮重度 γ' 时(即向上的动水力克服了土粒向下的重力时),土体发生浮起而随水流动,这种现象称为流砂或流土,是常见的渗透破坏形式之一。这时的水头梯度称为临界水头梯度,用符号 i_{cr} 表示,即

$$J = \gamma_w i_{cr} = \gamma'$$

$$i_{cr} = \frac{\gamma'}{\gamma_w} = \frac{\gamma_{sat}}{\gamma_w} - 1 \tag{2-28}$$

式中：γ_{sat}——土的饱和重度；

γ_w——水的重度。

在基坑开挖中，如果挖到地下水位以下，且采用直接排水的方法，将产生由下向上的渗流。当 $i > i_{cr}$ 时，就会发生流砂（土）现象，此时渗流水夹带泥土由基坑以下向上涌起，将引起坑底土结构破坏。对此类现象必须预防，工程上对此常采取的措施有人工降低地下水位、打板桩和抛石等。

渗透破坏形式，还有管涌与潜蚀。当深基坑距离河塘较近或基坑底下土层中存在承压含水层时，在水位差的作用下，基坑土体中存在渗透水流，由于土体的不均匀性，土体中某一部位的土颗粒在渗透水流的作用下会发生运动，使填充在土体骨架空隙中的细颗粒被渗水带走而形成涌水通道，即形成管涌（又称翻沙鼓水、泡泉）。当主渗漏涌水通道上的细颗粒被基本带走后，在较强的水流冲刷下，主通道两侧的细颗粒进入涌水主通道，使涌水主通道逐渐变宽，管涌持续时间越长，通道的宽度越宽，继而发生大量涌水和塌方事故。可见，管涌破坏一般有一定的发展过程，是一种渐进性质的破坏。管涌现象可以发生在土体表面逸出处，也可以发生于土体内部；而流砂现象一般发生在土体表面逸出处，不发生在土体内部，这是管涌与流砂的简单区别。为防止管涌现象发生，一般可在构筑物下游边坡逸出处设置反滤层，防止细小土颗粒被渗流水夹带走。

2.6　土的压实原理

在工程建设中经常会遇到需要将土按一定要求进行堆填和密实的情况，例如路堤、土坝、桥台、挡土墙、管道埋设、基础垫层以及基坑回填等。填土经挖掘、搬运之后，原状结构已被破坏，含水率亦发生变化，未经压实的填土强度低，压缩性大而且不均匀，遇水易发生塌陷、崩解等。土的压实就是通过碾压或振动的方法，将具有一定级配、含水量的松散土压实成具有一定强度的土层。在室内通常采用击实试验测定扰动土的压实性指标，即土的压实度（压实系数）；在现场通过夯打、碾压或振动达到工程填土所要求的压实度。

1）击实试验和击实曲线

在实验室进行土的击实试验，是研究土压实性的基本方法。所用的主要设备是击实仪，它分轻型和重型两种。轻型击实试验适用于粒径小于 5 mm 的黏性土，而重型击实试验适用于粒径不大于 20 mm 的土。

击实试验时，将风干的土样等分成至少 5 份，每份加入不同的水量充分搅拌，制备不同含水量的试样，将拌和土样装入击实筒中，每铺一层（共 3～5 层）后均用击实锤按规定的落距和击数锤击土样，直至把被击实的土样充满击实筒。再由击实筒的体积和筒体被压实土的总重计算出湿密度 ρ_i，同时测出含水量 ω_i，并可由换算公式算出干密度 ρ_{di}。

$$\rho_{di} = \frac{\rho_i}{1 + \omega_i} \tag{2-29}$$

通常由一组几个(通常为 5 个)不同含水量的同一种土样分别按上述方法进行试验(详细试验方法和试验仪器见《土工试验方法标准》),得出几组 $\omega\rho_d$ 的试验数据,绘制含水率与干密度曲线,如图 2-16 所示,称为击实曲线。击实曲线以含水量为横坐标,干密度为纵坐标,曲线上的峰值为最大干密度 $\rho_{d,max}$,与之相应的横坐标(制备含水量)称为最优含水量,用 ω_{op} 表示。

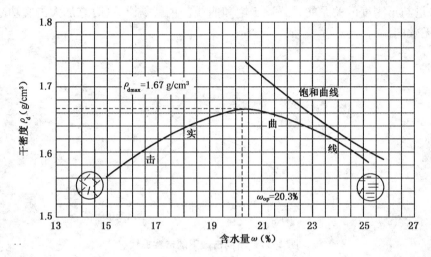

图 2-16 击实曲线

压实填土的最大干密度和最优含水量应采用击实试验确定。对于碎石、卵石或岩石碎屑等填料,其最大干密度取 2 100~2 200 kg/m³。对于黏性土或粉土填料,当无试验资料时,可按下式计算最大干密度:

$$\rho_{d,max} = \eta \frac{\rho_w G_s}{1 + 0.01 \omega_{op} G_s} \tag{2-30}$$

式中:η——经验系数,粉质黏土取 0.96,粉土取 0.97;

ρ_w——水的密度(kg/m³);

G_s——土粒的相对密度;

ω_{op}——最优含水量(%)。

2)影响击实效果的因素

影响击实效果的因素很多,但最重要的是含水量、击实功(能)和土的性质。

(1)含水量的影响

含水率的大小对土的压实效果影响极大。

在同一压实功能作用下,黏性土在含水量低时,土粒表面的结合水膜薄,击实过程中,土颗粒间的作用力以引力为优势,在一定的外力击实功能下,颗粒相对错动困难,并趋向于形成任意排列,干密度就低。随着含水量的增加,结合水膜增厚,击实过程中,颗粒间排斥力增大,颗粒错动容易,因此颗粒定向排列增多,干密度也就相应增大。当含水量超过某一值后,虽仍能使土颗粒间引力减小,但颗粒间结合水膜承担了一部分击实功,粒间所受的有效应力减小,土体不易压实,继续增加含水量,只能使密度降低。

（2）击实功的影响

夯击的击实功与夯锤的质量、落高、夯击次数以及被夯击土的厚度等有关;碾压的压实功则与碾压机具的质量、接触面积、碾压遍数以及土层的厚度等有关。

对于同一土料,加大击实功,能克服较大的粒间阻力,会使土的最大干密度增加,而最优含水量减小,如图 2-17 所示。同时,当含水量较低时击数(能量)的影响较为显著。当含水量较高时,含水量与干密度的关系曲线趋近于饱和曲线。也就是说,这时靠加大击实功来提高土的密实度是无效的。

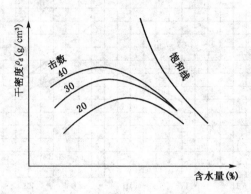

图 2-17　不同击数下的击实曲线

（3）土的性质的影响

在相同压实功能条件下,土颗粒越粗,最大干密度就越大,最优含水率越小,土越容易压实;土中含腐殖质多,最大干密度就小,最优含水率则大,土不易压实;级配良好的土压实后比级配均匀土压实后最大干密度大,而最优含水率要小,即级配良好的土容易压实。究其原因,是在级配均匀的土体内,较粗土粒形成的孔隙很少有细土粒去填充,而级配不均匀的土则相反,有足够的细土粒填充,因而可以获得较高的干密度。图 2-18（a）所示为 5种不同粒径、级配的土料,在同一标准的击实试验中所得到的 5 条击实曲线如图 2-18（b）所示。

可见,含粗粒越多的土样其最大干密度越大,而最优含水量越小,即随着粗粒土增多,曲线形态不变但朝左上方移动。对于砂性土,其干密度与含水率之间的关系没有单一峰值点反映在压实曲线上,且干砂和饱和砂土压实时干密度大,容易密实;而湿的砂土,因有毛细压力作用使砂土互相靠紧,阻止颗粒移动,压实效果不好。故最优含水率的概念一般不适用于砂性土等无黏性土。无黏性土的压实标准常以相对密实度 D_r 控制,一般不进行室内击实试验。

3）压实系数

在工程实践中,用土的压实度或压实系数来直接控制填方工程质量。压实系数用 λ 表示,它定义为工地压实时要求达到的最大干密度 ρ'_{dmax} 与室内击实试验所得到的最大干密度 ρ_{dmax} 之比值,即

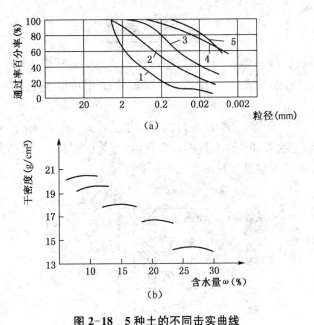

图 2-18　5种土的不同击实曲线

$$\lambda = \frac{\rho'_{dmax}}{\rho_{dmax}} \tag{2-31}$$

对于砌体承重结构及框架结构,在地基主要受力层范围内,$\lambda \geqslant 0.97$;在地基主要受力层范围以下,$\lambda \geqslant 0.95$。对于排架结构,在地基主要受力层范围内,$\lambda \geqslant 0.96$;在地基主要受力层范围以下,$\lambda \geqslant 0.94$。

思考题

2-1　土是如何生成的?它与其他材料(如混凝土和钢材等)相比较,最主要的区别是什么?土具有哪些主要特征?

2-2　什么是土的颗粒级配?什么是土的颗粒级配曲线,有何用途?

2-3　土中水按性质可以分为哪几类?

2-4　什么是土的物理性质指标?哪些指标是可以直接测定的,哪些指标是需要通过换算得到的?

2-5　为什么要区分干密度、饱和密度、有效密度?

2-6　土粒的相对密度(比重)与土的相对密实度有何区别?如何根据相对密实度判断砂土的密实程度?

2-7　什么是黏性土的界限含水量?什么是土的液限、塑限、缩限、塑性指数和液性指数?

2-8　影响土的压实性的主要因素是什么?

2-9　什么叫 d_{10}、d_{30}、d_{60}、C_c 和 C_u?如何在级配曲线上求得这些指标?它们各有什么用途?

2-10　流砂与管涌现象有什么区别和联系?

习　题

2-1　从某土层取原状土做试验,测得土样体积为 $50\ \mathrm{cm^3}$,湿土样质量为 98 g,烘干后质量为 77.5 g,土粒相对密度为 2.65。计算土的含水量 ω、干重度 γ_d、孔隙比 e、孔隙率 n 及饱和度 S_r。

2-2　天然完全饱和土样切满于环刀内,称得总质量为 72.49 g,经 105℃烘至恒重为 61.28 g,已知环刀质量为 32.54 g,土粒相对密度(比重)为 2.74,试求该土样的天然密度 ρ、天然含水量 ω、干密度 ρ_d 及天然孔隙比 e。

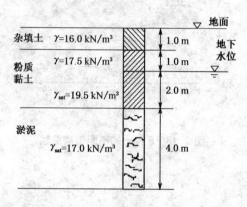

图 2-19　习题 2-3 图

2-3　某土样经试验测得体积为 $100\ \mathrm{cm^3}$,湿土质量为 187 g,烘干后的干土质量为 167 g。若土粒相对密度 $d_s = 2.66$,试求该土样的含水量 ω、密度 ρ、孔隙比 e 和饱和度 $S_r(\rho_w = 1.0\ \mathrm{g/cm^3})$。

2-4　砂土土样的密度为 $1.77\ \mathrm{g/cm^3}$,含水量为 9.8%,土粒的比重为 2.67,烘干后测定最小孔隙比为 0.461,最大孔隙比为 0.943,试求孔隙比 e 和相对密实度 D_r,并评定该砂土的密实度。

2-5　某地基土样物理性质指标如下:含水量 $\omega = 18\%$,干密度 $\rho_d = 1.60\ \mathrm{g/cm^3}$,相对密度 $d_s = 2.72$,液限 $\omega_L = 30\%$,塑限 $\omega_P = 16\%$。求:(1)该土的孔隙比 e、孔隙率 n、饱和度 S_r。(2)塑性指数 I_P、液性指数 I_L,并确定土的名称及状态。

3

土中应力计算

3.1 土的自重应力

在计算土体自重应力时，假定地基为均质的半无限弹性体，在其自重作用下只产生垂直变形，均无横向位移和剪切变形的存在。故地基中任意深度 z 处产生的竖向自重应力就等于单位面积上土柱体的重力，如图 3-1 所示。

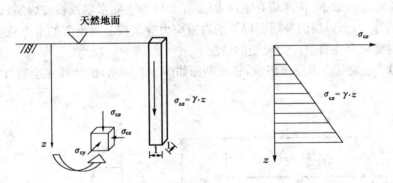

图 3-1 均质土中的竖向自重应力及分布

3.1.1 均质土的自重应力

地基中的自重应力是指由土体本身的有效重力产生的应力。研究地基自重应力的目的是为了确定土体的初始应力状态。

对于均匀土（土的重度 γ 为常数），在地表以下深度 z 处自重应力为

$$\sigma_{cz} = \gamma z \qquad (3-1)$$

可见，均质土层中的自重应力随深度呈线性增加，如图 3-1 所示。

在重力作用下，地基土除了存在作用于水平面上的竖向自重应力外，还存在作用于竖直面上的侧向自重应力。由于土柱体在重力作用下无侧向变形和剪切变形，根据弹性力学和土体的侧限条件，可以推导出

$$\sigma_{cx} = \sigma_{cy} = k_0 \sigma_{cz} \qquad (3-2)$$

$$\tau_{xy} = \tau_{yz} = \tau_{zx} = 0 \tag{3-3}$$

式中：k_0——土的侧压力系数或静止土压力系数。

k_0 可以通过试验求得，无试验资料时可按经验公式推算，见第 4 章表 4-1。

3.1.2 成层土的自重应力

在一般情况下，天然地基往往由成层土所组成，设各土层的厚度为 $h_1, h_2, h_3, \cdots, h_n$，重度为 $\gamma_1, \gamma_2, \gamma_3, \cdots, \gamma_n$，则深度 z 处土的自重应力可通过对各层土自重应力求和得到，即

$$\sigma_{cz} = \gamma_1 h_1 + \gamma_2 h_2 + \gamma_3 h_3 + \cdots = \sum_{i=1}^{n} \gamma_i h_i \tag{3-4}$$

式中：n——至计算层面上的总数；

h_i——第 i 层土的厚度（m）；

γ_i——第 i 层土的天然重度（kN/m^3），地下水位以上的土层一般取天然重度 γ，对地下水位以下的土层取有效重度 γ'，因为土受到水的浮力影响，其自重应力相应减小。

但在地下水位线以下，若埋藏有不透水层（比如硬黏土隔水层顶板或岩层），由于不透水层中不存在水的浮力，所以层面及层面以下的自重应力应该按上覆土层的水土总重计算，在不透水层的上下界面处存在自重应力突变的情况。

【例 3-1】 一地基由多层土组成，地质剖面如图 3-2 所示，试计算并绘制自重应力 σ_{cz} 沿深度的分布图。

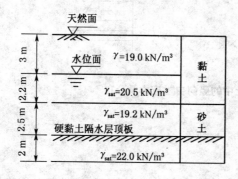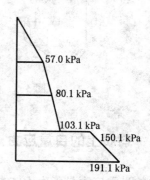

图 3-2 土的自重应力计算及其分布

【解】 $\sigma_{cz1} = \gamma_1 h_1 = 19 \times 3.0 = 57 \ kPa$

$\sigma_{cz2} = \gamma_1 h_1 + \gamma_1' h_2 = 57 + (20.5 - 10) \times 2.2 = 80.1 \ kPa$

$\sigma_{cz3} = \gamma_1 h_1 + \gamma_1' h_2 + \gamma_2' h_3 = 80.1 + (19.2 - 10) \times 2.5 = 103.1 \ kPa$

$\sigma_{cz3'} = \gamma_1 h_1 + \gamma_2 h_2 + \gamma_3 h_3 = 19.0 \times 3 + 20.5 \times 2.2 + 19.2 \times 2.5 = 150.1 \ kPa$

$\sigma_{cz4} = \gamma_1 h_1 + \gamma_2 h_2 + \gamma_3 h_3 + \gamma_4 h_4 = 19.0 \times 3 + 20.5 \times 2.2 + 19.2 \times 2.5 + 22 \times 2 = 194.1 \ kPa$

3.1.3　地下水升降时的自重应力

自然界中的土层一般形成至今已有很长的地质年代,它们在自重作用下变形早已稳定,故自重应力不再引起建筑物基础沉降,但对于近期沉积或堆积的土层等情况,尚应考虑自重应力作用下的变形。并且地下水位的变动也会引起土中自重应力的变化,如图 3-3 所示。在深基坑开挖中,需大量抽取地下水,以致地下水位大幅度下降,引起土的重度改变。因 $\gamma > \gamma'$,故自重应力增加,从而造成地表大面积下沉的严重后果。反之,若地下水位长期上升,如大量工业废水渗入地下的地区或在人工抬高蓄水水位地区,水位上升会引起地基承载力的减小、湿陷性土的塌陷现象等,必须引起注意。

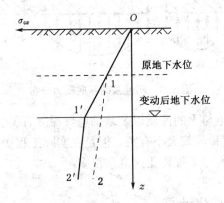

图 3-3　地下水位下降对水中自重应力的影响
O-1-2 为原来自重应力的分布;
O-1′-2′ 为地下水位变动后自重应力的分布

3.2　基底压力

由建筑物荷载等作用所引起的应力称为土中的附加应力,而建筑物荷载是通过基础传给地基的,在基础底面与地基之间产生接触压力(方向向下),通常称为基底压力,也称接触压力。它既是基础作用于地基表面的力,也是地基对于基础的反作用力(作用力抛物线形、钟形向上)。因此,在计算地基中的附加应力时,应首先研究基底压力的大小与分布情况。

3.2.1　基底压力的分布

一般情况,基底压力呈非线性分布。对于柔性基础(如土坝、路基及油罐薄板)在垂直荷载作用下没有抵抗弯曲变形的能力,基础随着地基一起变形,如图 3-4 所示。对于柱下独立基础、墙下条形基础等刚性基础,因为受地基容许承载力的限制,加上基础还有一定的埋置深度,其基底压力呈马鞍形分布,如图 3-5 所示。

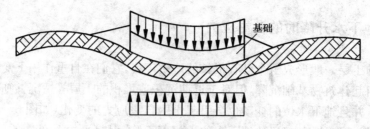

图 3-4 柔性基础基底压力分布

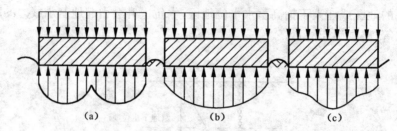

图 3-5 刚性基础基底压力分布

由此可见,基底压力分布与土的性质以及基础埋置深度有关。理论与试验研究也表明,基础底面的压力分布还与形状和荷载大小有关。但是在实际工程中,上述的刚性基础并不存在,这只是一种理想化的演变,实际工程要比这复杂得多。

3.2.2 基底压力的简化计算

通过上节分析可知,精确的确定基底压力是一个相当复杂的问题。但对于桥梁墩台基础以及工业民用建筑中的柱下单独基础、墙下条形基础等扩展基础,一般可近似看作刚性基础。但由于基底压力都是作用在地表附近,根据弹性理论中的圣维南原理可知,其具体分布形式对地基中应力计算的影响将随深度的增加而减少,至一定深度后,地基中的应力分布几乎与基底压力的分布形态无关,而只取决于荷载合力的大小和位置。因此,目前的工程实践中,对于一般基础工程的地基计算,允许采用简化方法,即假定基底压力呈直线分布的材料力学方法,但这种简化方法用于计算基础内力会引起较大的误差。

1) 中心荷载作用下的基底压力

当基础受竖向中心荷载作用时,基底压力假定为均匀分布,如图 3-6 所示,基底平均压力设计值 p(kPa)可按材料力学公式计算,即

$$p = \frac{F+G}{A} \qquad (3-5)$$

式中:F——基础顶面的竖向力(kN);

A——基底面积(m^2),矩形基础 $A = lb$,l 和 b 分别为矩形基底的长度和宽度(m),对于条形基础可沿长度方向取 1 m 计算,则上式中 F、G 代

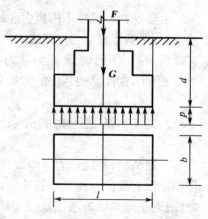

图 3-6 中心荷载下基底压力分布

表每延米内的相应值(kN/m)。

G——基础自重及其上回填土重之和(kN),其中 $G = \gamma_G A d$,γ_G 为基础及回填土之平均重度,一般取 20 kN/m³,地下水位以下部分应扣除 10 kN/m³ 的浮力;

d——基础埋深(m),一般从室外设计地面或室内外平均设计地面算起。

2) 偏心荷载作用的基底压力

对于单向偏心荷载的矩形基础,设计时通常把基础底面的长边 l 放在偏心方向,基底两边缘的最大压力和最小压力可按材料力学短柱偏心受压公式计算:

$$\begin{matrix} p_{max} \\ p_{min} \end{matrix} = \frac{F+G}{A} \pm \frac{M}{W} = \frac{F+G}{A}\left(1 \pm \frac{6e}{l}\right) \tag{3-6}$$

式中:M——作用在基底形心上的力矩值(kN·m),$M = (F+G)e$;

e——荷载偏心距;

W——基础底面的抵抗矩(m),对矩形基础 $W = bl^2/6$。

从式(3-6)可知,按荷载偏心距 e 的大小,基底压力的分布可能出现下述 3 种情况(图 3-7 所示):

① 当 $e < l/6$ 时,$p_{min} > 0$,基底压力呈梯形分布,如图 3-7(a)所示。

② 当 $e = l/6$ 时,$p_{min} = 0$,基底压力呈三角形分布,如图 3-7(b)所示。

③ 当 $e > l/6$ 时,$p_{min} < 0$,如图 3-7(c)中虚线所示,表明距离偏心荷载较远的基底边缘会产生拉应力,但是基底与地基之间不能承受拉应力,此时产生拉应力部分的基底将与地基土局部脱开,从而使基底压力重新分布,这种情况在设计中应尽量避免。因此,根据地基反力与作用在基础面上的平衡条件可知,偏心竖向荷载 $F+G$ 应通过三角形反力分布图的形心,如图 3-7(c)的实线分布可得基底边缘最大的压力为

$$p_{max} = \frac{2(F+G)}{3b(l/2 - e)} \tag{3-7}$$

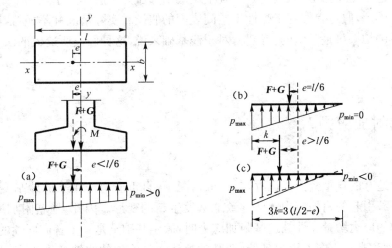

图 3-7　偏心荷载下基底压力分布

3.2.3 基底附加压力

基底附加压力是指作用在基础底面的压力与基础底面处原有的自重应力之差。它是引起地基土附加应力及变形的直接因素。在工程实践中，一般基础在地面下都有一定的埋置深度，该深度处土中原有的竖向有效自重应力 σ_{cd}［如图 3-8(a)］因基坑开挖后被卸除［如图 3-8 (b)］。为了分析地基中由建筑物荷载造成的基底附加压力时，应扣除基底标高处土中原有的（建筑前的）自重应力 σ_{cd} 后，才能得到基底平均附加压力 p_0［如图 3-8(c)］。

则基底平均附加应力 p_0 可表示为

$$p_0 = p - \sigma_{cd} = p - \gamma_0 d \tag{3-8}$$

式中：p——基底压力设计值(kPa)；

σ_{cd}——基底处土的自重应力标准值(kPa)，$\sigma_{cd} = \gamma_0 d$；

γ_0——基底标高以上天然土层的加权平均重度，其中地下水位以下取有效重度；

d——基础埋置深度(m)，必须从天然地面算起，$d = h_1 + h_2 + h_3 + \cdots$。

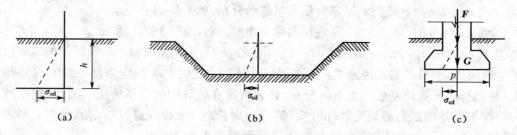

图 3-8 基底平均附加应力的计算

对于浅基础，基底压力求得后，可将其视为作用在地基表面的荷载，然后进行地基中的附加应力计算。这里需要指出的是，由于工程上基底附加压力一般作用于地表下一定深度(指基础的埋深)处，因此，假定它作用于弹性半空间表面的假设和实际情况并不相符，所以运用弹性力学解答所得的结果只是近似的。但是，对于浅基础来说，这种假设所造成的误差是可以忽略不计的。

3.3 地基附加应力

由于天然地基的自重应力早已存在，一般情况下，自重应力作用下的地基变形早已完成，只有建筑物荷载引起的附加应力才能导致地基发生新的变形。因此，地基附加应力主要是由外加荷载引起的应力增量。计算地基附加应力时，假定基础土是一个各向同性的、均匀的线性变形体，在深度和水平方向上无限延伸，即基础被认为是均匀的线性变形半空间，我们可以在弹性力学中采用弹性半空间理论推导。

3.3.1　竖向集中力下的地基附加应力

1）单个竖向集中力作用

如图 3-9 所示，在半无限弹性地基表面上作用一竖向集中力 F 时，半空间内任一点 $M(x, y, z)$ 将产生应力和位移，此产生的应力增量即为附加应力。如图 3-9，将集中力作用处作为坐标原点，根据弹性力学解析，推导出空间任一点 $M(x, y, z)$ 处单元体上 6 个应力及 3 个位移表达式：

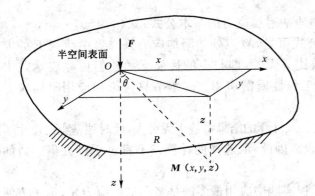
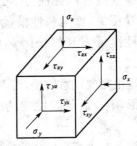

图 3-9　竖向集中力作用下的附加应力

$$\sigma_z = \frac{3F}{2\pi} \cdot \frac{z^2}{R^5} = \frac{3F}{2\pi R^2}\cos^3\theta \tag{3-9}$$

$$\sigma_x = \frac{3F}{2\pi}\left\{\frac{x^2 z}{R^5} + \frac{1-2\mu}{3}\left[\frac{R^2 y - Rz - z^2}{R^3(R+z)} - \frac{x^2(2R+z)}{R^3(R+z)^2}\right]\right\} \tag{3-10}$$

$$\sigma_y = \frac{3F}{2\pi}\left\{\frac{y^2 z}{R^5} + \frac{1-2\mu}{3}\left[\frac{R^2 - Rz - z^2}{R^3(R+z)} - \frac{y^2(2R+z)}{R^3(R+z)^2}\right]\right\} \tag{3-11}$$

$$\tau_{xy} = \tau_{yx} = -\frac{3F}{2\pi}\left\{\frac{xyz}{R^5} - \frac{1-2\mu}{3} \cdot \frac{xy(2R+z)}{R^3(R+z)^2}\right\} \tag{3-12}$$

$$\tau_{yz} = \tau_{zy} = -\frac{3F}{2\pi} \cdot \frac{yz^2}{R^5} = -\frac{3Fy}{2\pi R^3}\cos^2\theta \tag{3-13}$$

$$\tau_{zx} = \tau_{xz} = -\frac{3F}{2\pi} \cdot \frac{xz^2}{R^5} = -\frac{3Fx}{2\pi R^3}\cos^2\theta \tag{3-14}$$

$$u = \frac{F(1+\mu)}{2\pi E}\left[\frac{xz}{R^3} - (1-2\mu)\frac{x}{R(R+z)}\right] \tag{3-15}$$

$$v = \frac{F(1+\mu)}{2\pi E}\left[\frac{yz}{R^3} - (1-2\mu)\frac{y}{R(R+z)}\right] \tag{3-16}$$

$$w = \frac{F(1+\mu)}{2\pi E}\left[\frac{z^2}{R^3} + 2(1-\mu)\frac{1}{R}\right] \tag{3-17}$$

式中：σ_x、σ_y、σ_z——M 点平行于 x、y、z 正应力；

τ_{xy}、τ_{yz}、τ_{zx}——剪应力；

u、v、w——M 点沿 x、y、z 轴方向的位移；

R——集中力作用点至 M 点的距离；

$$R = \sqrt{x^2 + y^2 + z^2} = \sqrt{r^2 + z^2} = z/\cos\theta$$

θ——R 线与 z 轴的夹角；

r——集中力作用点与 M 点的水平距离；

E——土的弹性模量(或土力学中专用的地基变形 E_0)；

μ——土的泊松比。

上述式(3-9)～式(3-14)是求解地基附加应力的基本公式；式(3-15)～式(3-17)是求解地基位移的弹性力学公式。由公式可见,M 点处的附加应力只与集中荷载 F 的大小和位置相关,而与弹性模量 E 和泊松比 μ 无关,即与土的性质无关。但位移表达式中涉及弹性模量 E 和泊松比 μ,则与土的工程性质密切相关。本节只讨论和应用附加应力基本公式。

这里需要注意的是,若 $R \to 0$,上述公式计算的结果将趋于无穷大,此时地基土已产生了塑性变形,不再满足弹性理论的基本假设。因此,所选择的计算点不宜过于接近集中力的作用点。

以上 6 个应力分量的公式中,在工程实践中应用最多的是竖向法向应力 σ_z,为了方便计算,可将 $R = \sqrt{r^2 + z^2} = \sqrt{x^2 + y^2 + z^2}$ 代入式(3-9),则

$$\sigma_z = \frac{3F}{2\pi} \cdot \frac{z^3}{R^5} = \frac{3F}{2\pi} \cdot \frac{z^3}{(r^2 + z^2)^{5/2}} = \frac{3F}{2\pi z^2} \cdot \frac{1}{[(r/z)^2 + 1]^{5/2}} = \alpha \frac{F}{z^2} \qquad (3\text{-}18)$$

其中 $\alpha = \frac{3}{2\pi} \cdot \frac{1}{[(r/z)^2 + 1]^{5/2}}$,被称为集中力作用下的地基竖向应力系数,简称集中应力系数,无因次,是 r/z 的函数,由表 3-1 查得。

表 3-1　集中荷载作用下地基竖向附加应力系数

r/z	α	r/z	α	r/z	α	r/z	α	r/z	α
0.00	0.477 5	0.50	0.273 3	1.00	0.084 4	1.50	0.025 1	2.00	0.008 5
0.05	0.474 5	0.55	0.246 6	1.05	0.074 4	1.55	0.022 4	2.20	0.005 8
0.10	0.465 7	0.60	0.221 4	1.10	0.658	1.60	0.020 0	2.40	0.004 0
0.15	0.451 6	0.65	0.197 8	1.15	0.058 1	1.65	0.017 9	2.60	0.002 9
0.20	0.432 9	0.70	0.176 2	1.20	0.051 3	1.70	0.016 0	2.80	0.002 1
0.25	0.410 3	0.75	0.156 5	1.25	0.045 4	1.75	0.014 4	3.00	0.001 5
0.30	0.38 49	0.80	0.138 6	1.30	0.040 2	1.80	0.012 9	3.50	0.000 7
0.35	0.357 7	0.85	0.122 6	1.35	0.035 7	1.85	0.011 6	4.00	0.000 4
0.40	0.329 4	0.90	0.108 3	1.40	0.031 7	1.90	0.010 5	4.50	0.000 2
0.45	0.301 1	0.95	0.095 6	1.45	0.028 2	1.95	0.009 5	5.00	0.000 1

【例 3-2】　在地表面作用一集中力 $F = 200$ kN,试求：

(1) 地面下深度 $z = 3$ m 处水平面上的附加应力 σ_z 分布,并绘制出分布图。

(2) 在地基中距 F 的作用点 $r = 1$ m 处竖直面上的附加应力 σ_z 分布,并绘制出分布图。

【解】　各点的附加应力 σ_z 可按公式(3-18)计算,并列于表 3-2 及表 3-3 中,同时绘制出

的分布图如图 3-10 所示。

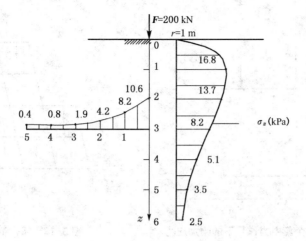

图 3-10 竖向集中力作用下土中 σ_z

表 3-2 $z = 3\,\text{m}$ 处水平面上附加应力 σ_z 计算

r(m)	0	1	2	3	4	5
r/z	0	0.33	0.67	1	1.33	1.67
α	0.478	0.369	0.189	0.084	0.038	0.017
σ_z(kPa)	10.6	8.2	4.2	1.9	0.8	0.4

表 3-3 $r = 1\,\text{m}$ 处竖直面上附加应力 σ_z 计算

z(m)	0	1	2	3	4	5	6
r/z	∞	1	0.5	0.33	0.25	0.20	0.17
α	0	0.084	0.273	0.369	0.410	0.433	0.444
σ_z(kPa)	0	16.8	13.7	8.2	5.1	3.5	2.5

由例 3-2 可知,竖向集中应力 F 作用下的地面其附加 σ_z 分布规律是由地基中向四周无限传播且应力强度越远越小。

(1)距离地面越深,附加应力的分布越广。

(2)在集中力作用线上的附加应力最大,向两侧逐渐减小。

(3)同一竖向作用线上的附加应力随深度而变化。

(4)在集中作用线上,当 $z = 0$ 时,$\sigma_z \to \infty$,随着深度增加,σ_z 逐渐减小。

(5)竖向集中力作用引起的附加应力向深部向四周无限传播,在传播过程中,应力强度不断降低(应力扩散)。

2)多个集中力及不规则分布荷载作用

如图 3-11 所示,如果在地面有几个集中力作用时,则可运用式(3-18)求出每个集中力 F_i 对 M 点所引起的附加应力 σ_z,利用叠加原理求出所有集中力在 M 点的总附加应力。即

$$\sigma_z = \alpha_1 \frac{F_1}{z^2} + \alpha_2 \frac{F_2}{z^2} + \cdots + \alpha_n \frac{F_n}{z^2} = \frac{1}{z^2} \sum_{i=1}^{n} \alpha_i F_i \qquad (3-19)$$

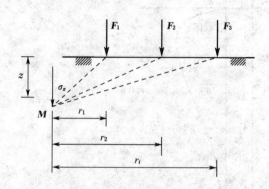

图 3-11　多个集中力作用下的附加应力

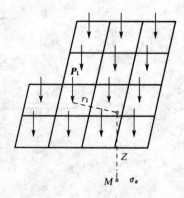

图 3-12　等代荷载法计算 σ_z

在实际工程应用中,当基础底面局部分布荷载的平面形状或分布规律不规则时,可将基底划分为若干个小面积单元(如图 3-12),将每个单元上的分布荷载视为集中力,这样就可以利用式(3-19)计算地基中某点 M 的附加应力。这种方法称为等代荷载法,该方法的计算精度取决于划分的单元面积的大小。如果计算的矩形单元面积的最大长边小于计算面积形心到应力点距离的 $1/2$、$1/3$ 或 $1/4$ 时,所算得的附加应力与正确应力值相比,误差一般不大于 6%、3% 或 2%。

3.3.2　空间问题的附加应力

1) 均布矩形面积荷载作用

如图 3-13 所示,假设地基为半无限弹性体,面上作用一分布荷载 $p(x,y)$,则作用在微元面积 $dA = d\xi d\eta$ 上的分布荷载可作为集中力 $dF = p(x,y)d\xi d\eta$ 来看待,在荷载面积 A 范围内积分可得 σ_z 的表达式为

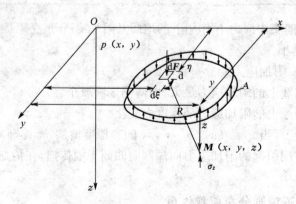

图 3-13　分布荷载作用下土中应力计算

$$\sigma_z = \iint_A \mathrm{d}\sigma_z = \frac{3z^3}{2\pi}\iint_A \frac{p(x,y)\mathrm{d}\xi\mathrm{d}\eta}{\left[(x-\xi)^2+(y-\eta)^2+z^2\right]^{5/2}} \tag{3-20}$$

公式(3-20)积分后结果比较繁杂,但都是 l/b、$z/b(z/r_0)$ 等的函数。可以简化为

$$\sigma_z = \alpha p_0 \tag{3-21}$$

式中:p_0——作用于地基上的竖向荷载;

　　α——附加应力系数,根据 l/b、$z/b(z/r_0)$ 查表即可得到。

如图 3-14 所示,设基础长度为 l、宽度为 b,当 $l/b < 10$ 时,其地基附加应力计算问题属于空间问题。作用于地基上的竖向荷载为 p_0,若取所计算的角点为坐标原点,则 M 点的坐标为 $(0,0,z)$,分布荷载 $p(x,y) = p_0$,以此代入式(3-20)积分可得矩形面积角点 O 下的附加应力 σ_z 为

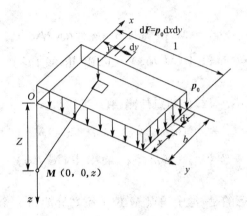

图 3-14　均布矩形荷载角点下的附加应力 σ_z

$$\sigma_z = \alpha_c p_0 \tag{3-22}$$

其中

$$\alpha_c = \frac{1}{2\pi}\left[\frac{lbz(l^2+b^2+2z^2)}{(l^2+z^2)(b^2+z^2)\sqrt{l^2+b^2+z^2}} + \arctan\frac{lb}{z\sqrt{l^2+b^2+z^2}}\right]$$

α_c 为矩形均布荷载基底角点下的竖向附加应力分布系数,简称角点应力系数,可查表 3-4 得到。

如果 M 点既不在矩形面积的中心点以下,也不在矩形角点的下方,而是在地基中的任意点,如图 3-15 所示(M' 点表示 M 点在荷载作用面上的水平投影,并表示任意深度 z 处)。此时若要求解点 M 的竖向应力 σ_z,可以用式(3-22)按照叠加原理进行计算,这种方法通常称为"角点法"。

(1) M' 点位于矩形面积范围之内的下方

① 如图 3-15(a)所示,将矩形 $abcd$ 分解成以 M' 点为公共角点的 4 个新矩形Ⅰ、Ⅱ、Ⅲ、Ⅳ,则 M' 点处的竖向应力可由 4 个新矩形荷载产生的应力分量叠加得到。

$$\sigma_z = (\alpha_{cⅠ} + \alpha_{cⅡ} + \alpha_{cⅢ} + \alpha_{cⅣ})p_0$$

② 如图 3-15(b)所示,M' 点在荷载面边缘时

$$\alpha_z = (\alpha_{cⅠ} + \alpha_{cⅡ})p_0$$

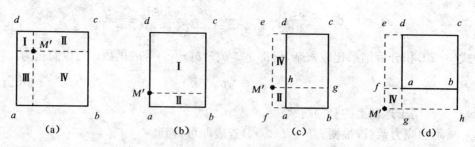

图 3-15　以角点法计算均布荷载下的地基附加应力

(2) M' 点位于矩形面积范围之外的下方

① 如图 3-15(c)所示，将荷载面扩大至 $bcef$，荷载密度不变，在矩形 $abcd$ 荷载作用下 M 点竖向应力分量为

$$\sigma_z = (\alpha_{cI} - \alpha_{cII} + \alpha_{cIII} - \alpha_{cIV})p_0$$

其中，荷载面($abcd$) = 面积 Ⅰ($M'fbg$) − 面积 Ⅱ($M'fah$) + 面积 Ⅲ($M'ecg$) − 面积 Ⅳ($M'edh$)。

② 如图 3-15(d)所示，M' 荷载在角点外侧，有

$$\sigma_z = (\alpha_{cI} - \alpha_{cII} - \alpha_{cIII} + \alpha_{cIV})p_0$$

其中，荷载面($abcd$) − 面积 Ⅰ($M'hce$) − 面积 Ⅱ($M'fbh$) − 面积 Ⅲ($M'edg$) + 面积 Ⅳ($M'fag$)。

应用角点法时需要注意的是，每个角点 M' 位于所划分的每一个矩形的公共角点，各分块的长边为 l，短边为 b。

表 3-4　均布的矩形荷载角点下的竖向附加应力系数

z/b	l/b											条形
	1.0	1.2	1.4	1.6	1.8	2.0	3.0	4.0	5.0	6.0	10.0	
0.0	0.250	0.250	0.250	0.250	0.250	0.250	0.250	0.250	0.250	0.250	0.250	0.250
0.2	0.249	0.249	0.249	0.249	0.249	0.249	0.249	0.249	0.249	0.249	0.249	0.249
0.4	0.240	0.242	0.243	0.243	0.244	0.244	0.244	0.244	0.244	0.244	0.244	0.244
0.6	0.223	0.228	0.230	0.232	0.232	0.233	0.234	0.234	0.234	0.234	0.234	0.234
0.8	0.200	0.207	0.212	0.215	0.216	0.218	0.220	0.220	0.220	0.220	0.220	0.220
1.0	0.175	0.185	0.191	0.195	0.198	0.200	0.203	0.204	0.204	0.204	0.205	0.205
1.2	0.152	0.163	0.171	0.176	0.179	0.182	0.187	0.188	0.189	0.189	0.189	0.189
1.4	0.131	0.142	0.151	0.157	0.161	0.164	0.171	0.173	0.174	0.174	0.174	0.174
1.6	0.112	0.124	0.133	0.140	0.145	0.148	0.157	0.159	0.160	0.160	0.160	0.160
1.8	0.097	0.108	0.117	0.124	0.129	0.133	0.143	0.146	0.147	0.148	0.148	0.148
2.0	0.084	0.095	0.103	0.110	0.116	0.131	0.131	0.135	0.136	0.137	0.137	0.137

续表 3-4

z/b	l/b											
	1.0	1.2	1.4	1.6	1.8	2.0	3.0	4.0	5.0	6.0	10.0	条形
2.2	0.073	0.083	0.092	0.098	0.104	0.108	0.121	0.125	0.126	0.127	0.128	0.128
2.4	0.064	0.073	0.081	0.088	0.093	0.098	0.111	0.116	0.118	0.118	0.119	0.119
2.6	0.057	0.065	0.072	0.079	0.084	0.089	0.102	0.107	0.110	0.111	0.112	0.112
2.8	0.050	0.058	0.065	0.071	0.076	0.080	0.094	0.100	0.102	0.104	0.105	0.105
3.0	0.045	0.052	0.058	0.064	0.069	0.073	0.087	0.093	0.096	0.097	0.099	0.099
3.2	0.040	0.047	0.053	0.058	0.063	0.067	0.081	0.087	0.090	0.092	0.093	0.094
3.4	0.036	0.042	0.048	0.053	0.057	0.061	0.075	0.081	0.085	0.086	0.088	0.089
3.6	0.033	0.038	0.043	0.048	0.052	0.056	0.069	0.076	0.080	0.082	0.084	0.084
3.8	0.030	0.035	0.040	0.044	0.048	0.052	0.065	0.072	0.075	0.077	0.080	0.080
4.0	0.027	0.032	0.036	0.040	0.044	0.048	0.060	0.067	0.071	0.073	0.076	0.076
4.2	0.025	0.029	0.033	0.037	0.041	0.044	0.056	0.063	0.067	0.070	0.072	0.073
4.4	0.023	0.027	0.031	0.034	0.038	0.041	0.053	0.060	0.064	0.066	0.069	0.070
4.6	0.021	0.025	0.028	0.032	0.035	0.038	0.049	0.056	0.061	0.063	0.066	0.067
4.8	0.019	0.023	0.026	0.029	0.032	0.035	0.046	0.053	0.058	0.030	0.064	0.064
5.0	0.018	0.021	0.024	0.027	0.030	0.033	0.043	0.050	0.055	0.057	0.061	0.062
6.0	0.013	0.015	0.017	0.020	0.022	0.024	0.033	0.039	0.043	0.046	0.051	0.052
7.0	0.009	0.011	0.013	0.015	0.016	0.018	0.025	0.031	0.035	0.038	0.043	0.045
8.0	0.007	0.009	0.010	0.011	0.013	0.014	0.020	0.025	0.028	0.031	0.037	0.039
9.0	0.006	0.007	0.008	0.009	0.010	0.011	0.016	0.020	0.024	0.026	0.032	0.035
10.0	0.005	0.006	0.007	0.007	0.008	0.009	0.013	0.017	0.020	0.022	0.028	0.032
12.0	0.003	0.004	0.005	0.005	0.006	0.006	0.009	0.012	0.014	0.017	0.022	0.026
14.0	0.002	0.003	0.004	0.004	0.004	0.005	0.007	0.009	0.011	0.013	0.018	0.023
16.0	0.002	0.002	0.003	0.003	0.003	0.004	0.005	0.007	0.009	0.010	0.014	0.020
18.0	0.001	0.002	0.002	0.002	0.003	0.003	0.004	0.006	0.007	0.008	0.012	0.018
20.0	0.001	0.001	0.002	0.002	0.002	0.002	0.004	0.005	0.006	0.007	0.010	0.016
25.0	0.001	0.001	0.001	0.001	0.001	0.002	0.002	0.003	0.004	0.004	0.007	0.013
30.0	0.001	0.001	0.001	0.001	0.001	0.001	0.002	0.002	0.003	0.003	0.005	0.011
35.0	0.000	0.000	0.001	0.001	0.001	0.001	0.001	0.002	0.002	0.002	0.004	0.009
40.0	0.000	0.000	0.000	0.000	0.001	0.001	0.001	0.001	0.001	0.001	0.003	0.008

【例 3-3】　有均布荷载 $p = 100\,\text{kPa}$，荷载面积为 $2\,\text{m} \times 1\,\text{m}$，如图 3-16 所示，求在面积上角点 A、边点 E、中心点 O 以及荷载面积外 F 点等各点下深度 $z = 1\,\text{m}$ 处的附加应力 σ_z。

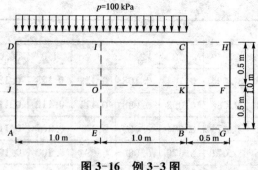

图 3-16 例 3-3 图

【解】 ① A 点下的附加应力

A 点是矩形 ABCD 的角点,且 $m = l/b = 2/1 = 2$;$n = z/b$。查表 3-4 得 $\alpha = 0.200$,故

$$\sigma_{zA} = \alpha p = 0.200 \times 100 \text{ kPa} = 20 \text{ kPa}$$

② E 点下的附加应力

通过 E 点将矩形荷载面积划分为两个相等的矩形 EADI 和 EBCI。求 EADI 的角点应力系数 α,$m = \dfrac{l}{b} = \dfrac{1}{1} = 1$;$n = \dfrac{z}{b} = \dfrac{1}{1} = 1$。查表得 $\alpha = 0.175$,故

$$\sigma_{zE} = 2\alpha_c = 2 \times 0.175 \times 100 \text{ kPa} = 35 \text{ kPa}$$

③ O 点下的附加应力

通过 O 点将原矩形面积分为 4 个相等的矩形 OEAJ、OJDI、OEBK 和 OICK。求 OEAJ 角点的附加应力系数 α,$m = \dfrac{l}{b} = \dfrac{1}{0.5} = 2$,$n = \dfrac{z}{b} = \dfrac{1}{0.5} = 2$。查表得 $\alpha = 0.120$,故

$$\sigma_{zO} = 4\alpha p = 4 \times 0.120 \times 100 \text{ kPa} = 48 \text{ kPa}$$

④ F 点下的附加应力

通过 F 点作矩形 FGAJ、FJDH、FGBK 和 FKCH。假设 α_1 为矩形 FGAJ 和 FJDH 的角点应力系数;α_2 为矩形 FGBK 和 FKCH 的角点应力系数。

求 α_1:由 $m = \dfrac{l}{b} = \dfrac{2.5}{0.5} = 5$,$n = \dfrac{z}{b} = \dfrac{1}{0.5} = 2$,查表得 $\alpha_1 = 0.136$

求 α_2:由 $m = \dfrac{l}{b} = \dfrac{0.5}{0.5} = 1$,$n = \dfrac{z}{b} = \dfrac{1}{0.5} = 2$,查表得 $\alpha_2 = 0.084$

故

$$\sigma_{zF} = 2(\alpha_1 - \alpha_2)p = 2(0.136 - 0.084) \times 100 \text{ kPa} = 10.5 \text{ kPa}$$

2) 矩形面积上三角形分布荷载作用

如图 3-17 所示,作用在矩形面积上的竖向荷载沿 b 边呈三角形分布,沿另一边 l 的荷载分布不变,荷载的最大值为 p_0,将荷载强度为零的角点 1 下深度 z 处的 M 点坐标为 $(0, 0, z)$ 则任一微面积上作用的微集中力为 $p(x, y) = xp_0/b$,根据基本公式(3-20),求得角

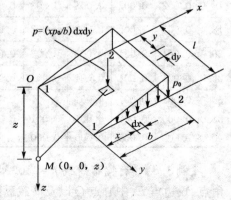

图 3-17 三角形分布的矩形荷载

点 1 下深度 z 处 M 点的竖向应力 σ_z 为

$$\sigma_z = \frac{3z^3}{2\pi}p_0 \int_p^l \int_0^b \frac{\frac{x}{b}\mathrm{d}x\mathrm{d}y}{(x^2+y^2+z^2)^{5/2}} = \alpha_{t1}p_0 \tag{3-23}$$

$$\alpha_{t1} = \frac{1}{2\pi b}\left[\frac{z}{\sqrt{b^2+l^2}} - \frac{z^3}{(b^2+z^2)\sqrt{b^2+l^2+z^2}} \right]$$

式中:应力系数 α_{t1} 是 l/b 和 z/b 的函数,可从表 3-5 中查得。

同理,可求得荷载最大值边角点 2 下任意深度 z 处的竖向附加应力 σ_z 为

$$\sigma_z = (\alpha_c - \alpha_{t1})p_0 = \alpha_{t2}p_0 \tag{3-24}$$

式中:应力系数 α_{t2} 可查表 3-5 得到。

表 3-5　三角形分布的矩形荷载角点下的竖向附加应力系数 α_{t1} 和 α_{t2}

l/b ＼ z/b	0.2		0.4		0.6		0.8		1.0	
	1	2	1	2	1	2	1	2	1	2
0.0	0.000 0	0.250 0	0.000 0	0.250 0	0.000 0	0.250 0	0.000 0	0.250 0	0.000 0	0.250 0
0.2	0.022 3	0.182 1	0.028 0	0.211 5	0.029 6	0.216 5	0.030 1	0.217 8	0.030 4	0.218 2
0.4	0.026 9	0.109 4	0.042 0	0.160 4	0.048 7	0.178 1	0.051 7	0.184 4	0.053 1	0.187 0
0.6	0.025 9	0.070 0	0.044 8	0.116 5	0.056 0	0.140 5	0.062 1	0.152 0	0.065 4	0.157 5
0.8	0.023 2	0.048 0	0.042 1	0.085 3	0.055 3	0.109 3	0.063 7	0.123 2	0.068 8	0.131 1
1.0	0.020 1	0.034 6	0.037 5	0.063 8	0.050 8	0.085 2	0.060 2	0.099 6	0.066 6	0.108 6
1.2	0.017 1	0.026 0	0.032 4	0.049 1	0.045 0	0.067 3	0.054 6	0.080 7	0.061 5	0.090 1
1.4	0.014 5	0.020 2	0.027 8	0.038 6	0.039 2	0.054 0	0.048 3	0.066 1	0.055 4	0.075 1
1.6	0.012 3	0.016 0	0.023 8	0.031 0	0.033 9	0.044 0	0.042 4	0.054 7	0.049 2	0.062 8
1.8	0.010 5	0.013 0	0.020 4	0.025 4	0.029 4	0.036 3	0.037 1	0.045 7	0.043 5	0.053 4
2.0	0.009 0	0.010 8	0.017 6	0.021 1	0.025 5	0.030 4	0.032 4	0.038 7	0.038 0	0.045 6
2.5	0.006 3	0.007 2	0.012 5	0.014 0	0.018 3	0.020 5	0.023 6	0.026 5	0.028 4	0.031 8
3.0	0.004 6	0.005 1	0.009 2	0.010 0	0.013 5	0.014 8	0.017 6	0.019 2	0.021 4	0.023 3
5.0	0.001 8	0.001 9	0.003 6	0.003 8	0.005 4	0.005 6	0.007 1	0.007 4	0.008 8	0.009 1
7.0	0.000 9	0.001 0	0.001 9	0.001 9	0.002 8	0.002 9	0.003 8	0.003 8	0.004 7	0.004 7
10.0	0.000 5	0.000 4	0.000 9	0.001 0	0.001 4	0.001 4	0.001 9	0.001 9	0.002 3	0.002 4
l/b ＼ z/b	1.2		1.4		1.6		1.8		2.0	
	1	2	1	2	1	2	1	2	1	2
0.0	0.000 0	0.250 0	0.000 0	0.250 0	0.000 0	0.250 0	0.000 0	0.250 0	0.000 0	0.250 0
0.2	0.030 5	0.218 4	0.030 5	0.218 5	0.030 6	0.218 5	0.030 6	0.218 5	0.030 6	0.218 5
0.4	0.053 9	0.188 1	0.054 3	0.188 6	0.054 5	0.188 9	0.054 6	0.189 1	0.054 7	0.189 2
0.6	0.067 3	0.160 2	0.068 4	0.161 6	0.069 0	0.162 5	0.069 4	0.163 0	0.069 6	0.163 3

续表 3-5

z/b \ l/b	1.2 1	1.2 2	1.4 1	1.4 2	1.6 1	1.6 2	1.8 1	1.8 2	2.0 1	2.0 2
0.8	0.072 0	0.135 5	0.073 9	0.138 1	0.075 1	0.139 6	0.075 9	0.140 5	0.076 4	0.141 4
1.0	0.070 8	0.114 3	0.073 5	0.117 6	0.075 3	0.120 2	0.076 6	0.121 5	0.077 4	0.122 5
1.2	0.066 4	0.096 2	0.069 8	0.100 7	0.072 1	0.103 7	0.073 8	0.105 5	0.074 9	0.106 9
1.4	0.060 6	0.081 7	0.064 4	0.086 4	0.067 2	0.089 7	0.069 2	0.092 1	0.070 7	0.093 7
1.6	0.054 5	0.069 6	0.058 6	0.074 3	0.061 6	0.078 0	0.063 9	0.080 6	0.065 6	0.082 6
1.8	0.048 7	0.059 6	0.052 8	0.064 4	0.056 0	0.068 1	0.058 5	0.070 9	0.060 4	0.073 0
2.0	0.043 4	0.051 3	0.047 4	0.056 0	0.050 7	0.059 6	0.053 3	0.062 5	0.055 3	0.064 9
2.5	0.032 6	0.036 5	0.036 2	0.040 5	0.039 3	0.044 0	0.041 9	0.046 9	0.044 0	0.049 1
3.0	0.024 9	0.027 0	0.028 0	0.030 3	0.030 7	0.033 3	0.033 1	0.035 9	0.035 2	0.038 0
5.0	0.010 4	0.010 8	0.012 0	0.012 3	0.013 5	0.013 9	0.014 8	0.015 4	0.016 1	0.016 7
7.0	0.005 6	0.005 6	0.006 4	0.006 6	0.007 3	0.007 4	0.008 1	0.008 3	0.008 9	0.009 1
10.0	0.002 8	0.002 8	0.003 3	0.003 2	0.003 7	0.003 7	0.004 1	0.004 2	0.004 6	0.004 6

z/b \ l/b	3.0 1	3.0 2	4.0 1	4.0 2	6.0 1	6.0 2	8.0 1	8.0 2	10.0 1	10.0 2
0.0	0.000 0	0.250 0	0.000 0	0.250 0	0.000 0	0.250 0	0.000 0	0.250 0	0.000 0	0.250 0
0.2	0.030 6	0.218 6	0.030 6	0.218 6	0.030 6	0.218 6	0.030 6	0.218 6	0.030 3	0.218 6
0.4	0.054 8	0.189 4	0.054 9	0.189 4	0.054 9	0.189 4	0.054 9	0.189 6	0.054 9	0.189 4
0.6	0.070 1	0.163 8	0.070 2	0.163 9	0.070 2	0.164 0	0.070 2	0.164 0	0.070 2	0.164 0
0.8	0.077 3	0.142 3	0.077 6	0.142 4	0.077 6	0.142 6	0.077 6	0.142 6	0.077 6	0.142 6
1.0	0.079 0	0.122 4	0.079 4	0.124 8	0.079 5	0.125 0	0.079 6	0.125 0	0.079 6	0.125 0
1.2	0.077 4	0.109 6	0.077 9	0.110 3	0.078 2	0.110 5	0.078 3	0.110 5	0.078 3	0.110 5
1.4	0.073 9	0.097 3	0.074 8	0.098 2	0.075 2	0.098 6	0.075 2	0.098 7	0.075 3	0.098 7
1.6	0.069 7	0.087 0	0.070 8	0.088 2	0.071 4	0.088 7	0.071 5	0.088 8	0.071 5	0.088 9
1.8	0.065 2	0.078 2	0.066 6	0.079 7	0.067 3	0.080 5	0.067 5	0.080 6	0.067 5	0.080 8
2.0	0.060 7	0.070 7	0.062 4	0.072 6	0.063 4	0.073 4	0.063 6	0.073 6	0.063 6	0.073 8
2.5	0.050 4	0.055 9	0.052 9	0.058 5	0.054 3	0.060 1	0.054 7	0.060 4	0.054 8	0.060 5
3.0	0.041 9	0.045 1	0.044 9	0.048 2	0.046 9	0.050 4	0.047 4	0.050 9	0.047 6	0.051 1
5.0	0.021 4	0.022 1	0.024 8	0.025 6	0.028 3	0.029 0	0.029 6	0.030 3	0.030 1	0.030 9
7.0	0.012 4	0.012 6	0.015 2	0.015 4	0.018 6	0.019 0	0.020 4	0.020 7	0.021 2	0.021 6
10.0	0.006 6	0.006 6	0.008 4	0.008 3	0.011 1	0.011 1	0.012 8	0.013 0	0.013 9	0.014 1

【例 3-4】　某条形地基如图 3-18 所示。基础上作用荷载 $F=400\,\text{kN/m}$，$M=20\,\text{kN}\cdot\text{m/m}$，试求基础中点下的附加应力，并绘制附加应力分布图。

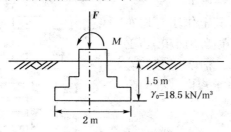

图 3-18　例 3-4 图

【解】　(1) 基底压力计算

$$\frac{p_{\max}}{p_{\min}}=\frac{F+G}{A}\pm\frac{M}{W}=\frac{400+20\times2\times1\times1.5}{2\times1}\pm$$

$$\frac{200}{1\times2^2/6}=230\pm20=\frac{260\,\text{kPa}}{200\,\text{kPa}}$$

(2) 基底附加压力计算

$$\frac{p_{0\max}}{p_{0\min}}=\frac{p_{\max}}{p_{\min}}-\gamma_0 d=\frac{260}{200}-18.5\times1.5=\frac{232.3\,\text{kPa}}{172.3\,\text{kPa}}$$

(3) 基底中点下附加压应力计算

计算中点下的附加应力时，可将基底附加应力进行简化，如下：

查表 3-4

0 点处：$z/b=0$　$x/b=0$，$\alpha_{sz0}=1$

1 点处：$z/b=1/2=0.5$，$x/b=0$，$\alpha_{sz1}=0.82$

2 点处：$z/b=2/2=1$，$x/b=0$，$\alpha_{sz2}=0.55$

3 点处：$z/b=3/2=1.5$，$x/b=0$，$\alpha_{sz3}=0.40$

4 点处：$z/b=4/2=2$，$x/b=0$，$\alpha_{sz4}=0.31$

5 点处：$z/b=5/2=2.5$，$x/b=0$，$\alpha_{sz5}=0.26$

6 点处：$z/b=6/2=3$，$x/b=0$，$\alpha_{sz6}=0.21$

根据：$\sigma_z=\alpha_{sz}\cdot p_0$，其中 $p_0=202.3\,\text{kPa}$，得：

$\sigma_{z0}=202.3\,\text{kPa}$，$\sigma_{z1}=165.9\,\text{kPa}$

$\sigma_{z2}=111.3\,\text{kPa}$，$\sigma_{z3}=80.9\,\text{kPa}$

$\sigma_{z4}=62.7\,\text{kPa}$，$\sigma_{z5}=52.6\,\text{kPa}$

$\sigma_{z6}=42.5\,\text{kPa}$

附加应力分布图见图 3-19。

3）圆形面积上均布荷载作用

设圆形基础半径为 r_0，其上作用有均布荷载 p_0，如图 3-20 所示。在微小面积 $r\mathrm{d}r\mathrm{d}\theta$ 上的微集中应力为 $\mathrm{d}F_v = p_0 r\mathrm{d}r\mathrm{d}\theta$。若以圆心为坐标原点，得出圆心 O 点下深度 z 处的附加应力计算公式：

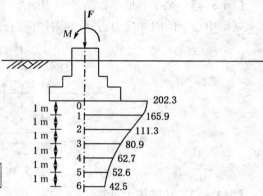

图 3-19　附加应力分布曲线

$$\sigma_z = \int_0^{r_0}\int_0^{2\pi} \frac{3p_0 rz^3\mathrm{d}r\mathrm{d}\theta}{2\pi(r^2+z^2)^{5/2}} = p_0\left[1-\left(\frac{z^2}{z^2+r_0^2}\right)^{3/2}\right]$$

$$= p_0\left[1-\frac{1}{\left(\dfrac{z^2}{r_0^2}+1\right)^{3/2}}\right]$$

$$\sigma_z = \alpha_0 p_0 \qquad\qquad (3-25)$$

式中：α_0——圆心下的附加应力系数，按 z/r_0 查表 3-6。

同理可得均布圆形荷载周边下的附加应力为

$$\sigma_z = \alpha_r p_0 \qquad\qquad (3-26)$$

式中：α_r——均布圆形荷载周边下的附加应力系数，按 z/r_0 查表 3-6。

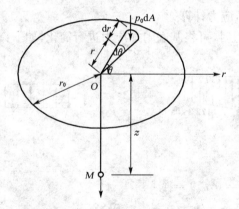

图 3-20　均布圆形荷载中心下的 σ_z

表 3-6　均布圆形荷载中心及周边下的附加应力系数 α_0、α_r

z/r_0 系数	α_0	α_r	z/r_0 系数	α_0	α_r	z/r_0 系数	α_0	α_r
0.0	1.000	0.500	1.6	0.390	0.243	3.2	0.130	0.108
0.1	0.999	0.494	1.7	0.360	0.230	3.3	0.124	0.103
0.2	0.992	0.467	1.8	0.332	0.218	3.4	0.117	0.098
0.3	0.976	0.451	1.9	0.307	0.207	3.5	0.111	0.094

续表 3-6

系数 z/r_0	α_0	α_r	系数 z/r_0	α_0	α_r	系数 z/r_0	α_0	α_r
0.4	0.949	0.435	2.0	0.285	0.196	3.6	0.106	0.090
0.5	0.911	0.417	2.1	0.264	0.186	3.7	0.101	0.086
0.6	0.864	0.400	2.2	0.245	0.176	3.8	0.096	0.083
0.7	0.811	0.383	2.3	0.229	0.167	3.9	0.091	0.079
0.8	0.756	0.366	2.4	0.210	0.159	4.0	0.087	0.076
0.9	0.701	0.349	2.5	0.200	0.151	4.2	0.079	0.070
1.0	0.647	0.332	2.6	0.187	0.144	4.4	0.073	0.065
1.1	0.595	0.316	2.7	0.175	0.137	4.6	0.067	0.060
1.2	0.547	0.300	2.8	0.165	0.130	4.8	0.062	0.056
1.3	0.502	0.285	2.9	0.155	0.124	5.0	0.057	0.052
1.4	0.461	0.270	3.0	0.146	0.118	6.0	0.040	0.038
1.5	0.424	0.256	3.1	0.138	0.113	10.0	0.015	0.014

3.3.3 平面问题的附加应力

在半无限弹性体表面上作用无限长的条形荷载（基础长度比宽度大得多），且荷载沿长度方向的分布不发生变化的问题可视为平面问题。实际上将长宽比 $l/b \geqslant 10$ 的矩形基础作为平面问题考虑，所产生的计算误差很小，能达到工程要求的精度。例如工程中墙基、路基、坝基、挡土墙基础等。

1）均布竖向线荷载作用

如图 3-21 所示，在半无限弹性体表面上无限长直线上作用竖向均布线荷载。竖向线荷载 $\bar{p}$(kN/m) 沿 y 轴均匀分布，则在微段 $\mathrm{d}y$ 上作用的集中力为 $\mathrm{d}y = \bar{p}$，从而可以利用式(3-9)求得地基中任意点 M 处的附加应力 $\mathrm{d}\sigma_z$：

$$\mathrm{d}\sigma_z = \frac{3z^3\,\bar{p}\,\mathrm{d}y}{2\pi R^5}$$

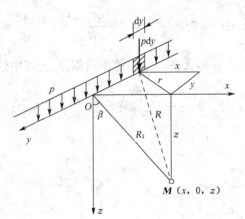

图 3-21 均布竖向线荷载作用

对上式进行积分得

$$\sigma_z = \int_{-\infty}^{+\infty}\mathrm{d}\sigma_z = \frac{3\bar{p}z^3}{2\pi}\int_{-\infty}^{+\infty}\frac{\mathrm{d}y}{R^5} = \frac{2\bar{p}z^3}{\pi R_1^4} = \frac{2\bar{p}}{\pi z}\cos^4\beta \tag{3-27}$$

从图 3-21 可知. $\cos\beta = z/R_1$，$\sin\beta = x/R_1$，$R_1 = (x^2+z^2)^{1/2}$，则

$$\sigma_z = \frac{2\bar{p}}{\pi z}\cos^4\beta = \frac{2\bar{p}}{\pi z}\frac{z^4}{(x^2+z^2)^2} = \frac{2\bar{p}z^3}{\pi(x^2+z^2)^2} \tag{3-28}$$

同理可得

$$\sigma_x = \frac{2\overline{p}}{\pi z}\cos^2\beta\sin^2\beta \frac{2\overline{p}}{\pi z}\frac{z^2 x^2}{R_1^4} = \frac{2\overline{p}x^2 z}{\pi(x^2+z^2)^2} \tag{3-29}$$

$$\tau_{xz} = \tau_{zx} = \frac{2\overline{p}}{\pi z}\cos^3\beta\sin\beta = \frac{2\overline{p}}{\pi z}\frac{z^3 x}{R_1^4} = \frac{2\overline{p}z^2 x}{\pi(x^2+z^2)^2} \tag{3-30}$$

由于线荷载沿 y 轴均匀分布且无限延伸,因此与 y 轴垂直的任何平面上的应力状态完全相同。这种情况属于弹性力学中平面应变问题,此时

$$\tau_{xy} = \tau_{yx} = \tau_{yz} = \tau_{zy} = 0 \tag{3-31}$$

$$\sigma_y = \mu(\sigma_z + \sigma_x) \tag{3-32}$$

虽然线荷载只在理论上存在,但可以把它看作是条形面积的宽度趋于零时的特殊情况,以线荷载为基础,通过积分可求解各类地基中平面问题的附加应力。

2)均布条形荷载作用

如图 3-22 所示,设一条形荷载沿宽度方向均匀分布,则均布的条形荷载 p_0 沿 x 轴上某微分段 dx 上的荷载,可以用线荷载 $\overline{p}$ 代替,同时设该点与 M 点连线和竖线的夹角 β,得

$$\overline{p} = p_0 dx = \frac{p_0 R_1}{\cos\beta}d\beta$$

将上式代入公式(3-27)中,则微分段 dx 的荷载在 M 点引起的附加应力为

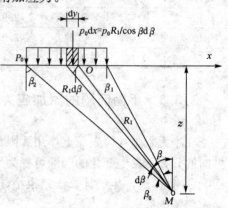

图 3-22 均布条形荷载

$$d\sigma_z = \frac{2p_0 z^3 dx}{\pi R_1^4} = \frac{2p_0 R_1^3\cos^3\beta}{\pi R_1^4}\cdot\frac{R_1 d\beta}{\cos\beta} = \frac{2p_0}{\pi}\cos^2\beta d\beta$$

那么在 (β_1,β_2) 范围内积分,地基中任意点 M 处的附加应力用极坐标表示如下:

$$\sigma_z = \int_{\beta_1}^{\beta_2} d\sigma_2 = \frac{2p_0}{\pi}\int_{\beta_1}^{\beta_2}\cos^2\beta d\beta = \frac{p_0}{\pi}[\sin\beta_2\cos\beta_2 - \sin\beta_1\cos\beta_1 + (\beta_2-\beta_1)] \tag{3-33}$$

同理,可得

$$\sigma_x = \frac{p_0}{\pi}[-\sin(\beta_2-\beta_1)\cos(\beta_2+\beta_1) + (\beta_2-\beta_1)] \tag{3-34}$$

$$\tau_{zx} = \tau_{xz} = \frac{p_0}{\pi}(\sin^2\beta_2 - \sin^2\beta_1) \tag{3-35}$$

上述各式中当 M 点位于荷载分布宽度两端点竖直线之间时,β_1 取负值,反之取正值。

将式(3-33)、式(3-34)和式(3-35)代入材料力学主应力公式,可得 M 点的大主应力 σ_1 和小主应力 σ_3 的表达式为

$$\left.\begin{matrix}\sigma_1\\\sigma_3\end{matrix}\right\} = \frac{\sigma_z+\sigma_x}{2}\pm\sqrt{\left(\frac{\sigma_z-\sigma_x}{2}\right)^2+\tau_{xz}^2} = \frac{p_0}{\pi}[(\beta_2-\beta_1)\pm\sin(\beta_2-\beta_1)] \tag{3-36}$$

将 β_0 作为 M 点与条形荷载两端连线的夹角时,有 $\beta_0 = \beta_2 - \beta_1$(当 M 点在荷载宽度范围内时 $\beta_0 = \beta_2 + \beta_1$),于是上式变为

$$\begin{aligned}\sigma_1 \\ \sigma_3\end{aligned} = \frac{p_0}{\pi}(\beta_0 \pm \sin\beta_0) \tag{3-37}$$

可以看出,角 β_0 的平分线即为最大主应力 σ_1 的方向,与平分线垂直的方向就是最小主应力 σ_3 的方向。

为了计算方便,还可以将上述 σ_z、σ_x 和 τ_{xz} 三个公式,改用直角坐标表示。设条形荷载的中点为坐标原点,$M(x,z)$ 点的三个附加应力分量如下:

$$\sigma_z = \frac{p_0}{\pi}\left[\arctan\frac{1-2n}{2m} + \arctan\frac{1+2n}{2m} - \frac{4m(4n^2-4m^2-1)}{(4n^2+4m^2-1)^2+16m^2}\right] = \alpha_{sz}p_0 \tag{3-38}$$

$$\sigma_x = \frac{p_0}{\pi}\left[\arctan\frac{1-2n}{2m} + \arctan\frac{1+2n}{2m} - \frac{4m(4n^2-4m^2-1)}{(4n^2+4m^2-1)^2+16m^2}\right] = \alpha_{sx}p_0 \tag{3-39}$$

$$\tau_{xz} = \tau_{zx} = \frac{p_0}{\pi}\frac{32m^2n}{(4n^2+4m^2-1)^2+16m^2} = \alpha_{sxz}p_0 \tag{3-40}$$

式中:m——计算点深度 z 与荷载宽度 b 的比值,即 $m = z/b$。

n——计算点到荷载分布图形中轴线的距离 x 与荷载宽度 b 的比值,即 $n = x/b$。

α_{sz}、α_{sx} 和 α_{sxz} 分别为均布条形荷载下相应的三个附加应力系数,可由表 3-7 查得。

表 3-7　均布条形荷载下的附加应力系数

z/b	x/b																	
	0.00			0.25			0.50			1.00			1.50			2.00		
	α_{sz}	α_{sx}	α_{sxz}	α_{sz}	α_{sx}	α_{sxz}	α_{sz}	α_{sx}	α_{sxz}	α_{sz}	α_{sx}	α_{sxz}	α_{sz}	α_{sx}	α_{sxz}	α_{sz}	α_{sx}	α_{sxz}
0.00	1.00	1.00	0	1.00	1.00	0	0.50	0.50	0.32	0	0	0	0	0	0	0	0	0
0.25	0.96	0.45	0	0.90	0.39	0.13	0.50	0.35	0.30	0.02	0.17	0.05	0.00	0.07	0.01	0	0.04	0
0.50	0.82	0.18	0	0.74	0.19	0.16	0.48	0.23	0.26	0.08	0.21	0.13	0.02	0.12	0.04	0	0.07	0.02
0.75	0.67	0.08	0	0.61	0.13	0.16	0.45	0.14	0.20	0.15	0.22	0.16	0.04	0.14	0.07	0.02	0.10	0.04
1.00	0.55	0.04	0	0.51	0.05	0.13	0.41	0.09	0.16	0.19	0.15	0.16	0.07	0.14	0.10	0.03	0.13	0.05
1.25	0.46	0.02	0	0.44	0.03	0.07	0.37	0.06	0.12	0.20	0.11	0.14	0.10	0.12	0.11	0.04	0.11	0.07
1.50	0.40	0.01	0	0.38	0.02	0.06	0.33	0.04	0.10	0.21	0.08	0.13	0.11	0.10	0.10	0.06	0.10	0.07
1.75	0.35	—	0	0.34	0.01	0.04	0.30	0.03	0.10	0.21	0.06	0.11	0.13	0.09	0.10	0.07	0.09	0.08
2.00	0.31	—	0	0.31	—	0.03	0.28	0.02	0.06	0.20	0.05	0.10	0.14	0.07	0.08	0.08	0.08	0.08
3.00	0.21	—	0	0.21	—	0.02	0.20	0.01	0.03	0.17	0.02	0.06	0.13	0.03	0.07	0.10	0.04	0.07
4.00	0.16	—	0	0.16	—	0.01	0.15	—	0.02	0.14	0.01	0.03	0.12	0.02	0.05	0.10	0.03	0.05
5.00	0.13	—	0	0.13	—	—	0.12	—	—	0.12	—	—	0.11	—	—	0.09	—	—
6.00	0.11	—	0	0.10	—	—	0.10	—	—	0.10	—	—	0.10	—	—	—	—	—

利用以上有关算式可绘出 σ_z、σ_x 和 τ_{zx} 的等值线图,如图 3-23 所示。

地基中附加应力的分布规律还可以用"等值线"表示,等值线图是同一应力的相同数值点的连线(类似地形等高线)。通过对条形基础和方形基础地基中附加应力等值线图进行分析,可得出均布矩形荷载下地基附加应力的分布规律如下:

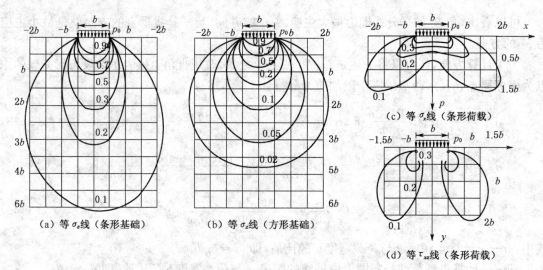

图 3-23　地基附加应力等值线图

(1) 由图 3-23(a)、(b)可见,在条形荷载和方形荷载宽度相同的前提下,方形荷载所引起的 σ_z 的影响深度要比条形荷载小得多。例如方形荷载中心下 $z = 2b$ 处 $\sigma_z = 0.1p_0$,而在条形荷载下相同 σ_z 等值线则约在中心下 $z = 6b$ 处。

(2) 由图 3-23(c)、(d)可见,水平附加应力 σ_x 的影响范围较浅,所以,在基础下地基土的侧向变形主要发生于浅层;而 τ_{zx} 的最大值出现于荷载面积的边缘,因此位于基础边缘下的土容易发生剪切破坏。

(3) 在荷载分布范围内任意点沿垂线的 σ_z 值,随深度呈曲线衰减。

(4) σ_z 具有一定的扩散性。它不仅分布在基底范围内,而且分布在基底荷载面积以外相当大的范围之下。

(5) 基底下任意深度水平面上的 σ_z,以基底中轴线处的 σ_z 最大,距中轴线距离越远 σ_z 越小。

(6) 方形基础引起的附加应力影响深度比条形基础小得多,也就是说方形基础附加应力扩散要比用条形基础的显著。

3.3.4　非均质和各向异性地基中的附加应力

上面介绍的地基中附加应力的计算,都是按弹性理论把地基土当作均质、等向的线弹性体,而实际工程中,地基土并非上述假设的那样。因此,理论计算得出的附加应力与实际土中的附加应力相比有一定误差。大量试验研究结果表明,当土颗粒较细,土质较均匀,且压力不是很大的时候,采用上述方法计算的竖向附加应力 σ_z 与实测值相比,误差比较小;如果不符合这些条件会有较大的误差,此时应该考虑地基不均匀和各向异性对附加应力计算的影响。

成层地基可能会出现上层软下层硬或上层硬下层软的情况,上硬下软使得上层硬土较下层软土层的模量大,上软下硬使得上层软土较下层硬土层的模量小。现在简单介绍这两种地基土的情况。

1)上软下硬土层

研究表明,荷载中轴线附近,对于上软下硬情况[图 3-24(a)],上层软土中的附加应力 σ_z 将比均质半无限体时要大一些;离开中轴线,附加应力逐渐减小,当远至某一距离后,附加应力又略小于均匀土体情况的应力,即荷载中轴线附近下面的硬土层出现了"应力集中"现象。应力集中的程度与荷载面的宽度 b、压缩土层厚度 h 以及界面上的摩擦力有关,随着 h/b 增大,应力集中现象减弱。

叶戈洛夫给出了竖向均布条形荷载下上软下硬土层沿荷载面中轴线上各点的附加应力计算公式,即

$$\sigma_z = \alpha_D p_0 \tag{3-41}$$

式中:α_D——附加应力系数,查表 3-8。

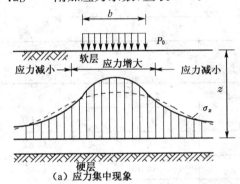

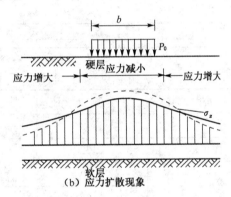

(虚线表示均质地基中水平面上的附加应力分布)

图 3-24 非均质地基对附加应力的影响

2)上硬下软土层

当成层土地基出现上硬下软情况时[如图 3-24(b)],因上层硬土较下层软土层的模量大,在荷载中轴线附近,上层硬土中的附加应力 σ_z 将比均质半无限体时要小一些;远离中轴线,附加应力逐渐增大,当远至一定距离后,附加应力又略大于均匀土体情况的应力,即荷载中轴线附近下面的软土层出现了"应力扩散"现象。如图 3-25 所示,σ_z 随深度的增加迅速减小,曲线 1 表示均质地基情况;曲线 2 为上软下硬,σ_z 产生应力集中现象;曲线 3 为上硬下软,σ_z 产生应力扩散现象。

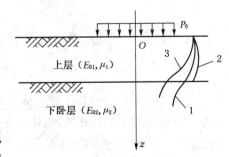

在坚硬的上层与软层下卧层中引起的应力扩散现象,随上层土厚度的增大而更加显著,它还与双层地基的变形模量 E、泊松比 μ 有关,即随参数 f 的增加而显著。

图 3-25 双层地基竖向应力分布的比较

$$f = \frac{E_{01}}{E_{02}} \frac{1-\mu_2^2}{1-\mu_1^2} \tag{3-42}$$

为了计算简便,叶戈洛夫引出了不计上下界面摩擦力时,竖向均布条形荷载下,界面上 M 点的附加应力计算公式:

$$\sigma_z = \alpha_E p_0 \tag{3-43}$$

式中:α_E——附加应力系数,查表 3-9。

表 3-8 附加应力系数 α_D

z/h	下卧硬层的埋藏深度		
	$h = 0.5b$	$h = b$	$h = 2.5b$
0	1.000	1.00	1.00
0.2	1.009	0.99	0.87
0.4	1.020	0.92	0.57
0.6	1.024	0.84	0.44
0.8	1.023	0.78	0.37
1.0	1.022	0.76	0.36

表 3-9 附加应力系数 α_E

$b/2h$	$f = 1$	$f = 2$	$f = 10$	$f = 15$
0	1.00	1.00	1.00	1.00
0.5	1.02	0.95	0.87	0.82
1.0	0.90	0.69	0.58	0.52
2.0	0.60	0.41	0.33	0.29
3.33	0.39	0.36	0.20	0.18
5.0	0.27	0.17	0.16	0.12

注:h 为上层土的厚度;f 的计算式见式(3-42)。

3.4 有效应力原理

土体是由固体颗粒和孔隙水及空气组成的三相集合体。饱和土是由固体颗粒构成的骨架和充满其间的水组成的两相体,当外力作用于土体后,一部分由土骨架承担,并通过颗粒之间的接触面进行应力的传递,称之为粒间应力;另一部分则由孔隙中的水来承担,这部分压力称为孔隙水压力。有效应力原理就是研究饱和土中这两种应力的不同性质和它们与总应力的关系。

如图 3-26 所示,设饱和土体各土颗粒间接触面积之和为 A,取只通过颗粒接触的曲面 a-a 为研究对象,则此截面上土颗粒接触面间的法向应力为 σ_z,孔隙内的水压力为 u_w,相应的面积为 A_s 和 A_w,则 a-a 平面上的法向应力总和等于孔隙水所承担的力和颗粒间接触面所承担

的力之和,如下式所示:

$$\sigma A = \sigma_z A_s + u_w A_w$$

或 $$\sigma A = \sigma_s A_s + (A - A_s)u_w$$

$$\sigma = \frac{\sigma_s A_s}{A} + \left(1 - \frac{A_s}{A}\right)u_w \qquad (3\text{-}44)$$

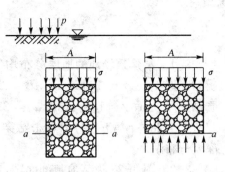

图 3-26 有效应力

对于非饱和土,孔隙中既有水也有空气,孔隙内的气体压力由 u_a 表示,此时根据静力平衡条件有

$$\sigma A = \sigma_s A_s + u_w A_w + u_a A_a$$

由于颗粒间接触面积 A_s 很小,对于坚硬的矿物的颗粒,接触面积近似于一个点,所以 $A_s \approx 0$,式(3-44)中第二项内的 A_s/A 可略去不计,但第一项中因为土颗粒间的接触应力 σ_s 很大,故不能略去。这样式(3-44)可变成

$$\sigma = \frac{\sigma_s A_s}{A} + u_w = \sigma' + u \qquad (3\text{-}45)$$

式中:$\sigma_s A_s/A$——土的有效应力,通常用 σ' 表示。它表示单位面积上垂直于该截面面积的土颗粒接触应力。

u_w——用 u 表示孔隙水压力。

在工程实践中,土的有效应力 σ' 无法直接测定,但孔隙水压力 u 可通过孔隙水压力计进行量测。当已知总应力 σ 和测定了孔隙水压力 u 后,利用下式反求 σ':

$$\sigma' = \sigma - u \qquad (3\text{-}46)$$

式(3-45)就表示由太沙基(K. Terzaghi,1925)所提出的饱和土的有效应力原理。它表明:作用于饱和土体上的总应力 σ 由作用于土骨架上的有效应力 σ' 与孔隙水上的孔隙水压力 u 两部分组成,土的强度与变形主要由有效应力决定。有效应力原理看起来简单,却是土力学中极为重要的原理,灵活应用并不容易。可以说,有效应力原理的提出和应用阐明了碎散颗粒材料与连续固体颗粒材料在应力-应变关系上的重大区别,是使土力学成为一门独立学科的重要标志。

思 考 题

3-1 何为自重应力,计算自重应力时应注意些什么?

3-2 什么是柔性基础?什么是刚性基础?这两种基础的基底压力分布有什么不同?

3-3 影响基底附加应力的因素有哪些?

3-4 矩形角点计算附加应力的理论基础是什么?

3-5 简述如何利用"角点法"计算矩形面积均布荷载 P_0 作用时地基内竖向附加应力 σ_z。

3-6 地基中竖向附加应力分布有何基本规律?相邻两基础下附加应力是否会彼此影响,为什么?

3-7 双层地基上硬下软时,土层面处的附加应力分布与均质地基中的附加应力分布相比有何特点?

3-8 什么是饱和土的太沙基有效应力原理?它有何理论意义?

3-1　某建筑场地的地层分布均匀，第一层杂填土厚 1.5 m，$\gamma = 17.5\ kN/m^3$；第二层粉质黏土厚 4 m，$\gamma = 19\ kN/m^3$，$d_s = 273$，$\omega = 31\%$，地下水位在地面下 2 m 深处；第三层淤泥质黏土厚 8 m，$\gamma = 18\ kN/m^3$，$d_s = 275$，$\omega = 41\%$；第四层粉土厚 3 m，$\gamma = 19.5\ kN/m^3$，$d_s = 272$，$\omega = 28\%$；第五层砂岩层未钻穿。试计算各层交界处的竖向自重应力 σ_c，并绘制出 σ_c 沿深度分布图。

3-2　图 3-27 为某地基剖面图，各土层的重度及地下水位如图所示，试求土的自重应力并绘制出应力分布图。

3-3　均布荷载 $p = 300\ kPa$，作用于图 3-28 中的阴影部分，求 A 点以下 3 m 深度处的竖向附加应力。图中所注尺寸单位为 m。

3-4　在矩形（2 m×3 m）地面上作用 均布荷载，荷载密度为 200 kPa，请给出：(1)荷载作用中心点和角点下竖向附加应力沿深度分布(深度可算至 9.0 m)。(2)在荷载作用面对称轴下深度为 2.0 m 土层中附加应力沿水平面方向分布。

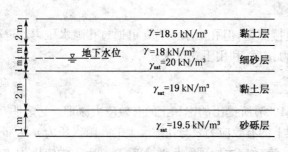

图 3-27　习题 3-2 图

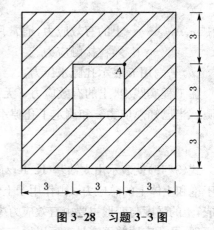

图 3-28　习题 3-3 图

3-5　如图 3-29 所示地表作用条形线性分布荷载，荷载横向分布宽度为 4 m，$p_0 = 100\ kPa$，尺寸如图所示，求地表 O 点下 4 m 处 A 点的竖向附加应力。

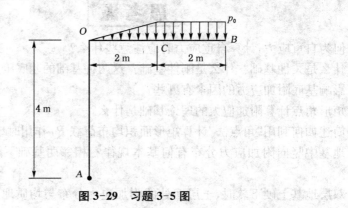

图 3-29　习题 3-5 图

4 土的变形性质与地基沉降计算

4.1 土的压缩性

土在压力作用下体积缩小的特性称为土的压缩性。由于土具有压缩性，地基土层在受到上部建筑物荷载作用时，必定会产生压缩变形。土的压缩主要由三部分组成：①固体土颗粒被压缩；②土中水被压缩；③水和气体从孔隙中被挤出。

试验研究表明，在一般建筑物荷载作用下，土粒及孔隙中水与空气本身的压缩很小，可以略去不计。土的压缩主要是由于孔隙中水与气体被挤出，同时，土颗粒之间发生相对移动，重新排列，靠拢挤紧，从而土孔隙体积减小。

土的压缩性的高低，常用压缩性指标来表示，这些指标可通过室内压缩试验或现场载荷试验等方法测得。

4.1.1 压缩试验和压缩性指标

1）压缩试验

土的压缩试验所用试验仪器为压缩仪（或固结仪），如图 4-1 所示。

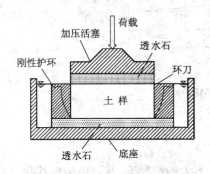

图 4-1 侧限压缩试验装置

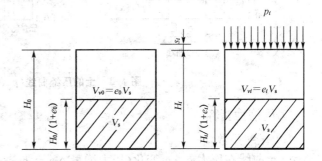

图 4-2 压缩试验中土样变形示意图

试验时，先用金属环刀取土，然后将土样连同环刀一起放入压缩仪内，上下各盖一块透水石，以便土样受压后能够自由排水，透水石上面再施加垂直荷载。由于土样受到环刀、压缩容器的约束，在压缩过程中只能发生竖向变形，不可能侧向变形，所以这种方法也称为侧限压缩试验。土样在天然状态下或经人工饱和后,进行逐级加压固结,以便测定各级压力作用下土样压缩稳定后的孔隙比,进而得到表示土的孔隙比 e 与压力 p 的压缩关系曲线。

设土样的初始高度为 H_0,受压后土样的高度为 H_i,则 $H_i = H_0 - s_i$。s_i 为外压力 p_i 作用下土样压缩至稳定的变形量。根据土的孔隙比的定义,假设土粒体积 V_s 不变,则土样孔隙体积在压缩前为 $e_0 V_s$,在压缩稳定后为 $e_i V_s$,如图 4-2 所示。

为求土样压缩稳定后的孔隙比 e,利用受压前土粒体积不变和土样截面面积不变的两个条件,得出

$$\frac{H_0}{1+e_0} = \frac{H_i}{1+e_i} = \frac{H_0 - s_i}{1+e_i} \tag{4-1}$$

或

$$e_i = e_0 - \frac{s_i}{H_0}(1+e_0) \tag{4-2}$$

式中,e_0 为土的初始孔隙比,可由 3 个基本试验指标求得,即

$$e_0 = \frac{d_s(1+\omega)\rho_w}{\rho} - 1 \tag{4-3}$$

这样,只要测定了土样在各级压力 p_i 作用下的稳定变形量 s_i 后,根据式(4-2)算出孔隙比 e_i,然后就可以绘制出土的压缩曲线。土的压缩曲线可按两种方式绘制,一种是采用普通直角坐标绘制的 e-p 曲线(图 4-3(a));另一种是采用半对数直角坐标纸绘制的 e-$\lg p$ 曲线(图 4-3(b))。压缩性不同的土,其压缩曲线的形状也不一样。曲线愈陡,说明随着压力的增加,土孔隙比的减小愈显著,因而土的压缩性愈高。

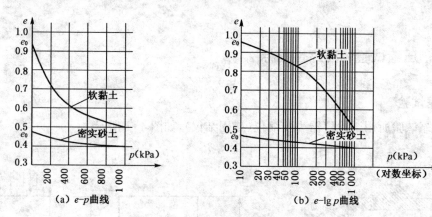

(a) e-p 曲线　　　　　　　　　(b) e-$\lg p$ 曲线

图 4-3　土的压缩曲线(p 单位 MPa)

2) 压缩性指标

(1) 压缩系数

e-p 曲线在压力 p_1、p_2 变化(压力增量 $\Delta p = p_2 - p_1$)不大的情况下,其对应的曲线段,可近似看作直线,这段直线(图 4-3)的斜率(曲线上任意两点割线的斜率)称为土的压缩系数 a。即

$$a \approx \tan\alpha = -\frac{\Delta e}{\Delta p} = \frac{e_1 - e_2}{p_2 - p_1} \tag{4-4}$$

式中：a——计算点处土的压缩系数(kPa^{-1}或MPa^{-1})；

　　　p_1——计算点处土的竖向自重应力(kPa或MPa)；

　　　p_2——计算点处土的竖向自重应力与附加应力之和
　　　　　　(kPa或MPa)；

　　　e_1——相应于p_1作用下压缩稳定后的孔隙比；

　　　e_2——相应于p_2作用下压缩稳定后的孔隙比。

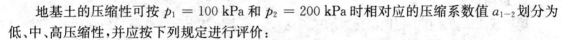

图4-4　以e-p曲线确定压缩系数

压缩系数是评价地基土压缩性高低的重要指标之一。从曲线上看，它不是一个常量，而与所取的p_1、p_2大小有关。在工程实践中，通常以自重应力作为p_1，以自重应力和附加应力之和作为p_2。《建筑地基基础设计规范》(GB 50007—2011)中规定：

地基土的压缩性可按$p_1 = 100\ kPa$和$p_2 = 200\ kPa$时相对应的压缩系数值a_{1-2}划分为低、中、高压缩性，并应按下列规定进行评价：

当$a_{1-2} < 0.1\ MPa^{-1}$时，为低压缩性土；

当$0.1\ MPa \leqslant a_{1-2} < 0.5\ MPa^{-1}$时，为中压缩性土；

当$a_{1-2} \geqslant 0.5\ MPa^{-1}$时，为高压缩性土。

工程中，为减少土的孔隙比，从而达到加固土体的目的，常采用砂桩挤密、重锤夯实、灌浆加固等方法。

(2) 压缩指数

如果采用e-$\lg p$曲线，它的后段接近直线，见图4-5，其斜率C_c称为压缩指数，可按下式计算：

$$C_c = \frac{e_1 - e_2}{\lg p_2 - \lg p_1} = \frac{e_1 - e_2}{\lg\left(\dfrac{p_2}{p_1}\right)} \tag{4-5}$$

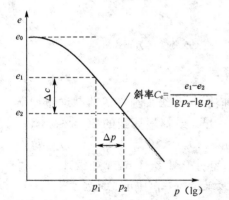

图4-5　由e-$\lg p$曲线求C_c

同压缩系数a一样，压缩指数C_c也能用来确定土的压缩性大小。C_c值愈大，土的压缩性愈高。一般认为：

$C_c < 0.2$时，为低压缩性土；

$C_c = 0.2 \sim 0.4$时，为中压缩性土；

$C_c > 0.4$时，为高压缩性土。

(3) 压缩模量

土体在完全侧限条件下，竖向附加应力σ_z与相应的应变增量ε_z之比，称为压缩模量，用E_s表示，即

$$E_s = \frac{\sigma_z}{\varepsilon_z} \tag{4-6}$$

由式(4-6)，及$\sigma_z = \Delta p$，$\varepsilon_z = -\dfrac{\Delta e}{1 + e_1}$，可得

$$E_s = \frac{\Delta p}{\dfrac{-\Delta e}{1 + e_1}} = \frac{1 + e_1}{a} \tag{4-7}$$

由式(4-7)可见，压缩模量E_s与压缩系数a成反比，E_s越大，a越小，土的压缩性也就越

低。所以 E_s 也具有划分土的压缩性高低的功能。一般认为：

$E_s < 4$ MPa 时，为高压缩性土；

$E_s = 4 \sim 15$ MPa 时，为中压缩性土；

$E_s > 15$ MPa 时，为低压缩性土。

4.1.2 土的载荷试验及变形模量

对于一些较难取样的浅层土，或者重要的建筑物以及对沉降有严格要求的工程，应进行现场静载荷试验确定地基土的变形模量。

1）载荷试验

现场载荷试验是在工程现场通过承压板逐级对置于地基土上的载荷板施加荷载，观测记录沉降随时间的发展以及稳定时的沉降量 s，将上述试验得到的各级荷载与相应的稳定沉降量绘制成 p-s 曲线，即获得了地基土载荷试验的结果。

承压板在基坑底面时，试坑宽度应等于或大于承压板宽度的 3 倍。承压板的底面积一般为 $0.25 \sim 0.50$ m²；对均质密实土（如密实砂土、老黏性土）可用 $0.1 \sim 0.25$ m²；对松软土及人工填土则不应小于 0.5 m²。其试验装置如图 4-6 所示。

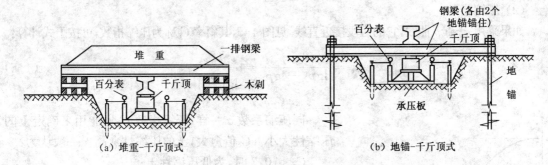

(a) 堆重-千斤顶式　　　　　　　　　　(b) 地锚-千斤顶式

图 4-6　地基载荷试验装置示例

加荷方式：①分级维持荷载沉降相对稳定法（常规慢速法）。分级加荷按等荷载增量均衡施加。荷载增量一般取预估试验土层极限荷载的 $10\% \sim 20\%$，或临塑荷载的 $20\% \sim 25\%$。加荷等级不少于 8 级。每一级荷载，自加荷开始按时间间隔，10、10、10、15、15 min，以后每隔 30 min 观测一次承压板沉降，直至在连续 2 h 沉降量不超过 0.1 mm/h，或连续 1 h 内每 30 min 沉降不超过 0.05 mm，即可施加下一级荷载。②分级维持荷载沉降非稳定法（快速法）。分级加荷与慢速法同，但每一级荷载按间隔 15 min 观察一次沉降。每级荷载维持 2 h，即可施加下一级荷载。③等沉降速率法。控制承压板以一定的沉降速率沉降，测读与沉降相对应的所施加的荷载，当出现下列情况之一时即可终止加载：

(1) 承压板周围的土明显的侧向挤出。

(2) 沉降量 s 急骤增大，荷载-沉降（p-s）曲线出现陡降段。

(3) 在某一荷载下，24 h 内沉降速率不能达到稳定标准。

(4) $s/b \geqslant 0.06$（s 为总沉降量；b 为承压板宽度或直径）。

终止加载后，可按规定逐级卸载并进行回弹观测，以作参考。图 4-7 给出了一些代表性土

类的 p-s 曲线。由图可见,曲线的初始阶段往往接近于直线,因此若将地基承载力设计值控制在该直线段附近,土体则处于直线变形稳定阶段。

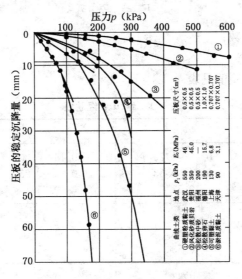

图 4-7 不同土类的 p-s 曲线实例

2) 变形模量

土的变形模量是土在无侧限条件下受压时,压应力增量与压应变增量之比,是评价土压缩性和计算地基变形量的重要指标。变形模量越大,土的压缩性就越低。变形模量常用于地基变形计算,可通过荷载试验计算求得,即

$$E_0 = \omega(1-\mu^2)\frac{p_1 b}{s_1} \tag{4-8}$$

式中:E_0——变形模量 E_0(MPa);

p_1——载荷试验 p-s 曲线的直线段末尾(比例界限)对应的荷载(kPa),见图 4-7;

s_1——比例界限荷载 p_1 相对应的沉降(cm);

b——承压板的边长或直径(cm);

μ——地基土的泊松比,参考表 4-1;

ω——沉降影响系数,刚性方形承压板取 0.88,圆形取 0.79。

有时 p-s 曲线不出现直线段,《建筑地基基础设计规范》建议,对中、高压缩性粉土及黏性土取 $s_1 = 0.02b$ 及其对应的荷载为 p_1;对低压缩性粉土、黏性土、碎石土及砂土,可取 $s_1 = (0.01 \sim 0.015)b$ 及其对应的荷载 p_1,代入式(4-8)计算 E_0。

3) 变形模量与压缩模量的关系

变形模量 E_0 与压缩模量 E_s 是两个不同的概念。E_0 是在现场通过载荷试验测得,土体压缩过程中无侧限;而 E_s 是通过室内压缩试验获得,土体是在完全侧限条件下的压缩。它们与其他建筑材料的弹性模量不同,都包含了相当部分不可恢复的残余变形。但理论上 E_0 与 E_s 有如下换算关系:

$$E_0 = E_s \left(1 - \frac{2\mu^2}{1-\mu}\right) = E_s(1 - 2\mu k_0) \tag{4-9}$$

或 $$E_0 = \beta E_s \tag{4-10}$$

式中：k_0——土的侧压力系数；

μ——土的泊松比。

常见土样 k_0、μ、β 的经验值见表 4-1。

表 4-1　k_0、μ、β 经验值

土的种类和状态	k_0	μ	β
碎石土	0.18~0.25	0.15~0.20	0.90~0.95
砂土	0.25~0.33	0.20~0.25	0.83~0.90
粉土	0.33	0.25	0.83
粉质黏土坚硬状态	0.33	0.25	0.83
可塑状态	0.43	0.30	0.74
软塑及流塑状态	0.53	0.35	0.62
黏土坚硬状态	0.33	0.25	0.83
可塑状态	0.53	0.35	0.62
软塑及流塑状态	0.72	0.42	0.39

实际上，上式所表示的 E_0 与 E_s 的关系，只是理论关系。由于现场测定 E_0 和室内测定 E_s 时，无法考虑到各种因素且无统一的标准（如两者的加荷速率、压缩稳定标准等），β 值也难以精确确定，故上式不能准确地反映 E_0 与 E_s 之间的实际关系，这在实用中要注意。

4.2　地基最终沉降量计算

地基土层在建筑物荷载作用下，不断产生压缩（变形），直至压缩稳定后地基表面的沉降量称为地基的最终沉降量。地基沉降的原因主要是建筑物荷载在地基中产生附加应力，在附加应力作用下土层的空隙发生压缩变形。计算地基沉降量的目的是，在建筑设计中，预测该建筑物建成后将产生的最终沉降量、沉降差、倾斜及局部倾斜，并判断这些地基变形值是否超出允许的范围，以便在建筑物设计时，为采取相应的工程措施提供科学依据，保证建筑物的安全。

计算地基最终沉降量的方法有很多，本节主要介绍分层总和法和《建筑地基基础设计规范》推荐的方法。

4.2.1　分层总和法

分层总和法是在地基可能产生压缩的土层深度内，按土的特性和应力状态将地基划分为若干层，然后分别求出每一分层的压缩量 s_i，最后将各分层的压缩量总和起来，即得地基表面

的最终沉降量 s。

1）基本假定

为了应用地基中的附加应力计算公式和室内侧限压缩试验的指标，特作下列假定：

（1）假定地基每一分层均质，且应力沿厚度均匀分布。

（2）在建筑物荷载作用下，地基土层只产生竖向压缩变形，不发生侧向膨胀变形。因此，在计算地基的沉降量时，可采用室内侧限条件下测定的压缩性指标。

（3）采用基底中心点下的附加应力计算地基变形量，且地基任意深度处的附加应力等于基底中心点下该深度处的附加应力值。

（4）地基变形发生在有限深度范围内。

（5）地基最终沉降量等于各分层沉降量之和。

2）计算步骤

（1）分层。从基础底面开始将地基土分为若干薄层，地基分层厚度按下列原则确定：

① 天然土层的分界面及地下水面为特定的分层面。

② 同一类土层中分层厚度应小于基础宽度的 $\dfrac{2}{5}$ 倍（$h_i \leqslant \dfrac{2}{5}b$）或取 $1 \sim 2$ m，以免因附加应力沿深度的非线性变化而产生较大误差。

（2）计算基底压力 p：

中心荷载
$$p = \frac{F+G}{A} \tag{4-11}$$

偏心荷载
$$\begin{matrix} p_{\max} \\ p_{\min} \end{matrix} = \frac{F+G}{A}\left(1 \pm \frac{6e}{l}\right) \tag{4-12}$$

（3）基底附加压力 p_0：
$$p_0 = p - \gamma_0 d \tag{4-13}$$

（4）计算各分层面上土的自重应力 σ_{czi} 和附加应力 σ_{zi}，并绘制分布曲线。

（5）确定沉降计算深度 z_n。由图 4-8 中自重应力分布和附加应力分布两条曲线确定，即

一般土
$$\sigma_z = 0.2\sigma_{cz} \tag{4-14}$$

软土
$$\sigma_z = 0.1\sigma_{cz} \tag{4-15}$$

（6）计算各分层土的平均自重应力 $\bar{\sigma}_{czi} = \dfrac{\sigma_{cz(i-1)}+\sigma_{czi}}{2}$ 和平均附加应力 $\bar{\sigma}_{zi} = \dfrac{\sigma_{z(i-1)}+\sigma_{zi}}{2}$ 并设 $p_{1i} = \bar{\sigma}_{czi}$，$p_{2i} = \bar{\sigma}_{czi} + \bar{\sigma}_{zi}$。

（7）计算各土层的压缩量 s_i（mm），可按以下公式进行计算：
$$s_i = \frac{e_{1i}-e_{2i}}{1+e_{1i}}h_i = \frac{a_i(p_{2i}-p_{1i})}{1+e_{1i}}h_i = \frac{a_i\Delta p_i}{1+e_{1i}}h_i = \frac{a_i\,\overline{\sigma_{zi}}}{1+e_{1i}} = \frac{\overline{\sigma_{zi}}}{E_i}h_i \tag{4-16}$$

（8）计算最终沉降量
$$s = \sum_{i=1}^{n} s_i = s_1 + s_2 + s_3 + \cdots + s_n \tag{4-17}$$

式中: s_i——第 i 分层土的压缩量;

    s——地基的最终沉降量;

    e_{1i}——第 i 分层土的平均自重应力 p_{1i} 所对应的孔隙比;

    e_{2i}——第 i 分层土的平均自重应力与平均附加应力之和 p_{2i} 所对应的孔隙比;

    $\Delta \bar{\sigma}_{zi}$——第 i 分层土的附加应力平均值。

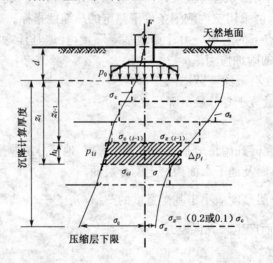

图 4-8 分层总和法计算地基沉降量示意图

【例 4-1】 有一矩形基础放置在均质黏土层上,如图 4-9 所示。基础长度 $L = 10\ \text{m}$,宽度 $b = 5\ \text{m}$,埋置深度 $d = 1.5\ \text{m}$,其上作用着中心荷载 $N = 10\,000\ \text{kN}$。地基土的重度为 $20\ \text{kN/m}^3$,饱和重度 $21\ \text{kN/m}^3$,土的压缩曲线如图 4-9(b) 所示。若地下水位距基底 $2.5\ \text{m}$,试求基础中心点的沉降量。

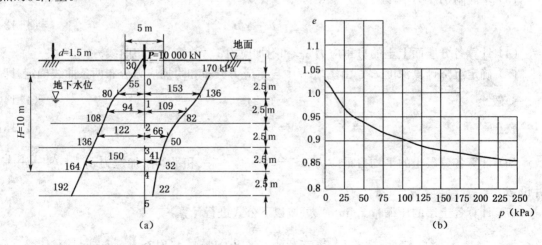

(a)   (b)

图 4-9 例 4-1 图

【解】 基底压力: $$p = \frac{N}{A} = \frac{10\,000}{5 \times 10} = 200\ \text{kN/m}^2$$

净压力: $P_0 = p - \gamma_0 d = 200 - 20 \times 1.5 = 170\ \text{kN/m}^2$

分层厚度:按 原则取 2.5 m

自重应力:$\sigma_{c0} = \gamma d = 20 \times 1.5 = 30$ kPa

$$\sigma_{c1} = \sigma_{c0} + \gamma_1 h_1 = 30 + 20 \times 2.5 = 80 \text{ kPa}$$

$$\sigma_{c2} = \sigma_{c1} + \gamma_2 h_2 = 80 + (21-10) \times 2.5 = 107.5 \text{ kPa}$$

$$\sigma_{c3} = \sigma_{c2} + \gamma_3 h_3 = 107.5 + (21-10) \times 2.5 = 135 \text{ kPa}$$

$$\sigma_{c4} = \sigma_{c3} + \gamma_4 h_4 = 135 + (21-10) \times 2.5 = 162.5 \text{ kPa}$$

$$\sigma_{c5} = \sigma_{c4} + \gamma_5 h_5 = 162.5 + (21-10) \times 2.5 = 190 \text{ kPa}$$

附加应力:

点号	Z_i	Z_i/b	L/b	K_a	σ_z(kPa)
0	0	0	2	0.250	170
1	2.5	1.0	2	0.200	136
2	5.0	2.0	2	0.120	81.6
3	7.5	3.0	2	0.073	49.7
4	10	4.0	2	0.048	32.7
5	12.5	5.0	2	0.033	22.5

压缩层:$\dfrac{\sigma_{z0}}{\sigma_{c0}} = 5.67$, $\dfrac{\sigma_{z1}}{\sigma_{c1}} = 1.7$, $\dfrac{\sigma_{z2}}{\sigma_{c2}} = 0.61$, $\dfrac{\sigma_{z3}}{\sigma_{c3}} = 0.37$

$$\dfrac{\sigma_{z4}}{\sigma_{c4}} = 0.201, \dfrac{\sigma_{z5}}{\sigma_{c5}} = 0.118$$

即 $h_t = 10 + \dfrac{0.201 - 0.118}{12.5 - 10} \times (0.201 - 0.2) = 10$ mm

平均自重应力:$P_{11} = (30 + 80) \div 2 = 55$ kPa

$$P_{12} = (80 + 107.5) \div 2 = 93.75 \text{ kPa}$$

$$P_{13} = (107.5 + 135) \div 2 = 121.25 \text{ kPa}$$

$$P_{14} = (135 + 162.5) \div 2 = 148.75 \text{ kPa}$$

平均附加应力:$\sigma_{z1} = (170 + 136) \div 2 = 153$ kPa

$$\sigma_{z2} = (136 + 81.6) \div 2 = 108.8 \text{ kPa}$$

$$\sigma_{z3} = (81.6 + 49.7) \div 2 = 65.65 \text{ kPa}$$

$$\sigma_{z4} = (49.7 + 32.7) \div 2 = 41.2 \text{ kPa}$$

加荷总应力:$P_{21} = 55 + 153 = 208$ kPa

$$P_{22} = 93.75 + 108.8 = 202.55 \text{ kPa}$$

$$P_{23} = 121.25 + 65.65 = 186.9 \text{ kPa}$$

$$P_{24} = 148.75 + 41.2 = 189.95 \text{ kPa}$$

孔隙比:查表4.9b得:

$$e_{11} = 0.935, e_{12} = 0.915, e_{13} = 0.895, e_{14} = 0.885$$

$$e_{21} = 0.870, e_{22} = 0.870, e_{23} = 0.875, e_{24} = 0.873$$

$$S = \sum_{i=1}^{n} \frac{e_{1i} - e_{2i}}{1 + e_{1i}} \cdot h$$

沉降量：$= (\frac{0.935 - 0.870}{1 + 0.935} \times 2500 + \frac{0.915 - 0.870}{1 + 0.915} \times 2500 + \frac{0.895 - 0.875}{1 + 0.895} \times 2500 +$

$\frac{0.885 - 0.873}{1 + 0.885} \times 2500)$

$= 185mm$

4.2.2　规范法

《建筑地基基础设计规范》(GB 50007—2011)提出的地基沉降计算方法,是一种简化并经修正了的分层总和法,其关键在于引入了平均附加应力系数的概念,并在总结大量实践经验的基础上,重新规定了地基沉降计算深度的标准及地基沉降计算经验系数。这样既对分层总和法进行了简化,又比较符合实际工程情况。

假设地基是均质的,则土在侧限条件下的压缩模量 E_s 不随深度而变,从基底至地基任意深度 z 范围内压缩量根据式(4-16)有

$$s' = \sum_{i=1}^{n} \frac{\bar{\sigma}_{zi}}{E_{si}} h_i \tag{4-18}$$

由图 4-8 可见,上式分子 $\bar{\sigma}_{zi} h_i$ 等于第 i 层土附加应力曲线所包围的面积(图 4-10 中阴影部分),用符号 A_c 表示,而且有

$$A_c = A_a - A_b$$

而应力面积　　　　　$$A = \int_0^z \sigma_z \mathrm{d}z = p_0 \int_0^z \alpha \mathrm{d}z$$

为计算方便,规范法按等面积化为相同深度范围内矩形分布时应力的大小[见图 4-10(b)、(c)],而引入平均附加应力系数 $\bar{\alpha}_i$,即

$$A_a = \bar{\alpha}_i p_0 z_i$$

$$\bar{\alpha}_i = \frac{A_a}{p_0 z_i} = \frac{\int_0^{z_i} \sigma_z \mathrm{d}z}{p_0 z_i} = \frac{p_0 \int_0^{z_i} \alpha \mathrm{d}z}{p_0 z_i} = \frac{\int_0^{z_i} \alpha \mathrm{d}z}{z_i}$$

同理

$$A_b = \bar{\alpha}_{i-1} p_0 z_{i-1}, \bar{\alpha}_{i-1} = \frac{A_b}{p_0 z_{i-1}} = \frac{\int_0^{z_{i-1}} \alpha \mathrm{d}z}{z_{i-1}}$$

则

$$s' = \sum_{i=1}^{n} \frac{A_a - A_b}{E_{si}} = \sum_{i=1}^{n} \frac{p_0}{E_{si}} (\bar{\alpha}_i z_i - \bar{\alpha}_{i-1} z_{i-1}) \tag{4-19}$$

式中：$\bar{\alpha} p_0 z$——深度 z 范围内竖向附加应力面积 A 的等代值；

$\bar{\alpha}$——深度 z 范围内平均附加应力系数；

s'——按分层总和法计算出的地基沉降量(mm)。

故规范法也称为应力面积法。

根据分层总和法基本原理可得成层地基最终沉降量的基本计算公式如下：

$$s = \psi_\text{s} s' = \psi_\text{s} \sum_{i=1}^{n} \frac{p_0}{E_{si}} (\bar{\alpha}_i z_i - \bar{\alpha}_{i-1} z_{i-1}) \tag{4-20}$$

式中：s——地基最终沉降量(mm)；

ψ_s——沉降计算经验系数，根据地区沉降观测资料及经验确定，无地区经验时，也可按表 4-2 取用；

n——地基沉降计算深度范围内所划分的土层数，如图 4-10 所示；

p_0——对应于荷载效应准永久组合时基础底面处的附加压力(kPa)；

E_{si}——基础底面下第 i 层土的压缩模量(MPa)，应取土的自重压力至土的自重压力与附加压力之和的压力段计算；

z_i、z_{i-1}——基础底面至第 i 层、第 $i-1$ 层土底面的距离(m)；

$\bar{\alpha}_i$、$\bar{\alpha}_{i-1}$——基础底面计算点至第 z 层、第 $i-1$ 层土底面范围内的平均附加应力系数，矩形基础可按表 4-3 查用，条形基础可取 $l/b = 10$ 查用，l 与 b 分别为基础的长边和短边。

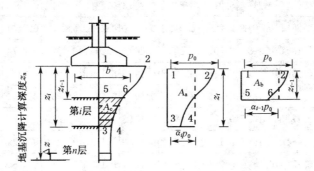

图 4-10　采用平均附加应力系数 $\bar{\alpha}_i$ 计算沉降量的分层示意图

表 4-2　沉降计算经验系数 φ_s

基底的附加压力 ＼ $\overline{E}_\text{s}$(MPa)	2.5	4.0	7.0	15.0	20.0
$p_0 \geqslant f_{ak}$	1.4	1.3	1.0	0.4	0.2
$p_0 \leqslant 0.75 f_{ak}$	1.1	1.0	0.7	0.4	0.2

注：(1) f_{ak} 系地基承载力特征值，见第 7 章；

(2) $\overline{E}_\text{s}$ 为沉降计算深度范围内压缩模量的当量值(MPa)，按 $\overline{E}_\text{s} = \dfrac{\sum A_i}{\sum \dfrac{A_i}{E_{si}}}$ 计算，其中 $A_i = p_0 (\bar{\alpha}_i z_i - \bar{\alpha}_{i-1} z_{i-1})$。

按规范法计算地基沉降时，沉降计算深度 z_n 应符合下式：

$$\Delta s'_n \leqslant 0.025 \sum_{i=1}^{n} \Delta s'_i \tag{4-21}$$

式中：$\Delta s'_i$——在计算深度范围内，第 i 层土的计算沉降值（mm）；

$\Delta s'_n$——在计算深度处向上取厚度为 Δz 土层的计算沉降值，Δz 值按表 4-6 确定。

若按上式计算确定的 z_n 下仍有软弱土层时，在相同压力条件下变形会增大，故尚应继续往下计算，直至软弱土层中所取规定厚度 Δz 的计算沉降量满足上式为止。

表 4-5　矩形面积上均布荷载作用下角点的平均附加应力系数 $\bar{\alpha}$

z/b \ l/b	1.0	1.2	1.4	1.6	1.8	2.0	2.4	2.8	3.2	3.6	4.0	5.0	10.0
0.0	0.2500	0.2500	0.2500	0.2500	0.2500	0.2500	0.2500	0.2500	0.2500	0.2500	0.2500	0.2500	0.2500
0.2	0.2496	0.2497	0.2497	0.2498	0.2498	0.2498	0.2498	0.2498	0.2498	0.2498	0.2498	0.2498	0.2498
0.4	0.2474	0.2479	0.2481	0.2483	0.2483	0.2484	0.2485	0.2485	0.2485	0.2485	0.2485	0.2485	0.2485
0.6	0.2423	0.2437	0.2444	0.2448	0.2451	0.2452	0.2454	0.2455	0.2455	0.2455	0.2455	0.2455	0.2456
0.8	0.2346	0.2372	0.2387	0.2395	0.2400	0.2403	0.2407	0.2408	0.2409	0.2409	0.2410	0.2410	0.2410
1.0	0.2252	0.2291	0.2313	0.2326	0.2335	0.2340	0.2346	0.2349	0.2351	0.2352	0.2352	0.2353	0.2353
1.2	0.2149	0.2199	0.2229	0.2248	0.2260	0.2268	0.2277	0.2282	0.2285	0.2286	0.2287	0.2288	0.2289
1.4	0.2043	0.2162	0.2140	0.2164	0.2180	0.2191	0.2204	0.2211	0.2215	0.2217	0.2218	0.2220	0.2221
1.6	0.1939	0.2006	0.2049	0.2079	0.2099	0.2113	0.2130	0.2138	0.2143	0.2146	0.2148	0.2150	0.2152
1.8	0.1840	0.1912	0.1960	0.1994	0.2018	0.2034	0.2055	0.2066	0.2073	0.2077	0.2079	0.2082	0.2084
2.0	0.1746	0.1822	0.1875	0.1912	0.1938	0.1958	0.1982	0.1996	0.2004	0.2009	0.2012	0.2015	0.2018
2.2	0.1659	0.1737	0.1793	0.1833	0.1862	0.1883	0.1911	0.1927	0.1937	0.1943	0.1947	0.1952	0.1955
2.4	0.1578	0.1657	0.1715	0.1757	0.1789	0.1812	0.1843	0.1862	0.1873	0.1880	0.1885	0.1890	0.1895
2.6	0.1503	0.1583	0.1642	0.1686	0.1719	0.1745	0.1779	0.1799	0.1812	0.1820	0.1825	0.18332	0.1838
2.8	0.1433	0.1514	0.1574	0.1619	0.1654	0.1680	0.1717	0.1739	0.1753	0.1763	0.1769	0.1777	0.1784
3.0	0.1369	0.1449	0.1510	0.1556	0.1592	0.1619	0.1658	0.1682	0.1698	0.1708	0.1715	0.1725	0.1733
3.2	0.1310	0.1393	0.1450	0.1497	0.1533	0.1562	0.1602	0.1627	0.1645	0.1657	0.1664	0.1675	0.1685
3.4	0.1256	0.1334	0.1394	0.1441	0.1478	0.1508	0.1550	0.1577	0.1595	0.1607	0.1616	0.1628	0.1639
3.6	0.1205	0.1282	0.1342	0.1389	0.1427	0.1456	0.1500	0.1528	0.1548	0.1561	0.1570	0.1583	0.1595
3.8	0.1158	0.1233	0.1293	0.1340	0.1378	0.1408	0.1452	0.1482	0.1502	0.1516	0.1526	0.1541	0.1554
4.0	0.1114	0.1189	0.1248	0.1294	0.1332	0.1362	0.1408	0.1438	0.1459	0.1474	0.1485	0.1500	0.1516
4.2	0.1073	0.1147	0.1205	0.1251	0.1289	0.1319	0.1365	0.1396	0.1418	0.1433	0.1445	0.1462	0.1479
4.4	0.1035	0.1107	0.1164	0.1210	0.1248	0.1279	0.1325	0.1357	0.1379	0.1396	0.1407	0.1425	0.1444
4.6	0.1000	0.1070	0.1127	0.1172	0.1209	0.1240	0.1287	0.1319	0.1342	0.1359	0.1371	0.1390	0.1410
4.8	0.0967	0.1036	0.1091	0.1136	0.1173	0.1204	0.1250	0.1283	0.1307	0.1324	0.1337	0.1357	0.1379
5.0	0.0935	0.1003	0.1057	0.1102	0.1139	0.1169	0.1216	0.1249	0.1273	0.1291	0.1304	0.1325	0.1348
5.2	0.0906	0.0972	0.1026	0.1070	0.1106	0.1136	0.1183	0.1217	0.1241	0.1259	0.1273	0.1295	0.1320

续表 4-5

z/b \ l/b	1.0	1.2	1.4	1.6	1.8	2.0	2.4	2.8	3.2	3.6	4.0	5.0	10.0
5.4	0.0878	0.0943	0.0996	0.1039	0.1075	0.1105	0.1152	0.1186	0.1211	0.1229	0.1243	0.1265	0.1292
5.6	0.0852	0.0916	0.0968	0.1010	0.1046	0.1076	0.1122	0.1156	0.1181	0.1200	0.1215	0.1238	0.1266
5.8	0.0828	0.0890	0.0941	0.0983	0.1018	0.1047	0.1094	0.1128	0.1153	0.1172	0.1187	0.1211	0.1240
6.0	0.0805	0.0866	0.0916	0.0957	0.0991	0.1021	0.1067	0.1101	0.1126	0.1146	0.1161	0.1185	0.1216
6.2	0.0783	0.0842	0.0891	0.0932	0.0966	0.0995	0.1041	0.1075	0.1101	0.1120	0.1136	0.1161	0.1193
6.4	0.0762	0.0820	0.0869	0.0909	0.0942	0.0971	0.1016	0.1050	0.1076	0.1096	0.1111	0.1137	0.1171
6.6	0.0742	0.0799	0.0847	0.0886	0.0919	0.0948	0.0993	0.1027	0.1053	0.1073	0.1088	0.1114	0.1149
6.8	0.0723	0.0779	0.0826	0.0865	0.0898	0.0926	0.0970	0.1004	0.1030	0.1050	0.1066	0.1092	0.1129
7.0	0.0705	0.0761	0.0806	0.0844	0.0877	0.0904	0.0949	0.0982	0.1008	0.1028	0.1044	0.1071	0.1109
7.2	0.0688	0.0742	0.0787	0.0825	0.0857	0.0884	0.0928	0.0962	0.0987	0.1008	0.1023	0.1051	0.1090
7.4	0.0672	0.0725	0.0769	0.0806	0.0838	0.0865	0.0908	0.0942	0.0967	0.0987	0.1004	0.1031	0.1071
7.6	0.0656	0.0709	0.0752	0.0789	0.0820	0.0846	0.0889	0.0922	0.0947	0.0968	0.0984	0.1012	0.1056
7.8	0.0642	0.0693	0.0736	0.0771	0.0802	0.0828	0.0871	0.0904	0.0929	0.0950	0.0966	0.0994	0.1036
8.0	0.0627	0.0678	0.0720	0.0755	0.0785	0.0811	0.0853	0.0886	0.0912	0.0932	0.0948	0.0976	0.1020
8.2	0.0614	0.0663	0.0705	0.0739	0.0769	0.0795	0.0837	0.0869	0.0894	0.0914	0.0931	0.0959	0.1004
8.4	0.0601	0.0649	0.0690	0.0724	0.0754	0.0779	0.0820	0.0852	0.0878	0.0893	0.0914	0.0943	0.0938
8.6	0.0588	0.0636	0.0676	0.0710	0.0739	0.0764	0.0805	0.0836	0.0862	0.0882	0.0898	0.0927	0.0973
8.8	0.0576	0.0623	0.0663	0.0696	0.0724	0.0749	0.0790	0.0821	0.0846	0.0866	0.0882	0.0912	0.0959
9.2	0.0554	0.0599	0.0637	0.0670	0.0697	0.0721	0.0761	0.0792	0.0817	0.0837	0.0853	0.0882	0.0931
9.6	0.0533	0.0577	0.0614	0.0645	0.0672	0.0696	0.0734	0.0765	0.0789	0.0809	0.0825	0.0855	0.0905
10.0	0.0514	0.0556	0.0592	0.0622	0.0649	0.0672	0.0710	0.0739	0.0763	0.0783	0.0799	0.0829	0.0880
10.8	0.0479	0.0519	0.0553	0.0581	0.0606	0.6028	0.0664	0.0693	0.0717	0.0736	0.0751	0.0781	0.0834
11.2	0.0463	0.0502	0.0535	0.0563	0.0587	0.0609	0.0644	0.0672	0.0695	0.0714	0.0730	0.0759	0.0813
11.6	0.0448	0.0486	0.0518	0.0545	0.0569	0.0590	0.0625	0.0652	0.0675	0.0694	0.0709	0.0738	0.0793
12.0	0.0435	0.0471	0.0502	0.0529	0.0552	0.0573	0.0606	0.0634	0.0656	0.0674	0.0690	0.0719	0.0774
12.8	0.0409	0.0444	0.0474	0.0499	0.0521	0.0541	0.0573	0.0599	0.0621	0.0639	0.0654	0.0682	0.0739
13.6	0.0387	0.0420	0.0448	0.0472	0.0493	0.0512	0.0543	0.0568	0.0589	0.0607	0.0621	0.0649	0.0707
14.4	0.0367	0.0398	0.0425	0.0448	0.0468	0.0486	0.0516	0.0540	0.0561	0.0577	0.0592	0.0619	0.0677
15.2	0.0349	0.0379	0.0404	0.0426	0.0446	0.0463	0.0492	0.0515	0.0535	0.0551	0.0565	0.0592	0.0650
16.0	0.0332	0.0361	0.0385	0.0407	0.0425	0.0442	0.0469	0.0492	0.0511	0.0527	0.0540	0.0567	0.0625
18.0	0.0297	0.0323	0.0345	0.0364	0.0381	0.0396	0.0422	0.0442	0.0460	0.0475	0.0487	0.0512	0.0520
20.0	0.0269	0.0292	0.0312	0.0330	0.0345	0.0359	0.0383	0.0402	0.0418	0.0432	0.0444	0.0468	0.0524

表 4-4 Δz 值的确定

基底宽度 b(m)	$b \leqslant 2$	$2 < b \leqslant 4$	$4 < b \leqslant 8$	$b > 8$
Δz(m)	0.3	0.6	0.8	1.0

当无相邻荷载影响,并且基础宽度在 $1 \sim 30$ m 范围内时,基础中心点的地基变形计算深度也可按下列简化公式计算:

$$z_n = b(2.5 - 0.4\ln b) \tag{4-22}$$

式中:b——基础宽度(m)。

此外,当沉降计算深度范围内存在基岩时,z_n 可取至基岩表面,其他情况可参考规范。

【例 4-2】 某厂房柱下单独方形基础,已知基础底面积尺寸为 $4\ m \times 4\ m$,埋深 $d = 1.0\ m$,地基为粉质黏土,地下水位距天然地面 3.4 m。上部荷重传至基础顶面 $F = 1\ 440$ kN,土的天然重度 $\gamma = 16.0\ kN/m^3$,饱和重度 $\gamma_{sat} = 17.2\ kN/m^3$,有关计算资料如图 4-11 所示。试分别用分层总和法和规范法计算基础最终沉降(已知 $f_{ak} = 94$ kPa)。

【解】 (1) 分层总和法计算

① 计算分层厚度

每层厚度 $h_i < 0.4b = 1.6$ m,地下水位以上分 2 层,各 1.2 m,地下水位以下按 1.6 m 分层。

② 计算地基土的自重应力

自重应力从天然地面起算,z 的取值从基底面起算,结果如表 4-5 所示。

表 4-5 例 4-2 表(1)

z(m)	0	1.2	2.4	4.0	5.6	7.2
σ_c(kPa)	16	35.2	54.4	65.9	77.4	89.0

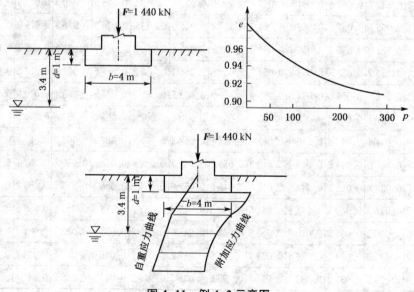

图 4-11 例 4-2 示意图

③ 计算基底压力

$$G = \gamma_G A d = 320 \text{ kN}$$

$$p = \frac{F + G}{A} = 110 \text{ kPa}$$

④ 计算基底附加压力

$$p_0 = p - \gamma d = 94 \text{ kPa}$$

⑤ 计算基础中点下地基中附加应力

用角点法计算,过基底中点将荷载面四等分,边长 $l = b = 2 \text{ m}$,$\sigma_z = 4\alpha_{ci}p_0$,$\alpha_{ci}$ 查表确定,结果列示于表 4-6 中。

表 4-6 例 4-2 表(2)

z(m)	z/b	α_{ci}	σ_z(kPa)	σ_c(kPa)	σ_z/σ_c	z_n(m)
0	0	0.250 0	94.0	16		
1.2	0.6	0.222 9	83.8	35.2		
2.4	1.2	0.151 6	57.0	54.4		
4.0	2.0	0.084 0	31.6	65.9		
5.6	2.8	0.050 2	18.9	77.4	0.24	
7.2	3.6	0.032 6	12.3	89.0	0.14	7.2

⑥ 确定沉降,计算深度 z_n

根据 $\sigma_z = 0.2\sigma_c$ 的确定原则,由计算结果,取 $z_n = 7.2 \text{ m}$。

⑦ 最终沉降计算

根据 e-p 曲线,计算各层的沉降量,结果见表 4-7。

表 4-7 例 4-2 表(3)

z(m)	σ_c (kPa)	σ_z (kPa)	h (mm)	$\overline{\sigma_c}$ (kPa)	$\overline{\sigma_z}$ (kPa)	$\overline{\sigma_z}+\overline{\sigma_c}$ (kPa)	e_1	e_2	$\dfrac{e_{1i}-e_{2i}}{1+e_{1i}}$	s_i (mm)
0	16	94.0	1 200	25.6	88.9	114.5	0.970	0.937	0.061 8	20.2
1.2	35.2	83.8	1 600	44.8	70.4	115.2	0.960	0.936	0.012 2	14.6
2.4	54.4	57.0	1 600	60.2	44.3	104.5	0.954	0.940	0.007 2	11.5
4.0	65.9	31.6	1 600	71.7	25.3	97.0	0.948	0.942	0.003 1	5.0
5.6	77.4	18.9	1 600	83.2	15.6	98.8	0.944	0.940	0.002 1	3.4
7.2	89.0	12.3								

按分层总和法求得基础最终沉降量为 $s = \sum s_i = 54.7 \text{ mm}$

(2)规范法计算

① 确定沉降计算深度

② 确定各层 E_{si}

$$E_{si} = \frac{1+e_{1i}}{e_{1i}-e_{2i}}(p_{2i}-p_{1i})$$

③ 根据计算尺寸,查表得到平均附加应力系数,计算各分层的沉降列表计算各层沉降量 Δs_i,结果列示于表 4-8 中

表 4-8　例 4-2 表(4)

$z(\mathrm{m})$	l/b	z/b	$\bar{\alpha}$	$\bar{\alpha}z$ (m)	$\bar{\alpha}_i z_i - \bar{\alpha}_{i-1} z_{i-1}$ (m)	E_{si} (kPa)	$\Delta s'$ (mm)	s' (mm)
0		0	4×0.2500	0	0.2908	5 292	20.7	
1.2		0.6	4×0.2423	0.2908	0.2250	5 771	14.7	
2.4		1.2	4×0.2149	0.5158	0.1826	6 153	11.2	
4.0	1	2.0	4×0.1746	0.6984	0.1041	8 161	4.8	
5.6		2.8	4×0.1433	0.8025	0.0651	7 429	3.3	54.7
7.2		3.6	4×0.1205	0.8676	0.0185	7 448	0.9	55.6
7.8		3.9	4×0.1136	0.8861				

根据计算表所示 $\Delta z = 0.6 \mathrm{~m}$, $\Delta s_n = 0.9 \mathrm{~mm} < 0.025 \sum s_i = 1.39 \mathrm{~mm}$

④ 沉降修正系数 ψ_s

根据 $E_s = 6.0 \mathrm{~MPa}$, $f_{ak} = p_0$,查表得到 $\psi_s = 1.1$

⑤ 基础最终沉降量

$$s = \psi_s s' = 1.1 \times 55.6 = 61.2 \mathrm{~mm}$$

由本例题按分层总和法和规范法所计算出的结果看,分层总和法结果偏小。

4.2.3　地基沉降计算中的有关问题

(1) 分层总和法在计算中的假定不符合实际情况:假定地基无侧向变形,使得计算结果偏小;计算采用基础中心点下土的附加应力和沉降,使得计算结果偏大。两者在一定程度上相互抵消误差,但精确误差难以估计。

(2) 分层总和法中附加应力计算应考虑土体在自重作用下的固结程度,未完全固结的土应考虑由于固结引起的沉降量。

(3) 相邻荷载对沉降量有较大的影响,在附加应力计算中应考虑相邻荷载的作用。

(4) 当建筑物基础埋置较深时,应考虑开挖基坑时地基土的回弹,建筑施工时又产生地基土再压缩的情况。地基土的回弹变形量可按下式计算:

$$s_c = \psi_c \sum_{i=1}^{n} \frac{p_c}{E_{ci}}(z_i \bar{\alpha}_i - z_{i-1} \bar{\alpha}_{i-1}) \tag{4-23}$$

式中:s_c——考虑回弹再压缩影响的地基变形量(mm);

E_{ci}——土的回弹再压缩模量,按相关试验确定(kPa);

ψ_c——考虑回弹影响的沉降计算经验系数,无地区经验时可取 1.0;

p_c——基坑底面以上土的自重应力(kPa),地下水位以下应扣除浮力。

4.3　应力历史对地基沉降的影响

应力历史是指土在形成过程及其地质年代中,经受土有效应力变化的情况。黏性土在形成及存在过程中所经受的地质作用和应力变化不同,所产生的压密过程及固结状态也不同。在相同荷载作用下,不同应力历史的土所表现出的压缩特性也不相同。

4.3.1　先期固结压力

土的历史上所经受过的最大竖向有效应力称为土的先(前)期固结压力,常用 p_c 表示。

由于土的受荷历史极其复杂,因此在确定土的先(前)期固结压力至今无精确的方法。应用最广的方法是卡萨格兰德(A. Casagrande,1936 年)建议的经验作图法,作图步骤如下(图 4-12):

① 从 e-$\lg p$ 曲线上找出曲率半径最小的一点 A;过 A 点作水平线 $A1$ 确定先期固结压力 p_c 和切线 $A2$。

② 作 $\angle 1A2$ 的平分线 $A3$,与 e-$\lg p$ 曲线中直线段的延长线相交于 B 点。

③ B 点所对应的有效应力就是先期固结压力 p_c。

可见,该法仅适用于 e-$\lg p$ 曲线曲率变化明显的土层,否则 $r_{\min}$ 难以确定。此外,e-$\lg p$ 曲线的曲率随 e 轴坐标比例的变化而改变,目前尚无统一的作图比例,并且人为因素影响较大,所得 p_c 值不一定可靠。因此确定 p_c 时,一般还应结合场地的地形、地貌等形成历史的调查资料加以判断。

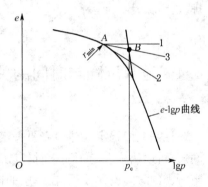

图 4-12　先(前)期固结压力的确定

4.3.2　天然土层应力历史

根据土的先(前)期固结压力 p_c 与现有土层自重应力 $p_1 = \gamma z$ 之比,称为"超固结比"(OCR),可把天然土层划分为 3 种固结状态。

(1) 超固结土状态

超固结土是指天然土层在地质历史上受到过的固结压力 p_c 大于目前的上覆压力 p_1,即 $OCR > 1$[见图 4-13(a)]。其可能是由于地面上升或河流冲刷将其上部的一部分土体剥蚀掉,或古冰川下的土层曾经受过冰荷载(荷载强度为 p_c)的压缩,后来由于气候转暖、冰川融化以致使上覆压力减小等。

(2) 正常固结土状态

正常固结土是指土层在历史上最大固结压力作用下压缩稳定,但沉积后土层厚度无大变化,以后也没有受到过其他荷载的继续作用,即天然土层在地质历史上受到过的固结压力 p_c

等于目前的上覆压力 p_1,此时 $OCR = 1$,见图 4-13(b)。

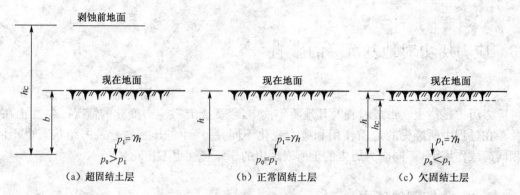

图 4-13　天然土层的应力历史分类示意图

（3）欠固结土状态

土层逐渐沉积到现在地面,但没达到固结稳定状态,即天然土层在地质历史上受到过的固结压力 p_c 小于目前的上覆压力 p_1,此时 $OCR < 1$,例如新近沉积黏性土、人工填土等。由于沉积后经历年代时间不久,其自重固结作用尚未完成,将来固结完成后的地表如图 4-13(c)中虚线。

4.4　地基沉降与时间的关系

地基变形稳定（沉降）需要一定时间完成。碎石土和砂土的透水性好,其沉降所经历的时间短,可以认为在施工完毕时,其沉降已完成;对于黏性土,由于水被挤出的速度较慢,沉降稳定所需的时间就比较长,在厚层的饱和软黏土中,其固结沉降需要经过几年甚至几十年时间才能完成。因此,实践中一般只考虑饱和土的沉降与时间关系。

4.4.1　饱和土的渗透固结理论

土的压缩性原理,揭示了饱和土的压缩主要是由于饱和黏土在外荷载作用下,孔隙水将逐渐被排出,同时孔隙体积也随之缩小,这一过程称为饱和土的渗透固结。渗透固结所需时间的长短与土的渗透性和土层厚度有关,土的渗透性愈小、土层愈厚,孔隙水被挤出所需的时间就愈长。可用一简单力学模型来说明这一过程。

在一个盛满水的圆筒中,装一个带有弹簧的活塞,弹簧表示土的颗粒骨架,圆筒内的水表示土中的自由水,带孔的活塞则表示土的透水性。由于模型中只有固、液两相介质,则对于外力 σ_z 的作用只能是水与弹簧两者来共同承担。设其中的弹簧承担的压力为有效应力 σ',圆筒中的水承担的压力为孔隙水压力 u,按照静力平衡条件,应有

$$\sigma_z = \sigma' + u \tag{4-24}$$

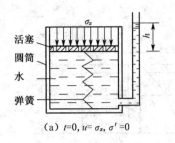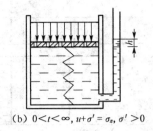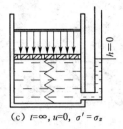

活塞
圆筒
水
弹簧

σ_z h

h

$h=0$

(a) $t=0$, $u=\sigma_z$, $\sigma'=0$ (b) $0<t<\infty$, $u+\sigma'=\sigma_z$, $\sigma'>0$ (c) $t=\infty$, $u=0$, $\sigma'=\sigma_z$

图 4-14　饱和土的渗透固结模型

很明显,式(4-24)的物理意义是土的孔隙水压力 u 与有效应力 σ' 对外力的分担作用,它与时间有关。

(1) 当 $t=0$ 时的加荷瞬间,容器中的水来不及排出[图 4-14(a)],由于水被视为不可压缩,即水的侧限压缩模量远大于弹簧的弹性系数,所以弹簧来不及变形,基本上没有受力,全部压力由水承担,即:$u=\sigma_z$, $\sigma'=0$。

(2) 当 $t>0$ 时,如图 4-14(b)所示,受到超静水压力的水开始从活塞排水孔中排出,活塞下降,弹簧被压缩,开始承受一部分压力 σ',并逐渐增长;而相应地 u 则逐渐减小。此时,$u+\sigma'=\sigma_z$, $\sigma'>0$。

(3) 当 $t\to\infty$ 时,如图 4-14(c)所示,水从排水孔中充分排出,超静水压力为零($h=0$),孔隙水压力完全消散,活塞最终下降到 σ_z 全部由弹簧承担,饱和土的渗透固结完成。即:$u=0$, $\sigma'=\sigma_z$。

可见,饱和土的渗透固结也就是孔隙水压力逐渐消散和有效应力相应增长的过程。土的压缩随时间增长的过程,称为土的固结。饱和土在荷载作用后的瞬间,孔隙中的水承受了由荷载产生的全部压力,此压力称为孔隙水压力或称超静水压力。孔隙水在超静水压力作用下逐渐被排出,同时使土粒骨架逐渐承受压力,此压力称为土的有效应力。在有效应力增长的过程中,土粒孔隙被压密,土的体积被压缩,所以土的固结过程就是超静水压力消散而转为有效应力的过程。

4.4.2　太沙基一维固结理论

为了求得饱和土层在渗透固结过程中某一时间的变形,早在 1925 年,太沙基就建立了饱和黏性土一维固结微分方程,并获得了一定初始条件和边界条件下的解析解。其适用条件为荷载面积远大于压缩土层的厚度,地基中孔隙水主要沿竖向渗流。对于堤坝及其地基,孔隙水主要沿两个方向渗流,属于二维固结问题;对于高层建筑,则应考虑三维固结问题。

1) 一维固结微分方程

假设厚度为 H 的饱和黏性土层面,底面是不透水和不可压缩层,假设该饱和土层在自重应力作用下的固结已经完成,现在顶面受到一次骤然施加的无限均布荷载 p_0 作用。由于土层厚度远小于荷载面积,故土中附加应力图形将近似地取作矩形分布,即附加应力不随深度而变化。但是孔隙压力 u(另一方面也是有效应力 σ')却是坐标 z 和时间 t 的函数。即 σ' 和 u 分别写为 $\sigma_{z,t}$ 和 $u_{z,t}$,如图 4-15 所示。

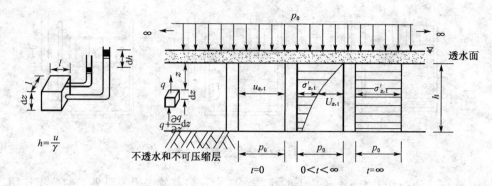

图4-15 饱和土层的固结过程

基本假定如下：

(1) 土层是均质的、完全饱和的。

(2) 土的压缩完全由孔隙体积减小引起，土体和水不可压缩。

(3) 土的压缩和排水仅在竖直方向发生（相当于完全侧限条件）。

(4) 土中水的渗流服从达西定律。

(5) 在渗透固结过程中，土的渗透系数 k 和压缩系数 a 视为常数。

(6) 外荷一次性骤然施加，附加应力沿深度 z 均匀分布。

现从饱和土层顶面下深度 z 处取一微单元体 $1 \times 1 \times dz$ 来考虑，土的初始孔隙比为 e_0。根据孔隙比的定义，可得其中土粒的体积为

$$V_s = \frac{1 \times 1 \times dz}{1 + e_0} = \frac{dz}{1 + e_0} \tag{4-25}$$

由于固结渗透只能是自下而上的，在外荷载一次施加后单位时间内流入和流出单元体的水量分别为

流入：$\left(q + \dfrac{\partial q}{\partial z}dz\right)dt$

流出：qdt

流经该单元体的水量变化（被挤出的孔隙水量）为

$$\left(q + \frac{\partial q}{\partial z}dz\right)dt - qdt = \frac{\partial q}{\partial z}dzdt \tag{4-26}$$

根据达西定律，可得单元体过水面积 $A = 1 \times 1$ 的流量 q 为

$$q = vA = ki = k\frac{\partial h}{\partial z} = \frac{k}{\gamma_w} \cdot \frac{\partial u}{\partial z} \tag{4-27}$$

代入式(4-26)，得

$$\frac{\partial q}{\partial z}dzdt = \frac{k}{\gamma_w} \cdot \frac{\partial^2 u}{\partial z^2}dzdt \tag{4-28}$$

此时的孔隙体积为 $V_v = eV_s = e\dfrac{dz}{1 + e_0}$。在 dt 时间内，单元体孔隙体积的变化量为

$$dV_v = \frac{\partial V_v}{\partial t}dt = \frac{\partial}{\partial t}\left(\frac{e}{1+e_0}\right)dzdt = \frac{1}{1+e_0}\cdot\frac{\partial e}{\partial t}dzdt \qquad (4-29)$$

根据 $a = -\dfrac{de}{dp}$ 及有效应力原理有

$$de = -adp = -ad\sigma' \qquad (4-30)$$

$$\frac{\partial e}{\partial t} = -a\frac{\partial(p_0 - u)}{\partial t} = a\frac{\partial u}{\partial t} \qquad (4-31)$$

将式(4-31)代入式(4-29)得

$$\frac{\partial V_v}{\partial t}dt = \frac{a}{1+e_0}\cdot\frac{\partial u}{\partial t}dzdt \qquad (4-32)$$

由于土颗粒和水是不可压缩的,故根据连续条件,在 dt 时间内,该单元体排出的水量(水量的变化)应等于单元体孔隙的压缩量(孔隙的变化量),即

$$\frac{\partial V_v}{\partial t}dt = \frac{\partial q}{\partial z}dzdt$$

$$\frac{a}{1+e_0}\cdot\frac{\partial u}{\partial t}dzdt = \frac{k}{\gamma_w}\cdot\frac{\partial^2 u}{\partial z^2}dzdt$$

得

$$C_v = \frac{k(1+e_0)}{a\gamma_w} \qquad (4-33)$$

$$C_v\frac{\partial^2 u}{\partial z^2} = \frac{\partial u}{\partial t} \qquad (4-34)$$

上式即为饱和土的一维固结微分方程。

式中:i——水头梯度,$i = \partial h/\partial z$;

　　　u——超孔隙水压力,$u = \gamma_w h$;

　　　h——测压管水头高度;

　　　C_v——土的竖向固结系数(下标 v 表示是竖向渗流的固结),由室内固结(压缩)试验确定,详见土工实验操作规程;

　　　k、a、e_0——分别为渗透系数、压缩系数和土的初始孔隙比。

式(4-34)微分方程,一般可用分离变量法求解,解的形式可以用傅里叶级数表示。现根据图 4-15 的初始条件(开始固结时的附加应力分布情况)和边界条件(可压缩土层顶、底面的排水条件)有

当 $t = 0$ 和 $0 \leqslant z \leqslant H$ 时,$u = \sigma_z = p_0$;

$0 < t < \infty$ 和 $z = 0$(透水面)时,$u = 0$;

$0 < t < \infty$ 和 $z = H$(不透水面)时,$\dfrac{\partial u}{\partial z} = 0$;

$t = \infty$ 和 $0 \leqslant z \leqslant H$ 时,$u = 0$。

根据以上初始条件和边界条件,采用分离变量法可求得式(4-34)的特解为

$$u_{z,t} = \frac{4}{\pi}\sigma_z \sum_{m=1}^{\infty} \frac{1}{m}\sin\left(\frac{m\pi z}{2H}\right)\exp(-\pi^2 m^2 T_v/4) \qquad (4\text{-}35)$$

$$T_v = \frac{C_v}{H^2}t \qquad (4\text{-}36)$$

式中：$u_{z,t}$——深度 z 处某一时刻 t 的孔隙水压力；

$\quad$ m——正奇整数$(1,3,5,\cdots)$；

$\quad$ e——自然对数的底；

$\quad$ H——压缩土层最远的排水距离，当土层为单面排水时，H 取土层的厚度；双面排水时，

$\qquad$ 水由土层中心分别向上下两方向排出，此时 H 应取土层厚度的 $1/2$；

$\quad$ T_v——竖向固结时间因数，无量纲。

2）固结度及其应用

固结度 U_t 是指在某一固结应力作用下，经过时间 t 后，土体发生固结或孔隙水压力消散的程度。用经历时间 t 的固结沉降量 s_t 与其最终沉降量 s_c 之比表示，即

$$U_t = \frac{s_t}{s} \qquad (4\text{-}37)$$

式中：s_t——地基在某一时刻 t 的固结沉降量，取决于土中的有效应力值；

$\quad$ s——地基最终的固结沉降量，可参照分层总和法计算。

根据有效应力原理，土的变形只取决于有效应力，所以，对于一维竖向渗流固结，土层的固结度又可以定义为

$$U_t = \frac{\dfrac{a}{1+e}\displaystyle\int_0^H \sigma'_{z,t}\mathrm{d}z}{\dfrac{a}{1+e}\displaystyle\int_0^H \sigma_z\mathrm{d}z} = \frac{\displaystyle\int_0^H \sigma_z\mathrm{d}z - \displaystyle\int_0^H u_{z,t}\mathrm{d}z}{\displaystyle\int_0^H \sigma_z\mathrm{d}z} = 1 - \frac{\displaystyle\int_0^H u_{z,t}\mathrm{d}z}{\displaystyle\int_0^H \sigma_z\mathrm{d}z} \qquad (4\text{-}38)$$

在地基的固结应力、土层的性质和排水条件已经确定的情况下，固结度仅为时间 t 的函数，它反映了孔隙水压力向有效应力转化的完成程度。显然，$t = 0$ 时，$U_t = 0$；$t = \infty$ 时，$U_t = 1$。

把式$(4\text{-}35)$代入式$(4\text{-}38)$，积分整理后得

$$U_t = 1 - \frac{8}{\pi^2}\left[\exp\left(\frac{-\pi^2 T_v}{4}\right) + \frac{1}{9}\exp\left(\frac{-9\pi^2 T_v}{4}\right) + \frac{1}{25}\exp\left(\frac{-25\pi^2 T_v}{4}\right) + \cdots\right]$$

$$= 1 - \frac{8}{\pi^2}\sum_{m=1}^{\infty}\frac{1}{m^2}\exp\left(\frac{-\pi^2 m^2 T_v}{4}\right) \qquad (4\text{-}39)$$

该级数收敛很快，当 $U_t > 0.3$ 时，可近似取其第一项，即

$$U_t = 1 - \frac{8}{\pi^2}\exp\left(\frac{-\pi^2 T_v}{4}\right) \qquad (4\text{-}40)$$

为了便于应用，常将 U_t 与 T_v 关系绘成关系曲线，如图 4-16。

在实际应用中，作用于饱和土层的起始超孔隙水压力要比以上讨论的复杂得多。为了采用一维固结理论计算，常将起始超孔隙水压力近似为沿土层厚度呈线性变化。单面排水情况

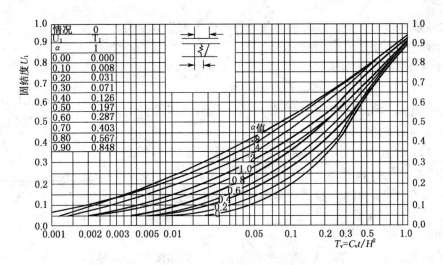

图 4-16 U_t 与 T_v 关系曲线

下,需引入系数 $\alpha = \sigma'/\sigma''$,其中土层排水面和不排水面的起始超孔隙水压力分别为 σ' 和 σ''_0,根据 α 不同可分为以下 5 种情况(如图 4-17)。

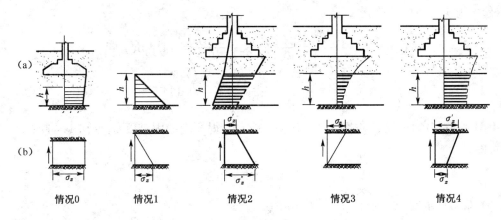

图 4-17 固结土层中的起始压力分布

情况 0:$\alpha = 1$,应力图形为矩形。相当于土层已在自重应力作用下固结,基础底面积较大而压缩层较薄的情况。

情况 1:$\alpha = 0$,应力图形为三角形。相当于大面积新填土层(饱和时)由于本土层自重应力引起的固结;或者土层由于地下水大幅度下降,在地下水变化范围内,自重应力随深度增加的情况。

情况 2:$\alpha < 1$,适用于土层在自重应力作用下尚未固结,又在其上修建建筑物基础的情况。

情况 3:$\alpha = \infty$,基底面积小,土层厚,土层底面附加应力已接近 0 的情况。

情况 4:$\alpha > 1$,土层厚度 $h > b/2$(b 为基础宽度),附加应力随深度增加而减小,但深度 h 处的附加应力大于 0。

以上情况都系单面排水,若是双面排水,则不管附加应力分布如何,只要是线性分布,均按情况 0 计算,但在时间因数的式子中以 $H/2$ 代替 H 即可。

由此,地基固结过程中任意时刻的沉降量可按下列步骤求得:

(1) 计算地基附加应力沿深度的分布。

(2) 计算地基最终沉降量。

(3) 计算土层的竖向固结系数和时间因数。

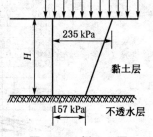

图4-18 例4-3图

(4) 求解地基固结过程中某一时刻 t 的沉降量,或沉降量达某已知数值时所需的时间。

【例4-3】 厚度 $H = 10\ \text{m}$ 的黏土层,上覆透水层,下卧不透水层,其压缩应力如图4-18所示。已知黏土层的初始孔隙比 $e = 0.8$,压缩系数 $a = 0.000\ 25\ \text{kPa}^{-1}$,渗透系数 $k = 0.02\ \text{m/}$ 年。试求:

(1) 地基最终沉降量 s;

(2) 加荷1年后的沉降量 s_t;

(3) 若将此黏土层下部改为透水层,则达到统一固结度所需历时 t。

【解】 (1) 地基最终沉降量 s

$$s = \frac{a}{1+e}\bar{\sigma}_z H = \frac{0.000\ 25}{1+0.8} \times \left(\frac{235+157}{2}\right) \times 10\ 000 = 273\ \text{mm}$$

(2) t 为1年时的沉降量 s_t

$$C_v = \frac{k(1+e)}{a\gamma_\omega} = \frac{0.02 \times (1+0.8)}{0.000\ 25 \times 10} = 14.4\ \text{m}^2/\text{年}$$

$$T_v = \frac{C_v}{H^2}t = \frac{14.4}{10^2} \times 1 = 0.144$$

由图4-16中的情况0,查图4-16中曲线 $\alpha = 1$,得相应的固结度 $U_t = 0.44$,那么 $t = 1$ 年时的沉降量:

$$s_t = 0.44 \times 273 = 120\ \text{mm}$$

(3) 双面排水时,$U_t = 0.44$ 所需历时 t

此时 $H = 5\ \text{m}$,由 $U_t = 0.44$,$T_v = 0.144$ 得

$$t = \frac{T_v H^2}{C_v} = \frac{0.144 \times 5^2}{14.4} = 0.25\ \text{年}$$

4.5 地基变形特征与建筑物沉降观测

4.5.1 地基变形特征

地基变形特征可分为沉降量、沉降差、倾斜和局部倾斜4种,如图4-19所示。

(1) 沉降量。沉降量是指基础中心的沉降量 s。建筑物若沉降量过大,势必会影响其正常

使用。因此,沉降量常作为建筑物地基变形的控制指标之一。

(2)沉降差。沉降差是指两相邻独立基础沉降量之差,$\Delta s = s_1 - s_2$。建筑物中如相邻两个基础的沉降差过大,将会使建筑物发生裂缝、倾斜甚至破坏。对于框架结构和排架结构,计算地基变形时应由相邻柱基的沉降差控制。

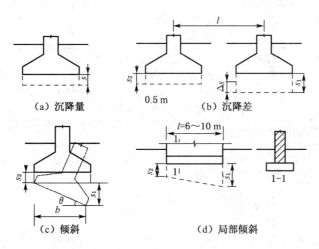

图 4-19　地基变形特征

(3)倾斜。倾斜是指基础倾斜方向两端点的沉降差与其距离的比值$\dfrac{s_1 - s_2}{b}$。建筑物倾斜过大,将影响正常使用,若遇台风或强烈地震时,将危及建筑物整体稳定甚至倾覆。对于多层或高层建筑和高耸结构,计算地基变形时应由倾斜值控制。

(4)局部倾斜。局部倾斜是指砌体承重结构,沿纵墙$l = 6 \sim 10$ m 内基础两点间的沉降差与其距离的比值$\dfrac{s_1 - s_2}{l}$。建筑物若局部倾斜过大,往往会使砌体结构受弯而拉裂。对于砌体承重结构,计算地基变形时应由局部倾斜值控制。

为保证建筑物正常使用,防止因地基变形过大而发生裂缝、倾斜甚至破坏等事故,《建筑地基基础设计规范》(GB 50007—2011)根据各类建筑物的特点和地基土的不同类别,规定了建筑物的地基变形允许值,见表 4-11。对于表中未包括的建筑物,其地基变形允许值应根据上部结构对地基变形的适应能力和使用上的要求确定。

表 4-11　建筑物的地基变形允许值

变形特征	地基土类别	
	中、低压缩性土	高压缩性土
砌体承重结构基础的局部倾斜	0.002	0.003
工业与民用建筑相邻柱基的沉降差 (1)框架结构 (2)砌体墙填充的边排柱 (3)当基础不产生附加应力的结构	0.002l 0.000 7l 0.005l	0.003l 0.001l 0.005l
单层排架结构(柱距为 6 m)柱基的沉降量(mm)	(120)	200

续表 4-9

变形特征		地基土类别	
		中、低压缩性土	高压缩性土
桥式吊车轨面的倾斜(按不调整轨道考虑) 纵向 横向		0.004 0.003	
多层和高层建筑的整体倾斜 $H_g \leqslant 24$ $24 < H_g \leqslant 60$ $60 < H_g \leqslant 100$ $H_g > 100$		0.004 0.003 0.002 5 0.002	
体型简单的高层建筑基础的平均沉降量(mm)		200	
高耸结构基础的倾斜 $H \leqslant 20$ $20 < H_g \leqslant 50$ $50 < H_g \leqslant 100$ $100 < H_g \leqslant 150$ $150 < H_g \leqslant 200$ $200 < H_g \leqslant 250$		0.008 0.006 0.005 0.004 0.003 0.002	
高耸结构基础的沉降量(mm) $H_g \leqslant 100$ $100 < H_g \leqslant 200$ $200 < H_g \leqslant 250$		400 300 200	

注:(1) 本表数值为建筑物地基实际最终变形允许值;

(2) l 为相邻柱基的中心距离(mm),H_g 为自室外地面起算的建筑物高度(m)。

4.5.2 建筑物沉降观测

为保证建筑物的安全,对于一级建筑物、高层建筑、重要的新型的或有代表性的建筑物,体型复杂,形式特殊或构造上、使用上对不均匀沉降有严格限制的建筑物,以及软弱地基,存在古河道、池塘或局部基岩出露的建筑物,应进行施工期间与竣工后使用期间的沉降观测。

1) 目的

(1) 验证工程设计与沉降计算的正确性。

(2) 判别建筑物施工的质量。

(3) 发生事故后作为分析事故原因和加固处理的依据。

2) 水准基点设置

水准基点宜设置在基岩或压缩性较低的土层上,以保证水准基点的稳定可靠。水准基点的位置应靠近观测点并在建筑物产生的压力影响范围以外,不受行人车辆碰撞的地点。在一个观测区内水准基点不应少于 3 个。

3) 观测点的设置

观测点的设置应能全面反映建筑物的变形,并结合地质情况确定。如建筑物 4 个角点、沉降缝两侧、高低层交界处、地基土软硬交界两侧等,数量不少于6个。

4)仪器与精度

沉降观测的仪器宜采用精密水平仪和钢尺,对第一观测对象宜固定测量工具、固定人员,观测前应严格校验仪器。

测量精度宜采用Ⅱ级水准测量,视线长度宜为20~30 m;视线高度不宜低于0.3 m。水准测量应采用闭合法。

5)观测次数和时间

要求前密后疏。民用建筑每建完一层(包括地下部分)应观测一次;工业建筑按不同荷载阶段分次观测,施工期间观测不应少于4次。建筑物竣工后的观测:第一年不少于3~5次,第二年不少于2次,以后每年1次,直至沉降稳定为止(稳定标准半年沉降 $s \leqslant 2$ mm)。特殊情况,如突然发生严重裂缝或较大沉降,应增加观测次数。

沉降观测后,应及时整理资料,算出各点的沉降量、累计沉降量及沉降速率,以便及早处理出现的地基问题。

4.5.3 防止地基有害变形的措施

当地基变形计算结果超过表4-11的规定时,为避免发生事故,保证工程的安全,必须采取适当措施。

1)减小沉降量的措施

(1)外因方面的措施

地基沉降由附加应力产生,如减小基础底面的附加应力 p_0,则可相应减小地基沉降。由 $p_0 = p - \gamma_m d$ 可知,减小 p_0 可采取以下两种措施:①减小上部结构重量,则可减小基础底面的接触压力 p_0;②当地基中无软弱下卧层时,可加大基础埋深 d,采取补偿性基础设计。

(2)内因方面的措施

地基产生沉降的内因,是由于地基土由三相组成,固体颗粒之间存在孔隙,在外荷载作用下孔隙发生压缩所致。因此,为减小地基的沉降量,在建造建筑物之前,可根据地基土的性质、厚度,结合上部结构特点和场地周围环境,分别采用换土垫层、强力夯实、预压排水固结、砂桩挤密、振冲及化学加固等地基处理措施,必要时,还可以采用桩基础。

2)减小沉降差的措施

(1)设计中尽量使上部荷载中心受压,均匀分布。

(2)遇高低层相差悬殊或地基软硬突变等情况,可合理设置沉降缝。

(3)增加上部结构对地基不均匀沉降的调整作用。如设置封闭圈梁与构造柱,加强上部结构的刚度;将超静定结构改为静定结构,以加大对不均匀沉降的适应性。

(4)妥善安排施工顺序。如先施工主体结构或沉降大的部位,后施工附属结构或沉降小的部位等。

(5)当建筑物已发生严重的不均匀沉降时,可采取人工补救措施。

思考题

4-1 引起土体压缩的主要原因是什么?

4-2 试述土的各压缩性指标的意义和确定方法。

4-3 压缩模量 E_s 与变形模量 E_0 有何异同? 相互间有何关系?

4-4 分层总和法计算基础的沉降量时,若土层较厚,为什么一般应将地基土分层? 如果地基土为均质,且地基中自重应力和附加应力均为(沿高度)均匀分布,是否还有必要将地基分层?

4-5 试述用分层总和法计算地基最终沉降量的基本步骤。

4-6 土层固结过程中,孔隙水压力和有效应力是如何转换的? 它们之间有何关系?

4-7 固结系数的大小反映了土体的压缩性有何不同? 为什么?

4-8 超固结土与正常固结土的压缩性有何不同? 为什么?

4-9 若在正常固结和超固结黏土地基上,分别施加相同压力增量,试问:它们所引起的压缩量相同吗? 为什么?

4-10 试评述 $e\text{-}p$ 曲线和 $e\text{-}\lg p$ 曲线法计算基础沉降时的异同点。

习 题

4-1 如图,某独立基础,底面尺寸 $l \times b = 3\text{ m} \times 2\text{ m}$,埋深 $d = 2\text{ m}$,作用在地面标高处的荷载 $F = 1\ 000\text{ kN}$,力矩 $M = 200\text{ kN} \cdot \text{m}$,试计算基底压力并绘出分布图。

4-2 地基土呈水平成层分布,自然地面下分别为黏土、细砂和中砂,地下水位于第一层土底面,各层土的重度如图所示。试计算图中 1 点、2 点和 3 点处的竖向自重应力。

4-3 在图示的 $ABCD$ 矩形面积上作用均布荷载 $p_0 = 180\text{ kPa}$,试计算在此荷载作用下矩形长边 AB 上点 E 下 2 m 深度处的竖向附加应力 σ_z,矩形面积上均布荷载作用下角点的竖向附加应力系数。

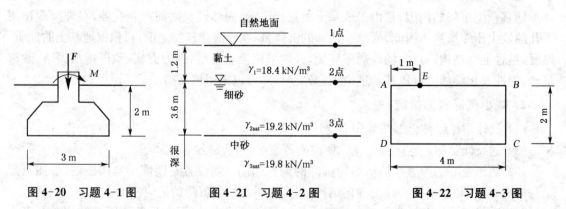

图 4-20 习题 4-1 图　　　图 4-21 习题 4-2 图　　　图 4-22 习题 4-3 图

4-4 某独立基础,坐落于均质黏性土上,土的天然重度 $\gamma = 18.5\text{ kN/m}^3$,平均压缩模量 $E_s = 5.5\text{ MPa}$。在荷载作用下产生的基底附加压力 $p_0 = 150\text{ kPa}$,在基础中心线上距基础底面下 2.0 m 处 A 点的附加应力 $\sigma_z = 110\text{ kPa}$。试计算基底下 2.0 m 厚度的土层产生的最终压缩量 s_c(为方便起见,仅分一层);如果该土层的平均固结度达到 50%,试问此时该土层已经产生的压缩量 s_{ct} 为多少?

4-5 某柱基础底面尺寸为 $3\,\mathrm{m}\times1.5\,\mathrm{m}$,如图所示,基础埋深 $1.0\,\mathrm{m}$,柱顶作用竖向荷载 $F=1\,000\,\mathrm{kN}$,地基土为均质的粉质黏土,重度 $\gamma=18.22\,\mathrm{kN/m^3}$,压缩模量 $E_\mathrm{s}=5.0\,\mathrm{MPa}$,试用《建筑地基基础设计规范》方法计算该基础中心点的最终沉降量,计算深度取 $z_n=3.75\,\mathrm{m}$,试验算该计算深度是否合理。(提示: $\Delta z=0.3\,\mathrm{m}$,$\Delta s_n\leqslant0.025\sum\Delta s_i$,沉降经验系数 $\psi_\mathrm{s}=1.2$)

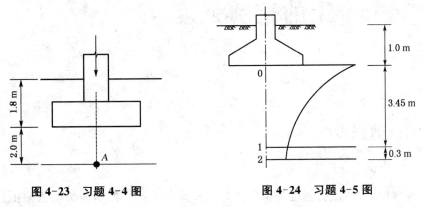

图 4-23 习题 4-4 图   图 4-24 习题 4-5 图

4-6 某均质土坝及地基的剖面图如图所示,其中黏土层的平均压缩系数 $a=2.4\times10^{-4}\,\mathrm{kPa^{-1}}$,初始孔隙比 $e=0.97$,渗透系数 $k=0.02\,\mathrm{m/}$年,坝轴线处黏土层内的附加应力分布如图中阴影部分所示,设坝体是不透水的。试求:

(1) 黏土层的最终沉降量;

(2) 当黏土层的沉降量达到 $12\,\mathrm{cm}$ 时所需的时间。

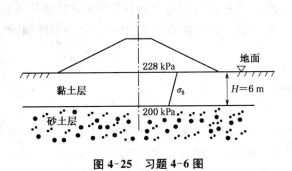

图 4-25 习题 4-6 图

5 土的抗剪强度

5.1 土的抗剪强度

土是一种材料,土的抗剪强度是指土体对于外荷载所产生的剪应力的极限抵抗能力。在外荷载的作用下,土体中任一截面将同时产生法向应力和剪应力,其中法向应力作用将使土体发生压密,而剪应力作用可以使土体发生剪切变形。若某点的剪应力达到其抗剪强度,在剪切面两侧的土体将产生相对位移而产生滑动破坏,该剪切面也称滑动面或破坏面。随着荷载的继续增加,土体中的剪应力达到抗剪强度的区域(也即塑性区)愈来愈大,最后各滑动面连成整体,土体将发生整体剪切破坏而丧失稳定性。

在实际工程建设中,道路的边坡、路基、土石坝、建筑物的地基等丧失稳定性的例子有很多,为了保证土木工程建设中建(构)筑物的安全和稳定,就必须详细研究土的抗剪强度和土的极限平衡等问题。

5.1.1 库仑定律

土体发生剪切破坏时,将沿着其内部某一曲面(滑动面)产生相对滑动,而该滑动面上的剪应力就等于土的抗剪强度。库仑(Coulomb)于1776年根据砂土剪切试验,提出砂土抗剪强度的表达式为

$$\tau_f = \sigma \tan\varphi \tag{5-1}$$

式中:τ_f——土的抗剪强度(kPa);

σ——作用在剪切面上的法向应力(kPa);

φ——砂土的内摩擦角(°),干松砂的φ值近似于其自然休止角(干松砂在自然状态下所能维持的斜坡的最大坡角)。

后来又通过试验提出适合黏性土的抗剪强度表达式为

$$\tau_f = c + \sigma \tan\varphi \tag{5-2}$$

式中:c——土的黏聚力(kPa)。

式(5-1)与式(5-2)一起统称为库仑公式,可分别用图5-1(a)和图5-1(b)表示。由式(5-1)可以看出,砂土的抗剪强度是由法向应力产生的内摩擦力$\sigma\tan\varphi$($\tan\varphi$称为内摩擦系

数)形成的,其抗剪强度与作用在剪切面上的法向应力成正比;而黏性土和粉土的抗剪强度则是由内摩擦力和黏聚力形成的,黏聚力系土粒间的胶结作用和各种物理化学键力作用的结果,其大小与土的矿物组成和压密程度有关。当 $\sigma = 0$ 时, $\tau_f = 0$,这表明无黏性土的 τ_f 由剪切面上土粒间的摩阻力所形成。粒状的无黏性土的粒间摩阻力包括滑动摩擦和由粒间相互咬合所提供的附加阻力,其大小取决于土颗粒的粒度大小、颗粒级配、密实度和土粒表面的粗糙度等因素。在法向应力 σ 一定的条件下, c 和 φ 值愈大,抗剪强度 τ_f 愈大。所以,称 c 和 φ 为土的抗剪强度指标,可以通过试验测定。 c 和 φ 反映了土体抗剪强度的大小,是土体非常重要的力学性质指标。对于同一种土,在相同的试验条件下, c 和 φ 值为常数,但是,当试验方法不同时, c 和 φ 值则有比较大的差异,这一点应引起足够的重视。

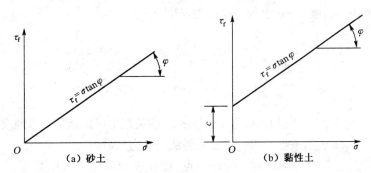

图 5-1　抗剪强度与法向应力之间的关系

　　库仑公式在研究土的抗剪强度与作用在剪切面上法向应力的关系时,未涉及土这种三相性、多孔性的分散颗粒集合体的最主要特征——有效应力问题。后来,由于土的有效应力原理的研究和发展,人们认识到,只有有效应力的变化才能引起土体强度的变化,因此,又将上述的库仑公式改写为

$$\left.\begin{array}{l}\tau_f = (\sigma - u)\tan\varphi' = \sigma'\tan\varphi' \\ \tau_f = c' + (\sigma - u)\tan\varphi' = c' + \sigma'\tan\varphi'\end{array}\right\} \tag{5-3}$$

式中: c' ——土的有效黏聚力(kPa);

　　　φ' ——土的有效内摩擦角(°);

　　　σ' ——作用在剪切面上的有效法向应力(kPa);

　　　u ——孔隙水压力(kPa)。

5.1.2　莫尔—库仑强度理论

　　土体内部的滑动可沿着任何一个面发生,只要该面上的剪应力达到其抗剪强度。为此,通常需要研究土体内任一微小单元体的应力状态。当土体中某点任一平面上的剪应力等于土的抗剪强度时,将该点即濒于破坏的临界状态称为"极限平衡状态"。

　　由第3章可求得在自重和竖向附加应力作用下土体中任一点 M 的应力状态 σ_1 和 σ_3 [图 5-2(a)]。在这里仅考虑平面应变状态,研究该点是否产生破坏。如图 5-2(b)所示,该点土单元体两个相互垂直的面上分别作用着最大主应力 σ_1 和最小主应力 σ_3 。若忽略其自身重力,则根据静力

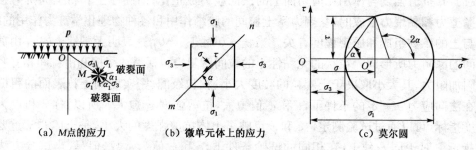

（a）M点的应力 　　　　（b）微单元体上的应力 　　　　（c）莫尔圆

图 5-2　土体中任意点 M 的应力

平衡条件,可求得任一截面 m-n 上的法向应力 σ 和剪应力 τ 为

$$\left.\begin{aligned}\sigma &= \frac{1}{2}(\sigma_1 + \sigma_3) + \frac{1}{2}(\sigma_1 - \sigma_3)\cos 2\alpha \\[6pt] \tau &= \frac{1}{2}(\sigma_1 - \sigma_3)\sin 2\alpha\end{aligned}\right\} \tag{5-4}$$

由材料力学应力状态分析可知,以上 σ、τ 与 σ_1、σ_3 的关系也可用莫尔应力圆表示[图 5-2(c)]。其圆周上各点的坐标即表示该点在相应平面上的法向应力和剪应力。

前面已经叙述,莫尔应力圆圆周上的任一点,都代表着单元土体相应面上的应力状态,因此,就可以把莫尔应力圆与库仑抗剪强度定律相互结合起来,为判别 M 点土是否破坏,可将该点的莫尔应力圆与土的抗剪强度包线 σ-τ_f 绘在同一坐标图上并作相对位置比较。如图 5-3 所示,它们之间的关系存在以下 3 种情况:

(1) 整个莫尔应力圆位于抗剪强度包线的下方(圆Ⅰ),说明通过该点的任意平面上的剪应力都小于土的抗剪强度,因此不会发生剪切破坏。

(2) 莫尔压力圆与抗剪强度包线相割(圆Ⅲ),表明该点某些平面上的剪应力已超过了土的抗剪强度,事实上该应力圆所代表的应力状态是不存在的。

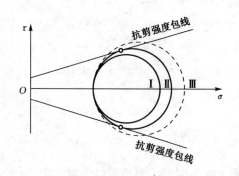

图 5-3　莫尔圆与抗剪强度包线的关系

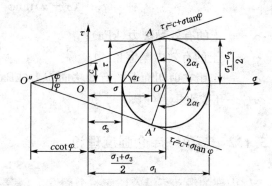

图 5-4　极限平衡状态时的莫尔圆和抗剪强度包线

(3) 莫尔应力圆与抗剪强度包线相切(圆Ⅱ),切点为 A 点,说明在 A 点所代表的平面上,剪应力正好等于土的抗剪强度,即该点处于极限平衡状态,圆Ⅱ称为极限应力圆。由图中切点的位置还可确定 A 点破坏面的方向。连接切点与莫尔应力圆圆心,连线与横坐标之间的夹角为 $2\alpha_f$,根据莫尔圆原理,可知土体中 A 点的破坏面与大主应力 σ_1 作用面的方向夹

角为 α_f(图 5-4)。

土体处于极限平衡状态时,从图 5-4 中莫尔圆与抗剪强度包线的几何关系可推得黏性土的极限平衡条件为

$$\sin\varphi = \frac{O'A}{O'O} = \frac{\sigma_1 - \sigma_3}{\sigma_1 + \sigma_3 + 2c\cot\varphi} \tag{5-5}$$

化简后可得

$$\sigma_1 = \sigma_3 \frac{1+\sin\varphi}{1-\sin\varphi} + 2c \frac{\cos\varphi}{1-\sin\varphi} \tag{5-6}$$

或

$$\sigma_3 = \sigma_1 \frac{1-\sin\varphi}{1+\sin\varphi} - 2c \frac{\cos\varphi}{1+\sin\varphi} \tag{5-7}$$

经三角函数关系转换后还可写为

$$\sigma_1 = \sigma_3 \tan^2\left(45° + \frac{\varphi}{2}\right) + 2c\tan\left(45° + \frac{\varphi}{2}\right) \tag{5-8}$$

或

$$\sigma_3 = \sigma_1 \tan^2\left(45° - \frac{\varphi}{2}\right) - 2c\tan\left(45° - \frac{\varphi}{2}\right) \tag{5-9}$$

无黏性土的 $c = 0$,由式(5-8)和式(5-9)可知,其极限平衡条件为

$$\sigma_1 = \sigma_3 \tan^2\left(45° + \frac{\varphi}{2}\right) \tag{5-10}$$

$$\sigma_3 = \sigma_1 \tan^2\left(45° - \frac{\varphi}{2}\right) \tag{5-11}$$

由图 5-4 中几何关系,可得破坏面与大主应力作用面间的夹角 α_f 为

$$\alpha_f = \frac{1}{2}(90° + \varphi) = 45° + \frac{\varphi}{2} \tag{5-12}$$

在极限平衡状态时,由图 5-2(a)中看出,通过 M 点将产生一对破裂面,它们均与大主应力作用面成 α_f 夹角,相应地在莫尔应力圆上横坐标上下对称地有两个破裂面 A 和 A'(图 5-4),而这一对破裂面之间在大主应力作用方向的夹角为 $90° - \varphi$。

5.2　抗剪强度的测定方法

测定土抗剪强度指标的试验称为剪切试验,剪切试验可以在实验室内进行,也可以在现场原位条件下进行。按常用的试验仪器可以将剪切试验分为直接剪切试验、三轴压缩试验、无侧限抗压试验和十字板剪切试验 4 种。其中除十字板剪切试验可在现场原位条件下进行外,其

他 3 种试验均需要从现场取回土样,在室内进行试验。

影响土的抗剪强度的因素很多,如土的密度、含水率、初始应力状态、应力历史以及固结程度和试验中的排水条件等。因此,为了求得可供设计或计算分析用的土的强度指标,在实验室中测定土的抗剪强度时,应采取具有代表性的土样,而且还采用一种能够模拟现场条件的试验方法来进行。根据现有的测试设备和技术条件,要完全模拟现场条件仍有困难,只是尽可能地作近似模拟。

对于砂土和砾石,测定其抗剪强度时可采用扰动试样进行试验。对于黏性土,由于扰动对其强度影响很大,因而必须采用原状的试样进行抗剪强度的测定。但是研究土的剪切形状时,只能用重塑土进行。土的抗剪强度与土的固结程度和排水条件有关,对于同一种土,即使在剪切面上具有相同的法向总应力,由于土在剪切前后的固结程度和排水条件不同,它的抗剪强度也不同。下面将扼要介绍常用的剪切试验仪器、试验原理和测定抗剪强度的试验方法。

5.2.1 直接剪切试验

1) 试验原理

直接剪切试验是测定土抗剪强度指标的一种常用方法。通常将同一土样切取不少于 4 个试样;分别在不同的垂直压力下施加水平剪切力,测得破坏时的切应力,以确定土的内摩擦角和内聚力,为工程实践提供依据。

直接对试样施加剪力的设备叫直剪仪,常用的直剪仪根据施加剪应力的特点分为应力控制式和应变控制式两种。应力控制式是分级施加等量水平剪力于土样使之受剪,应变控制式是等速推动剪切容器使土样受剪。以应变式最为常用。

仪器的主要部件剪切容器是由固定的上盒和活动的下盒(应变式)或固定的下盒与活动的上盒(应力式)等部件组成。试样置于上下盒之间,在试样上先施加预定的法向压力 σ,然后以一定速率分级施加水平力对试样施加剪力,可借助于与上盒相接触的量力环的变形或以所加水平力与杠杆力臂比关系确定。为求得抗剪强度参数(c,φ),一般至少用 4~5 个试样,以同样的方法分别在不同的法向压力 σ_1、σ_2、σ_3、…的作用下测出相应的 τ_{f1}、τ_{f2}、τ_{f3}、…的值,根据这些 σ、τ_f 值,即可在直角坐标中绘出抗剪强度曲线。

无论是饱和黏性土的抗剪强度试验,还是天然黏性土地基加荷过程中,孔隙水压力的消

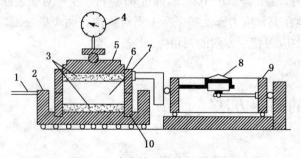

图 5-5 应变控制式直接剪切仪
1—轮轴;2—底座;3—透水石;4—测微表;5—活塞;
6—上盒;7—土样;8—测微表;9—量力环;10—下盒

散,即荷载在土体中产生的应力全部转化为有效应力,需要一定的固结时间来完成。因此,土的固结过程,实际上也是土体强度不断增长的过程。对同一种土,即使在同一法向压力下,由于剪切前试样的固结过程和剪切试样的条件不同,其强度指标也是各异的。为了近似地模拟现场土体的剪切条件,即按照剪切前的固结过程、剪切时的排水条件以及加荷快慢情况,将直剪试验分为快剪、固结快剪和慢剪 3 种试验方法。

2)直剪试验的不足

直剪仪构造简单,操作简便,并符合某些特定条件,至今仍是实验室常用的一种试验仪器。但该试验也存在如下缺点:

(1)剪切过程中试样内的剪应变和剪应力分布不均匀。试样剪破时,靠近剪力盒边缘发生应力集中现象。

(2)剪切面人为地限制在上、下盒的接触面上,而该平面并非是试样抗剪最弱的剪切面。

(3)剪切过程中,土样剪切面积逐渐缩小,而且垂直荷载发生偏心,但在计算抗剪强度时,却按剪切面积不变和剪应力均匀分布计算。

(4)试验时不能严格控制排水条件,因而不能量测试样中的孔隙水压力。在进行不排水剪切时,试件仍有可能排水,特别是对于饱和黏性土,由于它的抗剪强度受排水条件的影响显著。

(5)根据试样破坏时的法向应力和剪应力,虽可算出大、小主应力 σ_1、σ_3 的数值,但中主应力 σ_2 无法确定。

针对直剪仪的上述缺陷,人们曾做了一些改进。如能改善试样中的应力均匀程度,并外套橡皮膜以控制排水的单剪仪;能控制中主应力的直剪仪和能测定残余强度的环剪仪等。

5.2.2　三轴压缩试验

三轴压缩试验是测定土抗剪强度的一种较为完善的方法。三轴压缩仪主要由压力室、加压系统和量测系统三大部分组成。图 5-6 为三轴压缩仪的示意图。

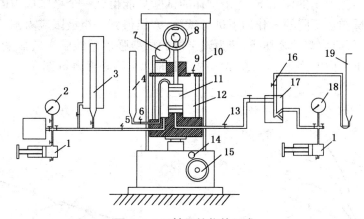

图 5-6　三轴压缩仪的组成
1—调压筒;2—周围压力表;3—体变管;4—排水管;5—周围压力阀;
6—排水阀;7—变形量表;8—量力环;9—排气孔;10—轴向加压设备;
11—试样;12—压力室;13—孔隙压力阀;14—离合器;15—手轮;
16—量管阀;17—零位指示器;18—孔隙水压力表;19—量管

1）试验原理

三轴压缩实验(亦称三轴剪切实验)是以莫尔－库仑强度理论为依据而设计的三轴向加压的剪力试验。试样在某一固定周围压力 σ_3 下,逐渐增大轴向压力 σ_1,直至试样破坏,据此可作出一个极限应力圆。用同一种土样的 3～4 个试件分别在不同的周围压力 σ_3 下进行实验,可得一组极限应力圆。如图 5-3 中的圆Ⅰ、圆Ⅱ和圆Ⅲ。作出这些极限应力圆的公切线,即为该土样的抗剪强度包络线,由此便可求得土样的抗剪强度指标。

2）试验步骤

试验时,先打开周围压力系统阀门,使试样在各向受到的周围压力达 σ_3 时即维持不变[图 5-7(a)],然后由轴压系统通过活塞对试样施加轴向附加压力 $\Delta\sigma(\Delta\sigma = \sigma_1 - \sigma_3$,称为偏应力)。试验过程中,$\Delta\sigma$ 不断增大而 σ_3 却维持不变,试样的轴向应力(大主应力) $\sigma_1(\sigma_1 = \sigma_3 + \Delta\sigma)$ 也不断增大,其应力莫尔圆亦逐渐扩大至极限应力圆,试样最终被剪破[图 5-7(b)]。极限应力圆可由试样剪破时的 σ_{1f} 和 σ_3 作出[图 5-7(c)中实线圆]。破坏点的确定方法为,量测相应的轴向应变 ε_1,点绘 $\Delta\sigma$-ε_1 关系曲线,以偏应力 $\sigma_1 - \sigma_3$ 的峰值为破坏点(图 5-8);无峰值时,取某一轴向应变(如 $\varepsilon_1 = 15\%$)对应的偏应力值作为破坏点。

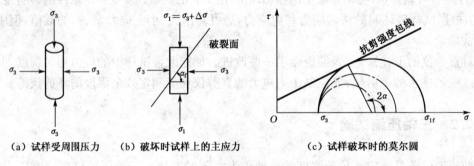

（a）试样受周围压力 　（b）破坏时试样上的主应力 　（c）试样破坏时的莫尔圆

图 5-7　三轴压缩试验

在给定的周围压力 σ_3 的作用下,一个试样的试验只能得到一个极限应力圆。同种土样至少需要 3 个以上试样在不同的 σ_3 作用下进行试验,方能得到一组极限应力圆。由于这些试样均被剪破,绘出极限应力圆的公切线,即为该土样的抗剪强度包线。它通常呈直线状,其与横坐标的夹角即为土的内摩擦角 φ,与纵坐标的截距即为土的黏聚力 c(图 5-9)。

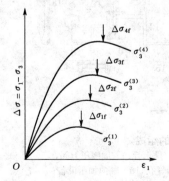

图 5-8　三轴试验的 $\Delta\sigma$-ε_1 曲线

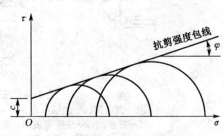

图 5-9　三轴试验的强度破坏包线

3）实验方法

根据土样固结排水条件和剪切时的排水条件,三轴试验可分为不固结不排水剪实验(UU)、固结不排水剪实验(CU)和固结排水剪实验(CD)等。

（1）不固结不排水剪实验(UU)

试样在施加周围应力和随后施加偏应力直至破坏的整个试验过程中都不允许排水,这样从开始加压直至试样剪坏,土中的含水量始终保持不变,孔隙水压力也不可能消散,可以测得总应力抗剪强度指标 c_u、φ_u。

（2）固结不排水剪实验(CU)

试样在施加周围压力时,允许试样充分排水,待固结稳定后,再在不排水的条件下施加轴向压力,直至试样剪切破坏,同时在受剪过程中,测得土体的孔隙水压力,可以测得总应力抗剪强度指标 c_{cu}、φ_{cu} 和有效应力抗剪强度指标 c'、φ'。

（3）固结排水剪实验(CD)

试样先在周围压力下排水固结,然后允许试样在充分排水的条件下增加轴向压力直至破坏,同时在试验过程中测读排水量以计算试样的体积变化,可以测得有效应力抗剪强度指标 c_d、φ_d。

4）三轴压缩试验的优缺点

三轴压缩试验可供在复杂应力条件下研究土的抗剪强度特性之用,其突出优点是:

（1）试验中能严格控制试样的排水条件,准确测定试样在剪切过程中孔隙水压力变化,从而可定量获得土中有效应力的变化情况。

（2）与直剪试验对比起来,试样中的应力状态相对地较为明确和均匀,不硬性指定破裂面位置。

（3）除抗剪强度指标外,还可测定如土的灵敏度、侧压力系数、孔隙水压力系数等力学指标。

但三轴压缩试验也存在试样制备和试验操作比较复杂,试样中的应力与应变仍然不够均匀的缺点:

（1）由于试样上、下端的侧向变形分别受到刚性试样帽和底座的限制,而在试样的中间部分却不受约束,因此,当试样接近破坏时,试样常被挤压成鼓形。

（2）目前所谓的"三轴试验",一般都是在轴对称的应力应变条件下进行的,与实际工程中土体的受力情况不太相符。

5.2.3　无侧限抗压强度试验

三轴压缩试验中,当周围压力 $\sigma_3 = 0$ 时,即为无侧限试验条件,这时只有 $q = \sigma_1$,所以,也可称为单轴压缩试验。由于试样的侧向应力为零,在轴向受压时,其侧向变形不受限制,故又称为无侧限压缩试验。同时,又因为试样是在轴向压缩的条件下破坏的,因此,把这种情况下土所能承受的最大轴向压力称为无侧限抗压强度,以 q_u 表示。试验时,将圆柱形试样置于无侧限压缩仪中,对试样不加周围压力,仅对它施加垂直轴向压力 σ_1 [图 5-10(a)]。无黏性土在无侧限条件下试样难以成型,故该试验主要用于黏性土,尤其适用于饱和软黏土。

无侧限抗压强度试验中,试样破坏时的判别标准类似三轴压缩试验。坚硬黏土的 $\sigma_1 - \varepsilon_1$ 关系曲线常出现 σ_1 的峰值破坏点(脆性破坏),此时的 σ_{1f} 即为 q_u;而软黏土的破坏常呈现为塑流变形,$\sigma_1 - \varepsilon_1$ 关系曲线常无峰值破坏点(塑性破坏),此时可取轴向应变 $\varepsilon_1 = 15\%$ 处的轴向应力值作为 q_u。无侧限抗压强度 q_u 相当于三轴压缩试验中试样在 $\sigma_3 = 0$ 条件下破坏时的大主应力 σ_{1f},故由式(5-8)可得

$$q_u = 2c\tan\left(45° + \frac{\varphi}{2}\right) \tag{5-13}$$

式中:q_u——无侧限抗压强度(kPa)。

根据试验结果,只能作一个极限应力圆($\sigma_1 = q, \sigma_3 = 0$),因此对于一般黏性土就难以作出破坏包线。而对于饱和黏性土,可以利用构造比较简单的无侧限压力仪代替三轴仪,取 $\varphi = 0$,则由无侧限抗压强度试验所得的极限应力圆的水平切线就是破坏包线(如图5-11),抗剪强度 τ_f 可用下式得到:

$$\tau_f = \frac{q_u}{2} \tag{5-14}$$

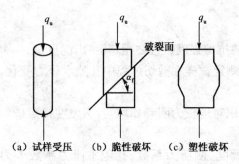
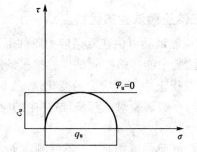

图 5-10　无侧限抗压强度试验原理　　　　图 5-11　无侧限抗压强度试验的强度包线

无侧限抗压强度试验还可用来测定黏性土的灵敏度 S_t。其方法是将已做完无侧限抗压强度试验的原状土样,彻底是破坏其结构,并迅速塑成与原状试样同体积的重塑试样,以保持重塑试样的含水量与原状试样相同,并避免因触变性导致土的强度部分恢复。

5.2.4　十字板剪切试验

在土的抗剪强度现场原位测试方法中,最常用的是十字板剪切试验。十字板剪切试验是快速测定饱和软黏土层快剪强度的一种简易而可靠的原位测试方法。这种方法测得的抗剪强度值,相当于试验深度处天然土层的不排水抗剪强度,在理论上它相当于三轴不排水剪的总强度,或无侧限抗压强度的一半($\varphi = 0$)。由于十字板剪切试验不需采取土样,特别是对于难以取样的灵敏性高的黏性土,它可以在现场基本保持天然应力状态下进行扭剪。长期以来十字板剪切试验被认为是一种较为有效的、可靠的现场测试方法,与钻探取样室内试验相比,土体的扰动较小,而且试验简便。

十字板剪切试验包括钻孔十字板剪切试验和贯入电测十字板剪切试验,其基本原理都是:施加一定的扭转力矩,将土体剪坏,测定土体对抗扭剪的最大力矩,通过换算得到土体抗剪强

度值。假设土体是各向同性介质,即水平面的不排水抗剪强度与垂直面上的不排水抗剪强度相同。旋转十字板头时,在土体中形成一个直径为 D、高为 H 的圆柱剪切破坏面(如图 5-12 所示)。由于假设土体是各向同性的,因此该圆柱剪损面的侧表面及顶底面上各点的抗剪强度相等,则旋转过程中,土体产生的最大抗扭矩 M 由圆柱侧表面的抵抗扭矩 M_1 和圆柱底面的抵抗扭矩 M_2 组成。

$$M = M_1 + M_2 \tag{5-15}$$

式中

$$M_1 = \tau_f \pi DH \frac{D}{2}$$

$$M_2 = \left[2\tau_f \left(\frac{1}{4}\pi D^2 \right) \frac{D}{2} \right] \alpha$$

则

$$M = \frac{1}{2}\tau_f \pi HD^2 + \frac{1}{4}\tau_f \pi \alpha D^3 = \frac{1}{2}\tau_f \pi D^3 \left(\frac{H}{D} + \frac{\alpha}{2} \right) \tag{5-16}$$

式中:D—— 十字板的宽度,即圆柱体的直径(m);

H——十字板的高度(m);

τ_f——土的抗剪强度(kPa);

α——与圆柱顶底面剪应力的分布有关的系数,剪应力分布均匀时取 $\frac{2}{3}$,剪应力分布呈抛物线形时取 $\frac{3}{5}$,剪应力分布呈三角形时取 $\frac{1}{2}$。

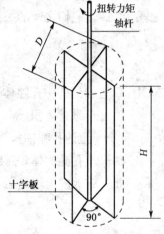

图 5-12 十字板剪切原理

应该指出,使用上为简化起见,式(5-15)和式(5-16)的推导中假设了土的强度为各向相同,即剪切破坏时圆柱体侧面和上、下表面土的抗剪强度相等。

由土体剪切破坏时所量测的最大扭矩,应与圆柱体侧面和上、下表面产生的抗扭力矩相等,可得

$$M = M_1 + M_2 = \left(\frac{\pi HD^2}{2} + \frac{\pi D^3}{6} \right) \tau_f \tag{5-17}$$

于是,由十字板原位测定的土的抗剪强度 c_u 为

$$\tau_f = \frac{2M}{\pi D^2 \left(H + \dfrac{D}{3} \right)} \tag{5-18}$$

但在有些情况下已发现十字板剪切试验所测得的抗剪强度在地基不排水稳定分析中偏于不安全,对于不均匀土层,特别是夹有薄层粉细砂或粉土的软黏性土,十字板剪切试验会有较大的误差。因此,将十字板抗剪强度直接用于工程实践中,要考虑到一些影响因素。

5.3 孔隙压力系数

根据太沙基有效应力原理,在应力的作用下,土体体积变形和抗剪强度的变化,唯一决定于作用在土骨架上的有效应力。然而这一有效应力一般不能直接测定或直接计算,而是通过有效应力原理,利用可以测定或可以计算的孔隙水压力来确定的。因此,研究应力作用下的孔隙水压力的目的主要是进一步确定土中有效应力,以便进一步研究土的压缩变形和抗剪强度性状。为此,A. W. 斯肯普顿(A. W. Skempton,1954)根据三轴试验的结果,引入了与土的性质有关的孔隙水压力系数 A、B。

设试样处于原始应力状态,即各向均等的初始应力 σ_0 作用下已固结完毕,初始孔隙压力 $u_0 = 0$。若此时,在试样上施加各向均等的周围压力 $\Delta\sigma_3$ 后,孔隙压力增加,增量为 Δu_1,试样体积则会发生变化。在工程常遇的压力作用下,土中固体颗粒和水本身体积可视为不能压缩,故试样体积变化主要是孔隙空间的压缩所致。于是由孔隙压力的增量 Δu_1 所引起的孔隙体积变化 ΔV_v,它们之间的关系为

$$\frac{\Delta V_v}{V_v} = \frac{\Delta V_v}{nV} = C_v \Delta u_1 \tag{5-19}$$

式中:V_v——试样中孔隙体积(m^3);

V——试样体积(m^3);

n——土的孔隙率;

C_v——孔隙的体积压缩系数(kPa^{-1}),为单位应力增量引起的孔隙体积应变。

同时,有效应力增量 $\Delta\sigma_3 - \Delta u_1$ 将引起土体骨架的压缩,故试样的体积应变为

$$\frac{\Delta V}{V} = C_s(\Delta\sigma_3 - \Delta u_1) \tag{5-20}$$

式中:C_s——土骨架的体积压缩系数(kPa^{-1}),为单位应力增量引起的土骨架体积应变。

设试样处于不排水排气状态,则体积变化主要由土体孔隙中气相的压缩产生。土骨架的压缩量必与土的孔隙体积变化相等,即 $\Delta V = \Delta V_v$。由式(5-19)和式(5-20)可得

$$nC_v \Delta u_1 = C_s(\Delta\sigma_3 - \Delta u_1) \tag{5-21}$$

整理后可得

$$\Delta u_1 = \frac{1}{1 + n\dfrac{C_v}{C_s}} \cdot \Delta\sigma_3 = B\Delta\sigma_3 \tag{5-22}$$

式中:B——各向均等的周围压力作用下的孔隙压力系数,$B = \dfrac{1}{1 + n\dfrac{C_v}{C_s}}$。

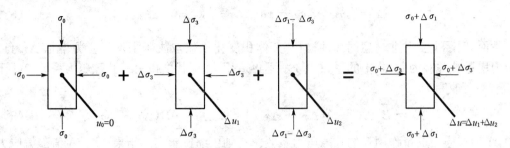

图 5-13 孔隙压力的变化

对于饱和试样来说,孔隙完全被水充满,C_v 即为水的体积压缩系数。由于水几乎是不可压缩的,C_v 比之 C_s 几乎为零,所施加的 $\Delta\sigma_3$ 完全由孔隙水承担,土骨架不受外力作用,因而 B 可取为 1.0;对于非饱和试样,由于土中气体的压缩量较大,土骨架可承受部分外力的作用,故 $B < 1.0$。

由试验表明,B 值随土的饱和度 S_r 而变化,其值介于 0~1.0 之间,土的 S_r 愈小,B 值也愈小。干土的孔隙全由气体充满,不产生孔隙水压力,所施加的 $\Delta\sigma_3$ 完全由土骨架承担,故 $B = 0$。

如果在试样上仅施加轴向偏应力增量 $\Delta\sigma = \Delta\sigma_1 - \Delta\sigma_3$,则相应地会产生一孔隙压力增量 Δu_2,此时,试样的轴向有效应力增量为 $\Delta\sigma' = \Delta\sigma_1 - \Delta\sigma_3 - \Delta u_2$,而侧向有效应力增量为 $-\Delta u_2$。同理,孔隙压力的增量 Δu_2 与孔隙体积变化 ΔV_v 之间的关系为

$$\frac{\Delta V_v}{V_v} = \frac{\Delta V_v}{nV} = C_v \Delta u_2 \tag{5-23}$$

设土骨架为理想的弹性材料,则土骨架的体积变化仅与有效平均正应力增量 $\Delta\sigma'_m$ 有关,而土体受到的有效平均正应力增量 $\Delta\sigma'_m$ 为

$$\Delta\sigma'_m = \Delta\sigma_m - \Delta u_2 = \frac{1}{3}(\Delta\sigma_1 - \Delta\sigma_3) - \Delta u_2 \tag{5-24}$$

故试样的体积应变为

$$\frac{\Delta V}{V} = C_s \left[\frac{1}{3}(\Delta\sigma_1 - \Delta\sigma_3) - \Delta u_2 \right] \tag{5-25}$$

同理,设试样处于不排水不排气状态,则 $\Delta V = \Delta V_v$,由式(5-19)和式(5-20)可得

$$nC_v \Delta u_2 = C_s \left[\frac{1}{3}(\Delta\sigma_1 - \Delta\sigma_3) - \Delta u_2 \right] \tag{5-26}$$

整理后可得

$$\Delta u_2 = \frac{1}{1 + n\dfrac{C_v}{C_s}} \cdot \frac{1}{3}(\Delta\sigma_1 - \Delta\sigma_3) = \frac{B}{3}(\Delta\sigma_1 - \Delta\sigma_3) \tag{5-27}$$

若试样同时受到上述各向均等压力增量 $\Delta\sigma_3$ 和轴向偏应力增量 $\Delta\sigma_1 - \Delta\sigma_3$ 作用时,则由此产生的孔隙压力增量 Δu 为

$$\Delta u = \Delta u_1 + \Delta u_2 = B\left[\Delta\sigma_3 + \frac{1}{3}(\Delta\sigma_1 - \Delta\sigma_3)\right] \tag{5-28}$$

然而,实际上土并非理想的弹性材料,其体积变化不仅取决于平均正应力增量 $\Delta\sigma_m$,还与偏应力增量有关。因此,式中的系数 1/3 就不再适用,而应代之以另一孔隙压力系数 A。于是式(5-28)可改写为

$$\Delta u = B\left[\Delta\sigma_3 + A(\Delta\sigma_1 - \Delta\sigma_3)\right] = B\Delta\sigma_3 + AB(\Delta\sigma_1 - \Delta\sigma_3) \tag{5-29}$$

式中,A 为偏应力增量作用下的孔隙压力系数。三轴压缩试验实测结果表明,A 值随偏应力增量 $\Delta\sigma_1 - \Delta\sigma_3$ 的变化而呈非线性变化。

对饱和试样,由于 $B = 1.0$,于是式(5-29)可改写为

$$\Delta u = \Delta\sigma_3 + A(\Delta\sigma_1 - \Delta\sigma_3) \tag{5-30}$$

因而,若能得知土体中任一点的大、小主应力的变化和孔隙压力系数 A、B,就可以根据式(5-29)估算相应的孔隙压力。在不同固结和排水条件的三轴压缩试验中(详见 5.4.1 节),如 UU 试验,其孔隙压力增量即为式(5-30)。而在 CU 试验中,因试样在 $\Delta\sigma_3$ 作用下固结稳定,$\Delta u_1 = 0$,故孔隙压力增量 $\Delta u = \Delta u_2 = A(\Delta\sigma_1 - \Delta\sigma_3)$。在 CD 试验中,因不产生孔隙压力,故 $\Delta u = 0$。应当指出的是,由于无黏性土(如砂土)的渗透系数较大,在荷载作用下孔隙水容易排出,无黏性土的孔隙压力消散极快,故孔隙压力系数 A 和 B 主要针对黏性土的强度研究具有意义。

5.4 土的抗剪强度指标

土的抗剪强度指标千变万化,在土力学有关稳定性的计算分析工作中,抗剪强度指标是其中最重要的计算参数。能否正确选择土的抗剪强度指标,同样是关系到工程设计质量和成败的关键所在。因此,只有对抗剪强度指标的性质和变化规律有一个清晰的概念,并对各种指标数值的范围有一个大致的了解,才能对实际问题作出正确的判断和选择。

在实际工程中,若能直接测定土体在剪切过程中 σ 和 u 的变化(或用固结理论推估出来),便可利用有效应力法定量地评价土的实际抗剪强度及其随土体固结的不断变化,采用有效应力强度指标去研究土体的稳定性,故应用有效应力法的关键在于求得孔隙水压力的分布。然而,往往受室内和现场试验设备条件所限,不可能对所有工程都采用有效应力法,况且在实践中许多情况下也难以取得孔隙水压力分布的实用解答,因而限制了有效应力法的广泛应用。因此,工程实践中较多的还是采用土的总应力强度指标,试验方法上尽可能地近似模拟现场土体在受剪时的固结和排水条件,而不必测定土在剪切过程中 u 的变化。

5.4.1 黏性土在不同固结和排水条件下的抗剪强度指标

目前,针对工程中可能出现的固结和排水实际情况,通常采用的做法是统一规定 3 种不同

的标准试验方法,控制试样不同的固结和排水条件。必须指出的是,只有三轴压缩试验才能严格控制试样固结和剪切过程中的排水条件,而直剪试验因限于仪器条件则只能近似模拟工程中可能出现的固结和排水情况。下面仅就上述两类剪切试验,对 3 种标准试验方法分别介绍。

1)不固结不排水剪(又称快剪,以符号 UU 表示)

用三轴压缩仪进行快剪试验时,无论施加围压 σ_3 还是轴向压力 σ_1,直至剪切破坏均关闭排水阀。整个试验过程自始至终试样不能固结排水,故试样的含水量保持不变。试样在受剪前,周围压力 σ_3 会在土内引起初始孔隙水压力 u_1,施加轴向附加压力 $\Delta\sigma$ 后,便会产生一个附加孔隙水压力 u_2。至剪破时,试样的孔隙水压力 $u_f = u_1 + u_2$。

用直剪仪进行快剪试验时,试样上下两面可放不透水薄片。在施加垂直压力后,立即施加水平剪力,为使试样尽可能接近不排水条件,以较快的速度(如 3～5 min)将试样剪破。

2)固结不排水剪(又称固结快剪,以符号 CU 表示)

用三轴压缩仪进行固结快剪试验时,将排水阀门打开,允许试样充分排水,试样的含水量将发生变化。待固结稳定后(至 $u_1 = 0$)关闭阀门,然后再施加偏应力 $\Delta\sigma$,产生附加孔隙水压力 u_2,使试样在不排水的条件下剪切破坏,此时试样的孔隙水压力 $u_f = u_2$。剪切过程中,试样没有任何体积变形。

用直剪仪进行固结快剪试验时,在施加垂直压力后,应使试样充分排水固结,再以较快的速度将试样剪破。尽量使试样在剪切过程中不再排水。

3)固结排水剪(又称慢剪,以符号 CD 表示)

用三轴压缩仪进行慢剪试验时,整个试验过程中始终打开排水阀,不但要使试样在周围压力 σ_3 作用下充分排水固结(至 $u_1 = 0$),而且在剪切过程中也要让试样充分排水固结(不产生 u_2),因而,剪切速率应尽可能缓慢,直至试样剪破。

用直剪仪进行慢剪试验时,同样是让剪切速率尽可能地缓慢,使试样在垂直压力下充分排水固结,并在剪切过程中充分排水。

三轴试验的突出优点是能够控制排水条件以及可以量测土样中孔隙水压力的变化。此外,三轴试验中试件的应力状态也比较明确,剪切破坏时的破裂面在试件的最弱处,像直剪试验那样限定在上下盒之间。一般来说,三轴试验的结果还是比较可靠的,因三轴压缩仪是土工试验不可缺少的仪器设备。三轴压缩试验的主要缺点是试件所受的力是轴对称的,也即试件所受的 3 个主应力中,有 2 个是相等的,但在工程实际中土体的受力情况并非属于这类轴对称的情况,而真三轴仪可在不同的 3 个主应力($\sigma_1 \neq \sigma_2 \neq \sigma_3$)作用下进行试验。

4)不同排水条件下抗剪强度指标比较

我们知道,随着饱和黏土固结度的增加,土颗粒之间的有效应力也随之增大。由于黏性土抗剪强度公式中的法向应力,应该采用有效应力 σ',因此,饱和黏性土的抗剪强度与土的固结程度密切相关。在确定饱和黏性土的抗剪强度时,要考虑土的实际固结程度。试验表明,土的固结程度与土中孔隙水的排水条件有关。在试验时必须考虑实际工程地基土中孔隙水排出的可能性。根据实际工程地基的排水条件,室内抗剪强度试验分别采用不固结不排水剪(快剪)、固结不排水剪(或固结快剪)和固结排水剪(慢剪)。试验方法不同,得到的抗剪强度指标不同。

对于饱和黏土,不固结不排水剪试验所得出的抗剪强度包线基本上是一条水平线,如

图 5-14 所示。

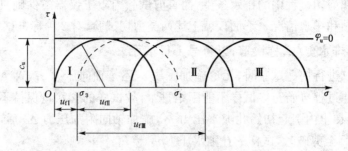

图 5-14　饱和黏性土的不固结不排水试验强度包线

此时

$$\left.\begin{array}{c} \tau_f = c_u = \dfrac{1}{2}(\sigma_1 - \sigma_3) \\[2mm] \varphi_u = 0 \end{array}\right\} \tag{5-31}$$

式中：c_u——土的不排水抗剪强度(kPa)；

　　　φ_u—— 土的不排水内摩擦角(°)。

在固结不排水剪试验中，可以测得剪切过程中的孔隙水压力的数值，由此可求得有效应力。土样剪坏时的有效最大主应力 σ'_{1f} 和最小主应力 σ'_{3f} 分别为

$$\left.\begin{array}{c} \sigma'_{1f} = \sigma_{1f} - u_f \\[2mm] \sigma'_{3f} = \sigma_{3f} - u_f \end{array}\right\} \tag{5-32}$$

式中：σ_{1f}、σ_{3f}——土样剪坏时的最大、最小主应力；

　　　u_f——土样剪坏时的孔隙水压力。

用有效应力 σ'_{1f} 和 σ'_{3f} 可绘制出有效莫尔应力圆和土的有效抗剪强度包线，如图 5-15 所示。其中，虚线为有效应力强度包线，实线为总应力强度包线。显然，有效莫尔应力圆与总莫尔应力圆的大小一样，只是当土样剪坏时的孔隙水压力 $u_f > 0$ 时，前者在后者的左侧距离为 u_f 的地方，而当 $u_f < 0$ 时则在右侧。

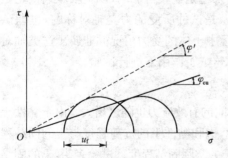

图 5-15　饱和黏性土的固结不排水试验强度包线

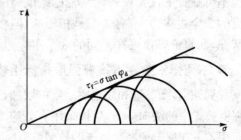

图 5-16　饱和黏性土的固结排水试验强度包线

在固结排水试验的全过程中都让土样充分排水(将排水阀门开启)，使土样中不产生孔隙水压力。图 5-16 是一组排水试验结果。

在实际工程中应当具体采用上述哪种试验方法，要根据地基土的实际受力情况和排水条

件而定。近年来国内房屋建筑施工周期缩短,结构荷载增长速率较快,因此验算施工结束时的地基短期承载力时,建议采用不固结不排水剪,以保证工程安全。对于施工周期较长、结构荷载增长速率较慢的工程,宜根据建筑物的荷载及预压荷载作用下地基的固结程度,采用固结不排水剪。

【例 5-1】 地基中某一单元土体上的大主应力为 430 kPa,小主应力为 200 kPa。通过试验测得土的抗剪强度指标 $c = 15$ kPa,$\varphi = 20°$。试问:(1)该单元土体处于何种状态?(2)单元土体最大剪应力出现在哪个面上,是否会沿剪应力最大的面发生剪破?

【解】 (1) 已知 $\sigma_1 = 430$ kPa,$\sigma_3 = 200$ kPa,$c = 15$ kPa,$\varphi = 20°$

$$\begin{aligned}
\sigma_{1f} &= \sigma_3 \tan^2\left(45° + \frac{\varphi}{2}\right) + 2c\tan\left(45° + \frac{\varphi}{2}\right) \\
&= 200 \times \tan^2\left(45° + \frac{20°}{2}\right) + 2 \times 15 \times \tan\left(45° + \frac{20°}{2}\right) \\
&= 451 \text{ kPa}
\end{aligned}$$

由图可知 $\tau < \tau_f$ 可知实际应力落入 τ_f 圆中. 则土体处于弹性平衡状态。

(2) 根据图解法,当 $\alpha = 45°$时,剪切面上剪应力最大

$$\begin{aligned}
\tau_{\max} &= \frac{1}{2}(\sigma_1 - \sigma_3)\sin 2\alpha \\
&= \frac{1}{2} \times (430 - 200)\sin(2 \times 45°) \\
&= 115 \text{ kPa}
\end{aligned}$$

$$\begin{aligned}
\tau_f &= \sigma \cdot \tan\varphi + c \\
&= (200 + 115) \times \tan 20° + 15 \\
&= 129.7 \text{ kPa}
\end{aligned}$$

$\tau_{\max} < \tau_f$

所以不会沿剪应力最大的面剪破。

【例 5-2】 一饱和黏土试样在三轴压缩仪中进行固结不排水剪试验,施加的周围压力 $\sigma_3 = 200$ kPa,试样破坏时的轴向偏应力 $(\sigma_1 - \sigma_3)_f = 280$ kPa,测得孔隙水压力 $u_f = 180$ kPa,有效应力强度指标 $c' = 80$ kPa,$\varphi' = 24°$,试求破裂面上的法向应力和剪应力,以及该面与水平面的夹角。若该试样在同样周围压力下进行固结排水剪试验,问破坏时的大主应力值 σ_1' 是多少?

【解】 根据试验结果

$$\sigma_1 = 280 + 200 = 480 \text{ kPa},\sigma_3 = 200 \text{ kPa}$$

$$\alpha_f = 45 + \frac{\varphi'}{2} = 45 + \frac{24°}{2} = 57°$$

计算破裂面上的法向应力 σ 和剪应力 τ

$$\sigma = \frac{1}{2}(\sigma_1 + \sigma_3) + \frac{1}{2}(\sigma_1 - \sigma_3)\cos 2\alpha$$

$$= \frac{1}{2}(480+200) + \frac{1}{2}(480-200)\cos114° = 283 \text{ kPa}$$

$$\tau = \frac{1}{2}(\sigma_1 - \sigma_3)\sin2\alpha = \frac{1}{2}(480-200)\sin114° = 128 \text{ kPa}$$

排水剪的孔隙水压力恒为零,故试样破坏时,$\sigma_3' = \sigma_3 = 200 \text{ kPa}$

再计算破裂面上的抗剪强度和剪应力

$$\tau_f = c' + \sigma'\tan\varphi' = c' + \left(\frac{\sigma_1' + \sigma_3'}{2} + \frac{\sigma_1' - \sigma_3'}{2}\cos2\alpha_f\right)\tan\varphi'$$

$$= 80 + \left(\frac{\sigma_1' + 200}{2} + \frac{\sigma_1' - 200}{2}\cos114°\right)\tan24°$$

$$= 0.132\sigma_1' + 142.3$$

$$\tau = \frac{1}{2}(\sigma_1' - \sigma_3')\sin2\alpha_f = \frac{1}{2}(\sigma_1' - 200)\sin114° = 0.457\sigma_1' - 91.4$$

由破裂面上的剪应力等于抗剪强度

$$0.457\sigma_1' - 91.4 = 0.132\sigma_1' + 142.3$$

解之求 σ_1',得 $\qquad\qquad \sigma_1' = 719.1 \text{ kPa}$

此值亦可用莫尔圆作图法求得,用 $\sigma_3' = 200 \text{ kPa}$ 和切于 $c' = 80 \text{ kPa}$、$\varphi' = 24°$ 的强度包线的条件,绘一莫尔圆即可量得 $\sigma_1' = 719.1 \text{ kPa}$。

5.4.2 抗剪强度指标的选择

从前面分析可看出,总应力强度指标的 3 种试验结果各不相同,一般来讲,$\varphi_u < \varphi_{cu} < \varphi_d$,所得的 c 值亦不相同。一种土的 c' 和 φ' 应该是常数,无论是用 UU、CU 或 CD 的试验结果,都可获得相同的 c' 和 φ' 值,它们不随试验方法而变。但实践上一般按 CU 试验,并同时测定 u 的方法来求 c' 和 φ'。究其原因,是因为做 UU 试验时,无论总应力的 σ_1、σ_3 增加多少,σ_1'、σ_3' 均保持不变。也就是说,无论做多少次不同围压的 σ_3 试验,所得出的有效极限应力圆只有 1 个,因而确定不了有效应力强度包线,也就得不出 c' 和 φ' 值;而做 CD 试验时,因试样中不产生 u,总应力即为有效应力,其总应力结果 c_d 和 φ_d 实际上就是 c' 和 φ'。但 CD 试验费时较长,故通常不用它来求土的 c' 和 φ'。但应指出,CU 试验在剪切过程中试样因不能排水而使体积保持不变,但 CD 试验在排水剪切过程中试样的体积要发生变化,二者得出的 c'、φ' 和 c_d、φ_d 会有一些差别,一般 c_d、φ_d 略大于 c'、φ',实用上可忽略不计。但应指出,总应力强度指标仅考虑 3 种特定的固结情况,由于地基土的性质和实际加载情况十分复杂,地基在建筑物施工阶段和使用期间却经历了不同的固结状态,要准确估计地基土的固结度相当困难。此外,即使是在同一时间,地基中不同部位土体的固结程度亦不尽相同,但总应力法对整个土层均采用某一特定固结度的强度指标,这与实际情况相去甚远。因此,在确定总应力强度指标时还应结合工程经验。在工程设计的计算分析中,应尽可能采用有效应力强度指标的分析方法。

如前所述,对比分析后,便可明确在实际工程中不同试验方法及相应的强度指标的选用条件。

（1）与有效应力法或总应力法相对应,应分别采用土的有效应力强度指标或总应力强度指标。当土中的孔隙水压力能通过试验、计算或其他方法加以确定时,宜采用有效应力法。用有效应力法及相应指标进行计算,概念明确,指标稳定,是一种比较合理的分析方法,只要能比较准确地确定孔隙水压力,则应该推荐采用有效应力强度指标。有效应力强度可用三轴排水剪或三轴固结不排水剪(测孔隙水压力)测定。

（2）三轴试验中的不固结不排水剪和固结不排水剪这两种试验方法的排水条件是很明确的。不固结不排水剪相应于所施加的外力全部为孔隙水压力所承担,土样完全保持初始的有效应力状况,此时的强度为土的天然强度;固结不排水剪的固结应力全部转化为有效应力而在施加偏应力时又产生了孔隙水压力。所以,仅当实际工程中的有效应力状况与上述两种情况相对应时,采用上述试验方法及相应指标才是合理的。因此,对于可能发生快速加荷的正常固结黏性土上的路堤进行短期稳定分析时可采用不固结不排水的强度指标;对于土层较厚、渗透性较小、施工速度较快工程的施工期或竣工时,分析也可采用不固结不排水剪的强度指标。反之,当土层较薄、渗透性较大、施工速度较慢工程的竣工时的分析,可采用固结不排水剪的强度指标。

（3）但工程情况不一定都是很明确的,如加荷速度的快慢、土层的厚薄、荷载大小以及加荷过程等都没有定量的界限值,因此,在具体使用中常根据工程经验判断,这是应用土力学基本原理解决工程实际问题的基本方法。此外,常用的三轴试验条件也是理想化了的室内条件,与实际工程有一定的距离,因此使用强度指标时需要结合实际经验。

（4）虽然直剪试验的设备简单,操作方便,使用比较普遍,但由于直剪试验不能控制排水条件、不能沿最弱面剪损等缺点,影响试验的可靠性,应注意其使用条件。《土工试验方法标准》(GBJ 123—1988)规定直剪试验的固结快剪和快剪试验只适用于渗透系数小于 10^{-6} cm/s 的黏土;对于其他的土类,不宜用直剪试验。

思考题

5-1　什么叫土的抗剪强度?

5-2　库仑的抗剪强度定律是怎样表示的? 砂土和黏性土的抗剪强度表达式有何不同?

5-3　为什么说土的抗剪强度不是一个定值?

5-4　简述莫尔-库仑强度理论的要点。

5-5　土体的最大剪应力面是否即剪切破裂面? 二者何时一致? 测定土的抗剪强度指标主要有哪几种方法? 试比较它们的优缺点。

5-6　何谓灵敏度和触变性?

5-7　影响砂土抗剪强度的因素有哪些?

5-8　试述正常固结黏土在 UU、CU、CD 三种实验中的应力-应变、孔隙水应力-应变(或体变-应变)和强度特性。

5-9　试述正常固结黏土和超固结黏土的总应力强度包线与有效强度包线的关系。

5-10　在进行抗剪强度试验时,为什么要提出不固结不排水剪(或快剪)、固结不排水剪(或固结快剪)和固结排水剪(或慢剪)3 种方法? 对于同一种饱和黏土,当采用 3 种方法试验时,其强度指标相同吗? 为什么?

5-11　十字板测得的抗剪强度相当于在实验室用什么方法测得的抗剪强度? 同一土层

现场十字板测得的抗剪强度一般随深度而增加,试说明其原因。

习 题

5-1　一个砂样进行直接剪切试验,竖向应力 $p = 100 \text{ kPa}$,破坏时 $\tau = 57.7 \text{ kPa}$,试问这时的大小主应力 σ_1、σ_3 分别为多少?

5-2　一个饱和黏土试样,在 $\sigma_3 = 70 \text{ kPa}$ 应力下固结,然后在三轴不排水条件下增加轴力至 50 kPa 时土样破坏。另一相同土样也在相同围压下固结,然后在不排水条件下增加室压至 140 kPa,试求该土样破坏时的轴力和总应力。

5-3　土样内摩擦角 $\varphi = 26°$,黏聚力为 $c = 20 \text{ kPa}$,承受的大主应力和小主应力分别为 $\sigma_1 = 450 \text{ kPa}$,$\sigma_3 = 150 \text{ kPa}$,试判断该土样是否达到极限平衡状态。

5-4　已知土中一点,大主应力为 600 kPa,小主应力为 100 kPa,试求:

(1) 最大剪应力值及最大剪应力与大主应力面的夹角;

(2) 求作用于小主应力面并与之成 30°角面上的正应力和剪应力。

5-5　某基础下的地基土中一点的应力状态为:大主应力 $\sigma_1 = 400 \text{ kPa}$,小主应力 $\sigma_3 = 180 \text{ kPa}$。已知土的内摩擦角 $\varphi = 30°$,内聚力 $c = 10 \text{ kPa}$。试问:

(1) 土中最大剪应力是多少?

(2) 土中最大剪应力面是否已剪破?

(3) 该点处土是否剪切破坏?

5-6　某基础下的地基土中一点的应力状态为:$\sigma_z = 240 \text{ kPa}$,$\sigma_x = 100 \text{ kPa}$,$\tau_{xz} = 40 \text{ kPa}$。已知土的内摩擦角 $\varphi = 30°$,内聚力 $c = 10.0 \text{ kPa}$,问该点是否剪切破坏? 若 σ_z、σ_x 不变,而 τ_{xz} 变为 80 kPa,则该点又如何?

6 土压力与土坡稳定

6.1 土压力概述

土压力是指挡土墙后的填土因自重或外荷载作用对墙背产生的侧向压力。挡土墙(或挡土结构)是防止土体坍塌的构筑物,通常采用砖、块石、素混凝土以及钢筋混凝土等材料建成,如图 6-1 所示。

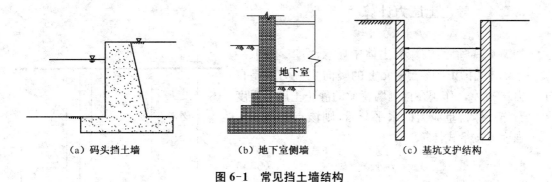

(a) 码头挡土墙　　　　　　(b) 地下室侧墙　　　　　　(c) 基坑支护结构

图 6-1　常见挡土墙结构

根据挡土墙的位移情况和墙后土体所处的应力状态,通常将土压力分为以下 3 种类型:

(1) 静止土压力。当挡土墙静止不动,墙后填土处于弹性平衡状态时,土对墙的压力称为静止土压力,一般用 E_0 表示[图 6-3(a)]。

(2) 主动土压力。当挡土墙向离开土体方向位移至墙后土体达到极限平衡状态时,作用于墙上的土压力称为主动土压力,常用 E_a 表示[图 6-3(b)]。

(3) 被动土压力。当挡土墙在外力作用下向土体

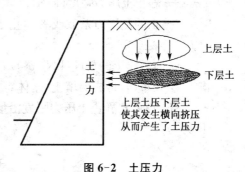

图 6-2　土压力

方向位移至墙后土体达到极限平衡状态时,作用在墙背上的土压力称为被动土压力,常用 E_p 表示[图 6-3(c)]。

实验表明:在相同条件下,主动土压力小于静止土压力,而静止土压力又小于被动土压力,亦即 $E_a < E_0 < E_p$。

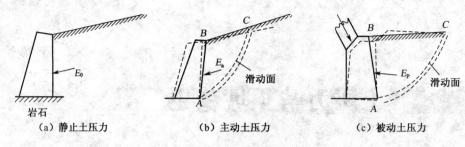

图6-3 挡土墙的土压力类型

挡土墙计算属平面一般问题,故在土压力计算中,均取一延米的墙长度,土压力单位取 kN/m,而土压力强度则取 kPa。土压力的计算理论主要有朗肯土压力理论和库仑土压力理论。

6.2 土压力计算

6.2.1 静止土压力计算

如图 6-4 所示,在墙后土体中任意深度 z 处取一微小单元体,作用于该土单元上的竖向主应力就是自重应力 $\sigma_z = \gamma z$,作用在挡土墙背面的静止土压力强度可以看作土体自重应力的水平分量,则该点的静止土压力强度可按下式计算:

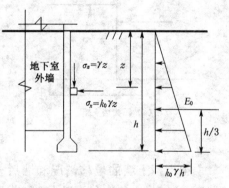

$$\sigma_x = k_0 \gamma z \qquad (6\text{-}1)$$

式中:σ_x——静止土压力强度(kPa)。

k_0——土的侧压力系数或者静止土压力系数(见表 4-1)。

图6-4 静止土压力计算示意图

γ——墙后填土的重度(kN/m³),若有地下水情况,土体容重 γ 取浮容重,并考虑水压力分布;若是成层填土,土体容重 γ 分层取值。两种情况的计算方法与第 2 章类似。

由式(6-1)可知静止土压力强度沿墙高呈三角形分布,如取单位墙长,则作用在墙上的静止土压力为

$$E_0 = \frac{1}{2} \gamma h^2 k_0 \qquad (6\text{-}2)$$

式中:E_0——静止土压力(kN/m);

h——挡土墙高度(m)。

静止土压力 E_0 的作用点在距离墙底的 $\frac{1}{3} h$ 处,即三角形的形心处。

6.2.2 朗肯土压力理论

朗肯(Rankine)土压力理论属于古典土压力理论之一,它是通过研究自重应力下半无限土体内各点应力从弹性平衡状态发展为极限平衡状态的应力条件,而得出的土压力计算理论。其基本假定是:①墙为刚体;②挡土墙墙背垂直光滑(墙与竖向夹角 $\alpha = 0$,墙与土的摩擦角 $\delta = 0$);③墙后填土面水平 $(\beta = 0)$。因为墙背垂直光滑才能保证垂直面内无摩擦力,即无剪应力。根据剪应力互等定理,水平面上剪应力为零。这样,在填土体中的水平面与垂直面上的正应力正好分别为大、小主应力,其应力状态才与半空间土体中的应力状态一致,墙背才可假想为半无限土体内部的一个垂直平面。

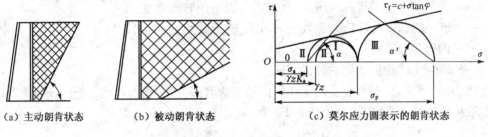

(a) 主动朗肯状态 (b) 被动朗肯状态 (c) 莫尔应力圆表示的朗肯状态

图 6-5 朗肯土压力极限平衡状态

当挡土墙离开土体向左移动时[图 6-5(a)],墙后土体有伸张趋势。此时竖向应力 σ_z 不变,法向应力 σ_x 减小,σ_z 和 σ_x 仍为大、小主应力。当挡土墙位移使墙后土体达极限平衡状态时,σ_x 达最小值 σ_a,其莫尔应力圆与抗剪强度包线相切[图 6-5(c)中圆Ⅱ]。土体形成一系列滑裂面,面上各点都处于极限平衡状态,这种状态称为主动朗肯状态,此时墙背法向应力 σ_x 为最小主应力,即朗肯主动土压力。滑裂面的方向与大主应力作用面(即水平面)成 $\alpha = 45° + \dfrac{\varphi}{2}$ 角。

同理,若挡土墙在外力作用下向右挤压土体[图 6-5(b)],σ_z 仍不变,而 σ_x 随着挡土墙位移增加而逐步增大,当 σ_x 超过 σ_z 时,σ_x 为大主应力,σ_z 为小主应力。当挡土墙位移至墙后土体达极限平衡状态时,σ_x 达最大值 σ_p,莫尔应力圆与抗剪强度包线相切[图 6-5(c)中圆Ⅲ],土体形成一系列滑裂面,称被动朗肯状态。此时墙背法向应力 σ_x 为最大主应力,即朗肯被动土压力。滑裂面与水平面成 $\alpha' = 45° - \dfrac{\varphi}{2}$ 角。

1)主动土压力计算

当土体处于朗肯主动极限平衡状态时,$\sigma_z = \gamma z = \sigma_1$,$\sigma_x = \sigma_3$,即为主动土压力强度 σ_a。由上述分析和土体极限平衡条件可知:

无黏性土

$$\sigma_x = \sigma_3 = \sigma_a = \sigma_1 \tan^2\left(45° - \frac{\varphi}{2}\right)$$

$$= \gamma z K_a \qquad\qquad (6\text{-}3)$$

$$\sigma_1 = \sigma_3 \tan^2\left(45° + \frac{\varphi}{2}\right) \tag{6-4}$$

黏性土

$$\sigma_3 = \sigma_1 \tan^2\left(45° - \frac{\varphi}{2}\right) - 2c\tan\left(45° - \frac{\varphi}{2}\right)$$

$$= \gamma z K_a - 2c\sqrt{K_a} \tag{6-5}$$

$$\sigma_1 = \sigma_3 \tan^2\left(45° + \frac{\varphi}{2}\right) - 2c\tan\left(45° + \frac{\varphi}{2}\right) \tag{6-6}$$

式中:K_a——主动土压力系数,$K_a = \tan^2\left(45° - \frac{\varphi}{2}\right)$;

γ——墙后填土的重度(kN/m^3),地下水位以下用有效重度;

c——填土的黏聚力(kPa),黏性土 $c \neq 0$,而无黏性土 $c = 0$;

φ——内摩擦角(°);

z——墙背土体距离地面的任意深度。

由式(6-3)可见,无黏性土主动土压力沿墙高为直线分布,即与深度 z 成正比,如图 6-5 所示。若取单位墙长计算,则主动土压力 E_a 为

$$E_a = \frac{1}{2}\gamma H^2 K_a \tag{6-7}$$

E_a 通过三角形的形心,即作用在距墙底 $H/3$ 处。

由式(6-5)可知,黏性土的主动土压力强度由两部分组成,一部分是由土自重引起的土压力 $\gamma z K_a$;另一部分是由黏聚力 c 引起的负侧压力 $2c\sqrt{K_a}$。这两部分土压力叠加的结果如图 6-7(c)所示,其中 ade 部分为负值,对墙背是拉力,但实际上墙与土在很小的拉力作用下就会分离,因此计算土压力时该部分应略去不计,黏性土的土压力分布实际上仅是 abc 部分。

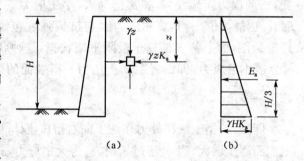

图6-6 无黏性土主动土压力分布图

图 6-7(c)中 a 点离填土面的深度 z_0 称为临界深度。对于黏性土,令式(6-5)中 $z = 0$ 时,$\sigma_x = \sigma_3 = -2c\sqrt{K_a}$,这显然与挡土墙墙背直立、光滑无摩擦相矛盾,为此,需要对土压力强度表达式进行修正,令

$$\sigma_a = \gamma z_0 K_a - 2c\sqrt{K_a} = 0$$

由此可得临界深度

$$z_0 = \frac{2c}{\gamma\sqrt{K_a}} \tag{6-8}$$

修正后黏性土的土压力强度表达式为

$$\sigma_a = \begin{cases} 0 & \left(z \leqslant z_0 = \dfrac{2c}{\gamma \sqrt{K_a}}\right) \\ z\gamma K_a - 2c \sqrt{K_a} & (z > z_0) \end{cases} \qquad (6\text{-}9)$$

黏性土的土压力分布如图 6-7(c)所示,土压力分布只有 abc 部分。若取单位墙长计算,则黏性土主动土压力 E_a 为三角形 abc 的面积,即有

$$E_a = \frac{1}{2}(H - z_0)(\gamma H K_a - 2c \sqrt{K_a})$$
$$= \frac{1}{2}\gamma H^2 K_a - 2cH \sqrt{K_a} + \frac{2c^2}{\gamma} \qquad (6\text{-}10)$$

E_a 通过三角形的形心,即作用在距墙底 $(H - z_0)/3$ 处。

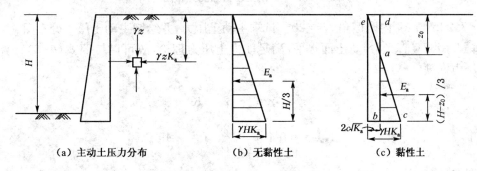

| (a) 主动土压力分布 | (b) 无黏性土 | (c) 黏性土 |

图 6-7 朗肯主动土压力分布

2) 被动土压力计算

当挡土墙在外力作用下推挤土体而出现被动极限状态时,墙背土体中任一点的竖向应力保持不变,且成为小主应力,即 $\sigma_z = \gamma z = \sigma_3$,而 σ_x 达到最大值 σ_p,成为大主应力 σ_1,即 $\sigma_x = \sigma_1$,可以推出相应的被动主压力强度计算公式:

黏性土 $\qquad\qquad\qquad \sigma_p = \gamma z K_p + 2c \sqrt{K_p} \qquad (6\text{-}11)$

无黏性土 $\qquad\qquad\qquad \sigma_p = \gamma z K_p \qquad (6\text{-}12)$

式中:K_p——被动土压力系数,$K_p = \tan^2\left(45° + \dfrac{\varphi}{2}\right)$。

则其总被动土压力为

黏性土

$$E_p = \frac{1}{2}\gamma H^2 K_p + 2cH \sqrt{K_p} \qquad (6\text{-}13)$$

无黏性土

$$E_p = \frac{1}{2}\gamma H^2 K_p \qquad (6\text{-}14)$$

被动土压力 E_p 合力作用点通过三角形或梯形压力分布图的形心。

【例 6-1】 已知某挡土墙墙背竖直光滑,填土面水平,墙高 $h = 5\,\text{m}$,黏聚力 $c = 10\,\text{kPa}$,重

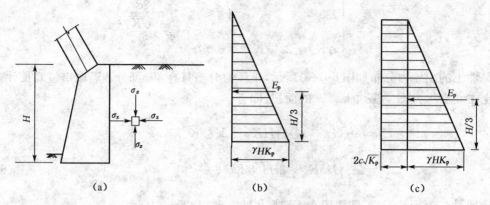

(a)   (b)   (c)

图 6-8　被动土压力强度分布图

度 $\gamma = 17.2 \text{ kN/m}^3$，内摩擦角 $\varphi = 20°$，试求主动土压力，并绘制主动土压力分布图。

【解】　墙背竖直光滑，填土面水平，满足朗肯土压力理论，故可以按照式(6-5)计算沿墙高的土压力强度

$$\sigma_a = \gamma z K_a - 2c \sqrt{K_a}$$

其中

$$K_a = \tan^2\left(45° - \frac{20°}{2}\right) = 0.49$$

地面处

$$\sigma_a = \gamma z K_a - 2c \sqrt{K_a} = 17.2 \times 0 \times 0.49 - 2 \times 10 \times \sqrt{0.49} = -14 \text{ kPa}$$

墙底处

$$\sigma_a = \gamma z K_a - 2c \sqrt{K_a} = 17.2 \times 5 \times 0.49 - 2 \times 10 \times \sqrt{0.49} = 28.14 \text{ kPa}$$

因为填土为黏性土，故需要计算临界深度 z_0，由式(6-8)可得

$$z_0 = \frac{2c}{\gamma \sqrt{K_a}} = \frac{2 \times 10}{17.2 \times \sqrt{0.49}} = 1.66 \text{ m}$$

绘制土压力分布图如图 6-9 所示，其总主动土压力为

$$E_a = \frac{1}{2} \times 28.14 \times (5 - 1.66) = 47 \text{ kN/m}$$

主动土压力 E_a 的作用点离墙底的距离为

$$c_0 = \frac{h - z_0}{3} = 1.1 \text{ m}$$

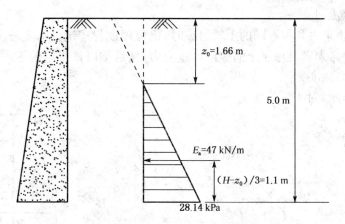

图 6-9 例 6-1 图

3）几种特殊情况下的土压力计算

（1）填土表面有均布荷载

当墙后填土表面有连续均布荷载 q(kPa)作用时，可把荷载 q 视为由高度 $h = q/\gamma$ 的等效填土所产生，由此等效厚度填土对墙背产生土压力。在图 6-10 中，当土体静止不动时，深度 z 处应力状态应考虑 q 的影响，竖向应力为 $\sigma_z = \gamma z + q$，$\sigma_x = K_a\sigma_z = K_a(\gamma z + q)$。当达到主动极限平衡状态时，大主应力不变，即 $\sigma_1 = \sigma_z = \gamma z + q$，小主应力减小至主动土压力，即 $\sigma_a = \sigma_3$。

无黏性土

$$\sigma_3 = \sigma_a = \sigma_1 \tan^2\left(45° - \frac{\varphi}{2}\right)$$

$$= (\gamma z + q)\tan^2\left(45° - \frac{\varphi}{2}\right) = (\gamma z + q)K_a \tag{6-15}$$

黏性土

$$\sigma_3 = \sigma_a = \sigma_1 \tan^2\left(45° - \frac{\varphi}{2}\right) - 2c\tan\left(45° - \frac{\varphi}{2}\right)$$

$$= (\gamma z + q)\tan^2\left(45° - \frac{\varphi}{2}\right) - 2c\tan\left(45° - \frac{\varphi}{2}\right)$$

$$= (\gamma z + q)K_a - 2c\sqrt{K_a} \tag{6-16}$$

可见，对于无黏性土，主动土压力沿墙高分布呈梯形，作用点在梯形的形心，如图 6-10 所示。对于黏性土，临界深度 $z_0 = \dfrac{2c\sqrt{K_a} - qK_a}{\gamma K_a}$。$z_0 < 0$ 时，土压力为梯形分布；$z_0 \geqslant 0$ 时，土压力为三角形分布。沿挡土墙长度方向每延米的土压力为土压力强度的分布面积。

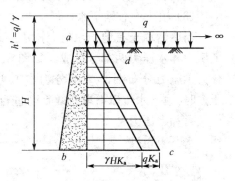

图 6-10 填土面有均布荷载的土压力计算

（2）填土为成层土

当挡土墙后填土由几种不同的土层组成时，仍可用朗肯理论计算土压力。当墙后有几层不同类型的土层时，先求出每层土的竖向自重应力，然后乘以该土层的主动土压力系数，得到相应的主动土压力强度。

如图 6-11 所示，对于无黏性土

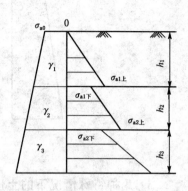

$$\sigma_{a0} = 0$$

$$\sigma_{a1上} = \gamma_1 h_1 K_{a1}$$

$$\sigma_{a1下} = \gamma_1 h_1 K_{a2}$$

$$\sigma_{a2上} = (\gamma_1 h_1 + \gamma_2 h_2) K_{a2}$$

$$\sigma_{a2下} = (\gamma_1 h_1 + \gamma_2 h_2) K_{a3}$$

$$\sigma_{a3上} = (\gamma_1 h_1 + \gamma_2 h_2 + \gamma_3 h_3) K_{a3}$$

……

图 6-11　成层填土的土压力计算

若为更多层时，主动土压力强度计算以此类推。但应注意，由于各层土的性质不同，主动土压力系数 K_a 也不同，因此，在土层的分界面上，主动土压力强度会出现两个数值。

对于黏性土，第一层填土（0-1）的土压力强度

$$\sigma_{a0} = -2c_1 \sqrt{K_{a1}}$$

$$\sigma_{a1上} = \gamma_1 h_1 K_{a1} - 2c_1 \sqrt{K_{a1}}$$

第二层填土（1-2）的土压力强度

$$\sigma_{a1下} = \gamma_1 h_1 K_{a2} - 2c_2 \sqrt{K_{a2}}$$

$$\sigma_{a1上} = (\gamma_1 h_1 + \gamma_2 h_2) K_{a2} - 2c_2 \sqrt{K_{a2}}$$

说明：成层填土合力大小为分布图形的面积，作用点位于分布图形的形心处。

（3）填土中有地下水

当墙后填土有地下水时，作用在墙背上的侧压力由土压力和水压力两部分组成。如图 6-12 所示，$abdec$ 部分为土压力分布图，cef 部分为水压力分布图。计算土压力时，地下水位以下取有效重度进行计算，总侧压力为土压力和水压力之和。

水下土重度 　　　$\gamma' = \gamma_{sat} - \gamma_w$

静水压力 　　　　$\sigma_w = \gamma_w h$

总侧压力 　　　　$\sigma = \sigma_a + \sigma_w$

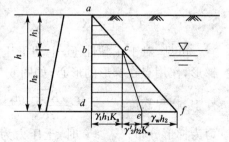

图 6-12　填土中有地下水的土压力计算

【例 6-2】　已知某挡土墙高 5 m，上部受到均布荷载作用 $q = 15$ kPa，其墙背竖直光滑，填土水平、填土分两层并且含有地下水：$h_1 = 2$ m，$\gamma_1 = 16.8$ kN/m³，$\varphi_1 = 30°$，$c_1 = 12$ kPa；$h_2 = $

$3\ \text{m}; \gamma_2 = 20\ \text{kN/m}^3, \varphi_2 = 26°, c_2 = 14\ \text{kPa}$。试求主动土压力及其作用点的位置,并绘制 σ_a 分布图。

【解】 墙背竖直光滑,填土面水平,满足朗肯土压力理论,故可以按照式(6-5)计算沿墙高的土压力强度

$$\sigma_a = \gamma z K_a - 2c \sqrt{K_a}$$

其中

$$K_{a1} = \tan^2 \left(45° - \frac{30°}{2} \right) = 0.33, \sqrt{K_{a1}} = 0.577$$

$$K_{a2} = \tan^2 \left(45° - \frac{26°}{2} \right) = 0.39, \sqrt{K_{a2}} = 0.624$$

地面处 A 点

$$\sigma_a = q K_{a1} - 2c_1 \sqrt{K_{a1}} = 15 \times 0.33 - 2 \times 12 \times 0.577 = -8.848\ \text{kPa}$$

B 点

上层土

$$\sigma_{a1} = (q + \gamma_1 h_1) K_{a1} - 2c_1 \sqrt{K_{a1}} = 2.352\ \text{kPa}$$

下层土

$$\sigma_{a2} = (q + \gamma_1 h_1) K_{a2} - 2c_2 \sqrt{K_{a2}} = 1.482\ \text{kPa}$$

墙底 C 处

$$\sigma_{a2} = (q + \gamma_1 h_1 + \gamma_2 h_2) K_{a2} - 2c_2 \sqrt{K_{a2}} = 13.182\ \text{kPa}$$

静水压力

$$\sigma_w = \gamma_w h_w = 10 \times 3 = 30\ \text{kPa}$$

因为填土为黏性土,故需要计算临界深度 z_0,可得

$$z_0 = \frac{2c_1}{\gamma_1 \sqrt{K_{a1}}} - \frac{q}{\gamma_1} = \frac{2 \times 12}{16.8 \times 0.577} - \frac{15}{16.8} = 1.583\ \text{m}$$

绘制土压力分布图如图 6-13 所示,其总主动土压力为

$$\begin{aligned}
E &= (E_a + E_w) \\
&= \frac{1}{2} \times 2.352 \times (2 - 1.583) + 1.482 \times 3 + \frac{1}{2} \times (13.182 + 30 - 1.482) \times 3 \\
&= 0.49 + 4.45 + 62.55 \\
&= 67.49\ \text{kN/m}
\end{aligned}$$

主动土压力 E 的作用点离墙底的距离为

$$\begin{aligned}
c_0 &= \frac{1}{E} \left[0.49 \times \left(3 + \frac{2 - 1.583}{3} \right) + 4.45 \times \left(\frac{1}{2} \times 3 \right) + 62.55 \times \left(\frac{1}{3} \times 3 \right) \right] \\
&= 1.05\ \text{m}
\end{aligned}$$

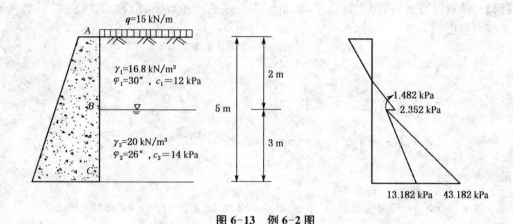

图 6-13　例 6-2 图

6.2.3　库仑土压力理论

库仑土压力理论是根据墙后土体处于极限平衡状态并形成一滑动楔体时,从楔体的静力平衡条件得出的土压力计算理论。其基本假定为:墙后填土是理想的散粒体(黏聚力 $c = 0$);滑动破坏面为一平面;滑动土楔体视为刚体。

库仑土压力理论适用于砂土或碎石填料的挡土墙计算,可考虑墙背倾斜、填土面倾斜以及墙背与填土间的摩擦等多种因素的影响。分析时,一般沿墙长度方向取 1 m 考虑。

1773 年,著名的法国学者库伦(C. A. Coulomb)提出了一种计算土压力的理论。这种理论是根据墙后所形成的滑动楔体静力平衡条件建立起来的,这种理论具有计算简单、适用范围广泛且计算结果接近实际等优点,至今仍然广泛使用于工程实践中。其基本假定如下:

(1)墙后填土为理想散粒体(无黏聚力)。

(2)墙后填土产生主动土压力或被动土压力时,填土形成滑动楔体,且滑动面为通过墙踵的平面。

(3)滑动楔体为刚体,不考虑滑动楔体内部的应力和变形条件。

库仑土压力理论适用于砂土或碎石填料的挡土墙计算,可考虑墙背倾斜、填土面倾斜以及墙背与填土间的摩擦等多种因素的影响。分析时,一般沿墙长度方向取 1 m 考虑。

1)主动土压力

如图 6-14 所示,墙背与垂直线的夹角为 α,填土表面倾角为 β,墙高为 h,填土与墙背之间的摩擦角为 δ,土的内摩擦角为 φ,土的黏聚力 $c = 0$,假定滑动面 BC 通过墙踵,滑动面与水平面的夹角为 θ,取滑动楔 ABC 作为隔离体进行受力分析。

当滑动土楔体 ABC 向下滑动,处于极限平衡状态时,土楔上作用有以下 3 个力:

(1)土楔体 ABC 自重 W。当滑裂面的倾角 θ 确定后,由几何关系可计算土楔自重。

(2)破裂滑动面 BC 上的反力 R。该力是由于楔体滑动时产生的土与土之间摩擦力在 BC

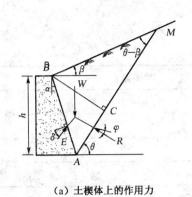 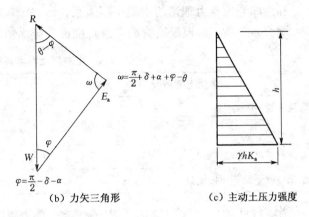

(a) 土楔体上的作用力　　　　　　(b) 力矢三角形　　　　　　(c) 主动土压力强度

图 6-14　库仑主动土压力计算

面上的合力,作用方向与 BC 面法线的夹角等于土的内摩擦角 φ。楔体下滑时,R 的位置在法线的下侧。

(3) 墙背 AB 对土楔体的反力 E。与该力大小相等、方向相反的楔体作用在墙背上的压力,就是主动土压力。力 E 的作用方向与墙面 AB 法线的夹角为土与墙背之间的摩擦角 δ。楔体下滑时,该力的位置在法线的下侧。

土楔体 ABC 在以上 3 个力的作用下处于极限平衡状态,根据力的平衡条件和几何关系,可得

$$E = \frac{W\sin(\theta - \varphi)}{\sin(90° + \delta + \alpha + \varphi - \theta)} \tag{6-17}$$

式中

$$W = S_{\triangle ABC} \cdot 1 \cdot \gamma = \frac{1}{2} AC \cdot BD \cdot \gamma$$

其中

$$AC = AB \cdot \frac{\sin(90° - \alpha + \beta)}{\sin(\theta - \beta)} = \frac{h}{\cos\alpha} \cdot \frac{\sin(90° - \alpha + \beta)}{\sin(\theta - \beta)}$$

$$BD = AB \cdot \cos(\theta - \alpha) = h \frac{\cos(\theta - \alpha)}{\cos\alpha}$$

所以

$$W = S_{\triangle ABC} \cdot 1 \cdot \gamma = \frac{1}{2} AC \cdot BD \cdot \gamma = \frac{\gamma h^2}{2} \cdot \frac{\cos(\alpha - \beta)\cos(\theta - \alpha)}{\cos^2\alpha \cdot \sin(\theta - \beta)} \tag{6-18}$$

图中 θ 角是假定的,只有取极值才能使 E 值达到最小值,故令:$\dfrac{\mathrm{d}E}{\mathrm{d}\theta} = 0$

求出 θ 后,代入式(6-17),经整理后可得库仑主动土压力的一般表达式:

$$E_a = \frac{1}{2}\gamma h^2 K_a \tag{6-19}$$

其中

$$K_a = \frac{\cos^2(\varphi - \alpha)}{\cos^2\alpha\cos(\alpha + \delta)\left[1 + \sqrt{\dfrac{\sin(\varphi + \delta)\sin(\varphi - \beta)}{\cos(\alpha + \delta)\cos(\alpha - \beta)}}\right]^2} \tag{6-20}$$

称为库仑土压力理论的主动土压力系数。

墙背摩擦角 δ 可根据墙背的光滑程度以及排水情况按表 6-1 选取。

表 6-1　土对挡土墙墙背的摩擦角

挡土墙情况	摩擦角 δ
墙背平滑,排水不良	$(0 \sim 0.33)\varphi$
墙背粗糙,排水良好	$(0.33 \sim 0.5)\varphi$
墙背很粗糙,排水良好	$(0.5 \sim 0.67)\varphi$
墙背与填土间不可能滑动	$(0.67 \sim 1.0)\varphi$

当墙背直立($\alpha = 0$)、墙面光滑($\delta = 0$)、填土表面水平($\beta = 0$)时,主动土压力系数为:

$K_a = \tan^2\left(45° - \dfrac{\varphi}{2}\right)$。由此可见朗肯土压力计算公式,可视为是库仑土压力计算公式的一个特例。

库仑主动土压力强度沿墙高按三角形分布,计算公式为

$$\sigma_a = \gamma z K_a$$

主动土压力的作用点距离墙底 $h/3$ 处。

2）被动土压力

当挡土墙在外力作用下挤压土体(图 6-15),模体沿破裂面向上隆起而处于极限平衡状态时,同理可得作用在模体上的力三角形如图 6-15(b)所示。此时由于模体上隆,E_p 和 R 均位于法线的上侧。按求主动土压力相同的方法可求得被动土压力 E_p 的库仑公式为

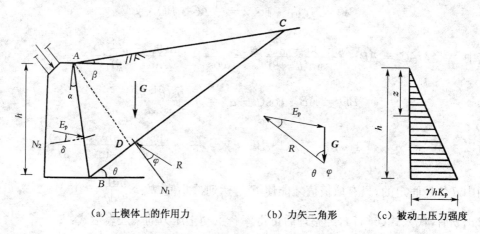

（a）土楔体上的作用力　　（b）力矢三角形　　（c）被动土压力强度

图 6-15　库仑被动土压力计算

$$E_p = \frac{1}{2}\gamma h^2 K_p \tag{6-21}$$

其中　　　　$$K_p = \frac{\cos^2(\varphi + \alpha)}{\cos^2\alpha\cos(\alpha - \delta)\left[1 - \sqrt{\dfrac{\sin(\varphi + \delta)\sin(\varphi + \beta)}{\cos(\alpha - \delta)\cos(\alpha - \beta)}}\right]^2} \tag{6-22}$$

当墙背直立（$\alpha = 0$）、墙面光滑（$\delta = 0$）、填土表面水平（$\beta = 0$）时,被动土压力系数为:

$K_p = \tan^2\left(45° + \dfrac{\varphi}{2}\right)$,此时,即为无黏性土的朗肯被动土压力公式。库仑被动土压力强度沿墙高按三角形分布,计算公式为

$$\sigma_p = \gamma z K_p$$

被动土压力的作用点距离墙底 $h/3$ 处。

3) 黏性土的库仑土压力理论

由前可知,库仑土压力只适用于无黏性填土。但在实际工程中常不得不采用黏性填土,但采用库仑土压力进行计算时,误差较大。因此,为了考虑土的黏聚力 c 对土压力的大小及分布的影响,提出了黏性土的库仑土压力近似计算方法。

（1）"广义库仑理论"

"广义库仑理论"考虑了墙后填土面超载、填土黏聚力、填土与墙背间的黏结力以及填土表面附近的裂缝深度等因素的影响,根据图 6-16 所示,可得主动土压力系数 K_a 如下:

$$K_a = \frac{\cos(\alpha - \beta)}{\cos\alpha \cos^2\psi}\{[\cos(\alpha - \beta)\cos(\alpha + \delta) + \sin(\varphi - \beta)]k_q + 2k_2\cos\varphi\sin\psi +$$
$$k_1\sin(\alpha + \varphi - \beta)\cos\psi + k_0\sin(\beta - \varphi)\cos\psi - 2G_1G_2\} \qquad (6\text{-}23)$$

式中
$$k_q = \frac{1}{\cos\alpha}\left[1 + \frac{2q}{\gamma h}\xi - \frac{h_0}{h^2}\left(h_0 + \frac{2q}{\gamma}\right)\xi^2\right];$$

$$k_0 = \frac{h_0^2}{h^2}\left(1 + \frac{2q}{\gamma h_0}\right)\frac{\sin\alpha}{\cos(\alpha - \beta)}\xi;$$

$$k_1 = \frac{2c'}{\gamma h\cos(\alpha - \beta)}\left(1 - \frac{h_0}{h}\xi\right);$$

$$k_2 = \frac{2c}{\gamma h}\left(1 - \frac{h_0}{h}\xi\right);$$

$$\xi = \frac{\cos\alpha\cos\beta}{\cos(\alpha - \beta)};$$

$$h_0 = \frac{2c}{\gamma} \cdot \frac{\cos\alpha\cos\beta}{1 + \sin(\alpha - \varphi)};$$

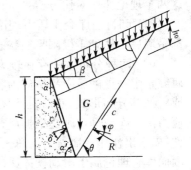

图 6-16 广义土压力理论示意图

$$G_1 = k_q\sin(\delta + \varphi)\cos(\delta + \alpha) + k_2\cos\varphi + \cos\psi[k_1\cos\delta - k_0\cos(\alpha + \delta)];$$

$$G_2 = k_q\cos(\alpha - \beta)\sin(\varphi - \beta) + k_2\cos\varphi;$$

$$\psi = \alpha + \delta + \varphi - \beta。$$

式中：q——填土表面均布荷载(kPa);

h_0——地表裂缝深度(m);

c——填土的黏聚力(kPa);

c'——墙背与填土间的黏聚力(kPa)。

（2）《建筑地基基础设计规范》推荐公式

《建筑地基基础设计规范》推荐采用上述"广义库仑定理"解答,地表裂缝深度 h_0 及墙背与

填土间的黏结力 c' 均不计为 0。并注意到此时墙背倾角 $\alpha = 90° - \alpha'$（图 6-16），从而可得

$$K_a = \frac{\cos(\alpha' + \beta)}{\sin^2\alpha' \sin^2(\alpha' + \beta - \varphi - \delta)}\{k_q[\sin(\alpha' + \beta)\sin(\alpha' - \delta) + \sin(\varphi - \beta)\sin(\varphi + \delta)] +$$
$$2\eta\sin\alpha'\cos\varphi\cos(\alpha' + \beta - \varphi - \delta)$$
$$- 2\sqrt{[k_q\sin(\alpha' + \beta)\sin(\varphi - \beta) + \eta\sin\alpha'\cos\varphi][k_q\sin(\alpha' - \delta)\sin(\varphi + \delta) + \eta\sin\alpha'\cos\varphi]}\}$$

$$(6-24)$$

式中：
$$k_q = 1 + \frac{2q}{\gamma h} \cdot \frac{\sin\alpha'\cos\beta}{\sin(\alpha' + \beta)}$$

$$\eta = \frac{2c}{\gamma h}$$

其他符号意义同前。

6.2.4　朗肯土压力和库仑土压力理论的比较

由于挡土墙上的土压力与许多因素有关。一直以来,尽管关于影响土压力因素的研究较多,但总体上,土压力尚不能准确地计算,在很大程度上是一种估算。主要原因是天然土体的离散型、不均匀性和多样性,朗肯和库仑土压力理论对实际问题作了一些简化和假设,现针对这两个理论作一对比分析:

（1）朗肯与库仑土压力理论均属于极限状态土压力理论。用这两种理论计算出的土压力都是墙后土体处于极限平衡状态下的主动与被动土压力。

（2）两种分析方法存在较大差别,主要表现在研究的出发点和途径不同。朗肯理论是从研究土中一点的极限平衡应力状态出发,首先求出的是作用在土中竖直面上的土压力强度 σ_a 或 σ_p 及其分布形式,然后再计算出作用在墙背上的总土压力 E_a 和 E_p,因而朗肯理论属于极限应力法。库仑理论则是根据墙背和滑裂面之间的土楔,整体处于极限平衡状态,用静力平衡条件,先求出作用在墙背上的总土压力 E_a 或 E_p,需要时再算出土压力强度 σ_a 或 σ_p 及其分布形式,因而库仑理论属于滑动楔体法。

（3）上述两种研究途径中,朗肯理论在理论上比较严密,但只能得到理想简单边界条件下的解答,在应用上受到限制。库仑理论显然是一种简化理论,但由于其能适用于较为复杂的各种实际边界条件,且在一定范围内能得出比较满意的结果,因而应用广泛。

6.3　挡土墙设计

6.3.1　挡土墙的类型

挡土墙是防止土体坍塌的构筑物,主要有以下类型:

1）重力式挡土墙

一般由块石或者素混凝土砌筑而成,靠自身重力来维持墙体稳定,墙身截面尺寸一般较

大。重力式挡土墙结构简单,施工方便,取材较容易,一般适用于高度较低(一般不超过6 m)的挡土墙和地质情况较好的石料丰富地区,是一种应用较广泛的挡土墙。重力式挡土墙根据墙背倾斜方向可分为仰斜、直立、俯斜及衡重4种(图6-17)。

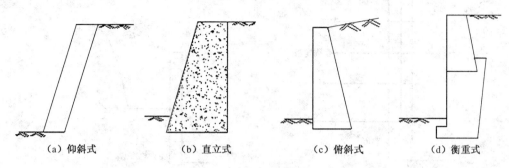

| (a) 仰斜式 | (b) 直立式 | (c) 俯斜式 | (d) 衡重式 |

图6-17 重力式挡土墙形式

2) 悬臂式挡土墙

墙的稳定主要由墙踵悬臂上的土重维持,墙体内部拉应力由钢筋承受,故墙身截面较小。初步设计时可按图6-18选取截面尺寸。其适用于墙高大于5 m、地基土质较差、当地缺少石料等情况,多用于市政工程及贮料仓库。

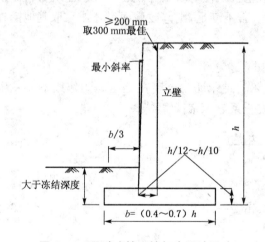

图6-18 悬臂式挡土墙初步设计尺寸

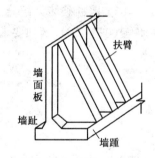

图6-19 扶臂式挡土墙

3) 扶臂式挡土墙

当墙高大于10 m时,挡土墙立壁挠度较大,为了增强立壁的抗弯性能,常常沿着墙的纵向每隔一定距离$(0.8\sim1.0)h$设置一道扶壁,称为扶臂式挡土墙(图6-19),扶壁间填土可增加抗滑和抗倾覆能力。一般用于重要的大型土建工程。

4) 锚定板式与锚杆式挡土墙

锚定板挡土墙由预制的钢筋混凝土立柱、墙面、钢拉杆和埋置在填土中的锚定板在现场拼装而成(图6-20),依靠填土与结构的相互作用力维持其自身稳定。与重力式挡土墙相比,其结构轻、柔性大、工程量少、造价低、施工方便,特别适用于地基承载力不大的地区。设计时,为了维持锚定板挡土墙结构的内力平衡,必须保证锚定板挡土结构周边的整体稳定和土的摩擦阻力大于由土自重和超载引起的土压力。锚杆式挡土墙是利用嵌入坚实岩层的灌浆锚杆作为拉杆的一种挡土结构(图 6-21)。

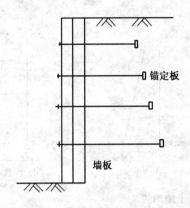

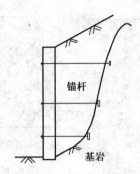

图 6-20　锚定板式挡土墙　　　　图 6-21　锚杆式挡土墙

6.3.2　挡土墙的计算

设计挡土墙时,一般是先根据荷载大小、地基土工程地质条件、填土性质、建筑材料等条件凭经验初步拟定截面尺寸,然后逐项进行验算。若不满足,则修改截面尺寸或采取其他措施。

挡土墙的验算一般有如下内容:

1）抗倾覆稳定性验算

研究表明,挡土墙的破坏大部分是倾覆破坏。要保证挡土墙在土压力的作用下不发生绕墙趾 O 点的倾覆(图 6-22),必须要求抗倾覆安全系数 K_t 满足要求。

$$K_t = \frac{Gx_0 + E_{az}x_f}{E_{ax}z_f} \geqslant 1.6 \tag{6-25}$$

$$E_{az} = E_a\cos(\alpha - \delta) \tag{6-26}$$

$$E_{ax} = E_a\sin(\alpha - \delta) \tag{6-27}$$

式中：G——挡土墙每延米自重(kN/m)；

E_{ax}——E_a 的竖向分力(kN/m)；

E_{az}——E_a 的水平分力(kN/m)；

x_f——土压力作用点离 O 点的水平距离(m)，$x_f = b - z\tan\alpha$；

z_f——土压力作用点离 O 点的高度(m)，$z_f = z - b\tan\alpha_0$；

x_0——挡土墙重心离墙趾的水平距离(m)；

α_0——挡土墙的基底倾角(°)；

b——基底的水平投影宽度(m)；

z——土压力作用点离墙踵的高度(m)。

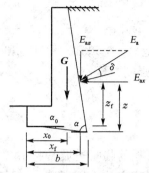

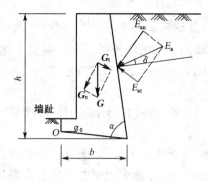

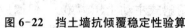

图 6-22　挡土墙抗倾覆稳定性验算　　　　图 6-23　挡土墙抗滑移稳定性验算

2）抗滑移稳定性验算

在土压力的作用下,挡土墙也可能沿基础底面发生滑动(图 6-23),因此要求基底的抗滑安全系数 $K_s \geqslant 1.3$,即

$$K_s = \frac{(G_n + E_{an})\mu}{E_{at} - G_t} \geqslant 1.3 \qquad (6-28)$$

$$E_{an} = E_a \sin(\alpha - \alpha_0 - \delta) \qquad (6-29)$$

$$E_{at} = E_a \cos(\alpha - \alpha_0 - \delta) \qquad (6-30)$$

式中：G_n——挡土墙自重在垂直于基底平面方向的分力,$G_n = G\cos\alpha_0$;

G_t——挡土墙自重在平行于基底平面方向的分力,$G_t = G\sin\alpha_0$;

E_{an}——E_a 在垂直于基底平面方向的分力;

E_{at}——E_a 在平行于基底平面方向的分力;

μ——土对挡土墙基底的摩擦系数,可以查表 6-2。

表 6-2　土对挡土墙基底的摩擦系数 μ

土的类别		摩擦系数 μ
黏土	可塑	0.25~0.30
	硬塑	0.30~0.35
	坚塑	0.35~0.45
粉土		0.30~0.40
中砂、粗砂、粒砂		0.40~0.50
碎石土		0.40~0.60
软质岩		0.40~0.60
表面粗糙的硬质岩		0.65~0.75

注：(1) 对易风化的软质岩石和 $I_p > 22$ 的黏性土,μ 值应通过试验测定;
(2) 对碎石土,可根据其密实度、填充物状况、风化程度等确定。

3）地基承载力验算

挡土墙在自重及土压力的垂直分力作用下,基底压力按线性分布。其验算方法与天然地基上的浅基础验算相同。

4）墙身强度验算

挡土墙的墙身强度验算,应按《混凝土结构设计规范》(GB 50010—2010)和《砌体结构设计规范》(GB 50003—2011)的规定进行抗压强度和抗剪强度验算。

6.3.3 重力式挡土墙的构造措施

仰斜式主动土压力最小,墙身截面经济,墙背可与开挖的临时边坡紧密贴合,但墙后填土的压实较为困难,因此多用于支挡挖方工程的边坡;俯斜式主动土压力最大,但墙后填土施工较为方便,易于保证回填土质量而多用于填方工程;直立式介于前两者之间,且多用于墙前原有地形较陡的情况,如在山坡上建墙。

重力式挡土墙的构造必须满足强度与稳定性的要求,同时应考虑就地取材,经济合理,施工养护的方便与安全。

重力式挡土墙的构造措施如下:

1）挡土墙的基础埋置深度

重力式挡土墙的基础埋置深度,应根据地基稳定性、地基承载力、冻结深度、水流冲刷情况以及岩石风化程度等因素确定。在土质地基中,基础最小埋置深度不宜小于 0.50 m;在岩质地基中,基础最小埋置深度不宜小于 0.30 m。基础埋置深度应从坡脚排水沟底算起。受水流冲刷时,埋深应从预计冲刷底面算起。

2）挡土墙的坡度

为了增加稳定性,将基底做成逆坡。对于土质地基,基底逆坡坡度小于等于 1:10;对于岩质地基,基底逆坡坡度小于等于 1:5。

3）墙后回填土

卵石、砾石、粗砂、中砂的内摩擦角大,主动土压力系数小,作用在挡土墙上主动土压力小,为挡土墙后理想的回填土。

细砂、粉砂、含水量接近最优含水量的粉土、粉质黏土和低塑性黏土为可用的回填土。

凡软黏土、成块的硬黏性土、膨胀土和耕植土,因性质不稳定,故不能用作墙后的回填土。

4）排水设施

挡土墙应该设置泄水孔,其间距宜取 2～3 m,外斜 5%,孔眼尺寸宜大于等于 $\phi100$ mm。墙后要做好反滤层和必要的排水盲沟,在墙顶地面宜铺设防水层。挡土墙的排水设置如图 6-24 所示。

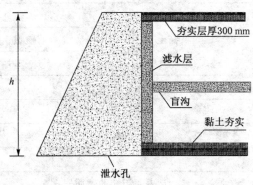

图 6-24 挡土墙的排水设置

5）伸缩缝

挡土墙每隔 10～20 m 应该设置一道伸缩缝。

6.4 土坡稳定分析

土坡上的部分岩体或土体在自然或人为因素的影响下沿某一明显界面发生剪切破坏向坡下运动,而丧失稳定性的现象称为滑坡。土坡稳定性分析属于土力学中的稳定问题,也是工程中非常重要而实际的问题。本节主要介绍简单土坡的稳定性分析方法。所谓简单土坡系指土坡的坡度不变,顶面和底面水平,且土质均匀,无地下水,如图 6-25 所示。

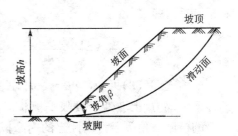

图 6-25　简单土坡各部位名称

6.4.1　影响土坡稳定的因素

滑动的因素复杂多变,但其根本原因在于土体内部某个滑裂面上的剪应力达到了它的抗剪强度,使稳定平衡遭到破坏。因此,导致土坡滑动失稳的原因有以下几个方面:

(1) 土坡作用力发生变化。例如在坡顶堆放材料或建造建筑物使坡顶受荷,堑或基坑的开挖,堤坝施工中上部填土荷重的增加,或因打桩、车辆行驶、爆破、地震等引起振动而改变原来的平衡状态。

(2) 土体抗剪强度降低。例如受雨、雪等自然天气的影响,土体中含水量或孔隙水压力增加,有效应力降低,导致土体抗剪强度降低,抗滑力减小。

(3) 水压力的作用。例如雨水或地面水流入土坡中的竖向裂缝,导致土体饱和重度增加,土体内部水的渗透力对土坡产生侧向压力,促使土坡滑动。因此,黏性土坡发生裂缝常是土坡稳定性的不利因素,也是滑坡的预兆之一。

此外,还有边坡岩石的性质及地质构造,边坡的坡形与坡度,以及地下水在土坝或基坑等边坡中渗流所引起的渗流力等,都是边坡失稳的重要因素。

6.4.2　土坡稳定分析

1) 无黏性土稳定分析

对于坡角为 β 的均质无渗透力作用的无黏性土土坡,无论是在干坡还是在完全浸水条件下,由于无黏性土土粒间无黏聚力,只有摩擦力,因此只要坡面不滑动,则整个土坡就是稳定的,其稳定平衡条件如图 6-26 所示。

现从坡面上任取一侧面垂直、底面与坡面平行的土单元体 M。不考虑单元体 M 侧表面上各种应力和摩擦力对单元体的影响,设单元体所受重力为 G,无黏性土土坡的内摩擦角为 φ,坡角为 β,则使单元体下滑的滑动力就是重力 G 沿坡面的分力 T,即

$$T = G\sin\beta \qquad (6\text{-}31)$$

阻止单元体 M 下滑的力是该单元体与它下面土体之间的摩擦力,也称抗滑力,它的大小与重力 G 法向分力的反力(即坡面正压力) N 有关,抗滑力的极限值即最大静摩擦力值 T',即

$$T' = N\tan\varphi = G\cos\beta\tan\varphi \qquad (6\text{-}32)$$

抗滑力与滑动力之比称为土坡稳定安全系数,用 K_s 表示,即

$$K_s = \frac{T'}{T} = \frac{G\cos\beta\tan\varphi}{G\sin\beta} = \frac{\tan\varphi}{\tan\beta} \qquad (6\text{-}33)$$

由式(6-33)可知,当 $\beta = \varphi$ 时,$K_s = 1.0$,抗滑力等于滑动力,土坡处于极限平衡状态。因此,土坡稳定的极限坡角等于无黏性土的内摩擦角 φ,此坡角也称为自然休止角。式(6-31)表明,均质无黏性土土坡

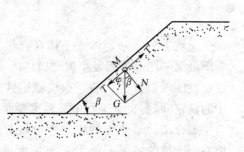

图6-26　无黏性土坡稳定平衡条件

的稳定性与坡高无关,而仅与坡角 β 有关,只要当 $\beta < \varphi$ 时,$K_s > 1.0$,满足此条件的土坡在理论上就是稳定的。φ 值愈大,则土坡安全坡角就愈大。为了保证土坡具有足够的安全储备,可取 $K_s = 1.1 \sim 1.5$。

2)有渗透水流的均质土坡

当边坡的内、外出现水位差时,例如基坑排水、坡外水位下降时,在挡水土堤内形成渗流场,如果浸润线在下游坡面逸出(图6-27),这时,在浸润线以下,下游坡内的土体除了受到重力作用外,还受到由于水的渗流而产生的渗透力作用,因而使下游边坡的稳定性降低。

渗流力可用绘流网的方法求得。作法是先绘制流网,求滑弧范围内每一流网网格的平均水力梯度 i,从而求得作用在网格上的渗透(流)力:

$$J_i = \gamma_w i A_i \qquad (6\text{-}34)$$

式中:γ_w——水的重度;

A_i——网格的面积。

求出每一个网格上的渗透力 J_i 后,便可求得滑弧范围内渗透力的合力 T_J。将此力作为滑弧范围内的外力(滑动力)进行计算,在滑动力矩中增加一项:

$$\Delta M_s = T_J l_J \qquad (6\text{-}35)$$

式中:l_J——T_J 距圆心的距离。

如果水流方向与水平面呈夹角 θ,则沿水流方向的渗透力 $j = \gamma_w i$。在坡面上取土体 V 中的土骨架为隔离体,其有效的重量为 $\gamma'V$。分析这块土骨架的稳定性,作用在土骨架上的渗透力为 $J = jV = \gamma_w iV$。因此,沿坡面的全部滑动力,包括重力和渗透力为

$$T = \gamma'V\sin\alpha + \gamma_w iV\cos(\alpha - \theta) \qquad (6\text{-}36)$$

坡面的正压力为

$$N = \gamma'V\cos\alpha - \gamma_w iV\sin(\alpha - \theta) \qquad (6\text{-}37)$$

则土体沿坡面滑动的稳定安全系数为

$$K_s = \frac{N \tan\varphi}{T} = \frac{[\gamma' V\cos\alpha - \gamma_w iV\sin(\alpha-\theta)]\tan\varphi}{\gamma' V\sin\alpha + \gamma_w iV\cos(\alpha-\theta)} \tag{6-38}$$

式中：i——渗透坡降；

γ'——土的浮重度；

γ_w——水的重度；

φ——土的内摩擦角。

若水流在逸出段顺着坡面流动，即 $\theta = \alpha$。这时，流经路途 ds 的水头损失为 dh，所以，有

$$i = \frac{dh}{ds} = \sin\alpha \tag{6-39}$$

将其代入式(6-38)，得

$$K_s = \frac{\gamma' \tan\varphi}{\gamma_{sat} \tan\alpha} \tag{6-40}$$

由此可见，当逸出段为顺坡渗流时，土坡稳定安全系数降低 γ'/γ_{sat}。因此，要保持同样的安全度，有渗流逸出时的坡角比没有渗流逸出时要平缓得多。为了使土坡的设计既经济又合理，在实际工程中，一般要在下游坝址处设置排水棱体，使渗透水流不直接从下游坡面逸出(图6-27)。这时的下游坡面虽然没有浸润线逸出，但是，在下游坡内，浸润线以下的土体仍然受到

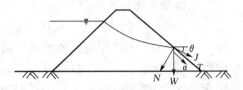

图 6-27 渗透水流未逸出的土坡

渗透力的作用。这种渗透力是一种滑动力，它将降低从浸润线以下通过的滑动面的稳定性。这时深层滑动面的稳定性可能比下游坡面的稳定性差，即危险的滑动面向深层发展。这种情况下，除了要按前述方法验算坡面的稳定性外，还应该用圆弧滑动法验算深层滑动的可能性。

3）黏性土坡的稳定性分析

图 6-28 表示一个均质的黏性土坡滑动面，其形状大多数为一近似于圆弧面的曲面。为了简化，在进行理论分析时通常采用圆弧面计算。在黏性土坡稳定性分析中，对于简单的均质土坡，当 $\varphi = 0$ 时，其稳定性可采用整体圆弧滑动法；对 $\varphi \neq 0$ 的均质土坡或非均质土坡，进行稳定分析的使用方法之一就是分条法。

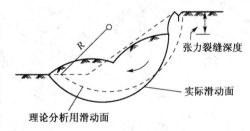

图 6-28 黏性土坡的滑动面

（1）整体圆弧滑动法

瑞典的彼得森(K. E. Petterson)于 1915 年采用圆弧滑动法分析了边坡的稳定性。此后，该法在世界各国的土木工程界得到了广泛的应用。所以，整体圆弧滑动法也被称为土坡稳定分析的瑞典圆弧法。

如图 6-29，表示一个均质的黏性土坡，它可能沿圆弧面 AC 滑动。土坡失去稳定就是滑动土体绕圆心 O 发生转动。这里把滑动土体当成一个刚体，滑动土体的重量 W 为滑动力，将使土体绕圆心 O 旋转，滑动力矩 $M_s = Wd$（d 为通过滑动土体重心的竖直线与圆心 O 的水平

距离)。抗滑力矩 M_R 由两部分组成:①滑动面 AC 上黏聚力产生的抗滑力矩,值为 $c \cdot \overset{\frown}{AC} \cdot R$;②滑动土体的重量 W 在滑动面上的反力所产生的抗滑力矩。反力的大小和方向与土的内摩擦角 φ 值有关。当 $\varphi = 0$ 时,滑动面是一个光滑曲面,反力的方向必定垂直于滑动面,即通过圆心 O,它不产生力矩,所以,抗滑力矩只有前一项 $c \cdot \overset{\frown}{AC} \cdot R$。这时,可定义黏性土坡的稳定安全系数为

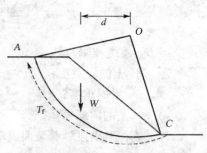

图 6-29　整体圆弧滑动受力示意图

$$F_s = \frac{抗滑力矩}{滑动力矩} = \frac{M_R}{M_s} = \frac{c \cdot \overset{\frown}{AC} \cdot R}{Wd} \qquad (6\text{-}41)$$

2) 瑞典条分法

所谓瑞典条分法,就是将滑动土体竖直分成若干个土条,把土条看成是刚体,分别求出作用于各个土条上的力对圆心的滑动力矩和抗滑力矩,然后按公式(6-41)求土坡的稳定安全系数。

把滑动土体分成若干个土条后,土条的两个侧面分别存在着条块间的作用力(图 6-30)。作用在条块 i 上的力,除了重力 W_i 外,条块侧面 ac 和 bd 上作用有法向力 P_i、P_{i+1},切向力 H_i、H_{i+1},法向力的作用点至滑动弧面的距离为 h_i、h_{i+1}。滑弧段 cd 的长度 l_i,其上作用着法向力 N_i 和切向力 T_i,T_i 包括黏聚阻力 $c_i \cdot l_i$ 和摩擦阻力 $N_i \cdot \tan\varphi_i$。考虑到条块的宽度不大,W_i 和 N_i 可以看成是作用于 cd 弧段的中点。在所有的作用力中,P_i、H_i 在分析前一土条时已经出现,可视为已知量,因此,待定的未知量有 P_{i+1}、H_{i+1}、h_{i+1}、N_i 和 T_i 五个。每个土条可以建立三个静力平衡方程,即 $\sum F_{xi} = 0$,$\sum F_{zi} = 0$,$\sum M_i = 0$ 和一个极限平衡议程 $T_i = (N_i \tan\varphi_i + c_i l_i)/F_s$。

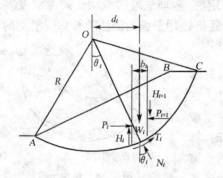 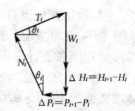

图 6-30　瑞典条分法示意图　　图 6-31　瑞典条分法受力分析图

如果把滑动土体分成 n 个条块,则 n 个条块之间的分界面就有 $(n-1)$ 个。分界面上的未知量为 $3(n-1)$,滑动面上的未知量为 $2n$ 个,还有待求的安全系数 F_s,未知量总个数为 $(5n-2)$,可以建立的静力平衡方程和极限平衡方程为 $4n$ 个。待求未知量与方程数之差为 $(n-2)$。而一般条分法中的 n 在 10 以上。因此,这是一个高次的超静定问题。为使问题求解,必须进行简化计算。

瑞典条分法假定滑动面是一个圆弧面,并认为条块间的作用力对土坡的整体稳定性影响不大,故而忽略不计。或者说,假定条块两侧的作用力大小相等、方向相反且作用于同一直线上。图 6-31 中取条块 i 进行分析,由于不考虑条块间的作用力,根据径向力的静力平衡条件,有

$$N_i = W_i \cos\theta_i \tag{6-42}$$

根据滑动弧面上的极限平衡条件,有

$$T_i = \frac{N_i \cdot \tan\varphi_i + c_i l_i}{F_s} \tag{6-43}$$

式中:F_s—— 滑动圆弧的稳定安全系数。

另外,按照滑动土体的整体力矩平衡条件,外力对圆心力矩之和为零。在条块的 3 个作用力中,法向力 N_i 通过圆心不产生力矩。重力 W_i 产生的滑动力矩为

$$\sum W_i \cdot d_i = \sum W_i \cdot R \cdot \sin\theta_i \tag{6-44}$$

滑动面上抗滑力产生的抗滑力矩为

$$\sum T_i R = \sum \frac{c_i l_i + N_i \tan\varphi_i}{F_s} \cdot R \tag{6-45}$$

滑动土体的整体力矩平衡,即 $\sum M = 0$,故有

$$\sum W_i \cdot d_i = \sum T_i \cdot R \tag{6-46}$$

将式(6-42)和式(6-43)代入式(6-44),并进行简化,得

$$F_s = \frac{\sum (c_i l_i + W_i \cos\theta_i \tan\varphi_i)}{\sum W_i \sin\theta_i} \tag{6-47}$$

式(6-47)是最简单的条分法计算公式,因为它是由瑞典人费伦纽斯(W. Fellenius)等首先提出的,所以称为瑞典条分法,又称为费伦纽斯条分法。

从分析过程可以看出,瑞典条分法是忽略了土条块之间力的相互影响的一种简化计算方法,它只满足于滑动土体整体的力矩平衡条件,却不满足土条块之间的静力平衡条件。这是它区别于其他条分法的主要特点。由于该方法应用的时间很长,积累了丰富的工程经验,一般得到的安全系数偏低,即误差偏于安全,所以目前仍然是工程上常用的方法。

3) 毕肖甫条分法

瑞典条分法未考虑每个土条两侧边的力,毕肖甫(A. N. Bishop)于 1955 年提出一个考虑条块间侧面力的土坡稳定性分析方法,称为毕肖甫条分法。此法仍然是圆弧滑动条分法。该方法假定各土条底部滑动面上的抗滑安全系数均相等,即等于整个滑动面的平均安全系数,取单位长度土坡按平面问题计算。

在图 6-32 中,从圆弧滑动体内取出土条 i 进行分析。作用在条块 i 上的力,除了重力 W_i 外,滑动面上有切向力 T_i 和法向力 N_i,条块的侧面分别有法向力 P_i、P_{i+1} 和切向力 H_i、H_{i+1}。假设土条处于静力平衡状态,根据竖向力的平衡条件,应有 $\sum F_z = 0$,即

$$\left.\begin{array}{l} W_i + \Delta H_i = N_i \cos\theta_i + T_i \sin\theta_i \\ N_i \cos\theta_i = W_i + \Delta H_i - T_i \sin\theta_i \end{array}\right\} \tag{6-48}$$

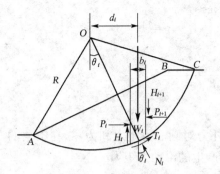 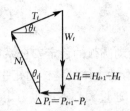

图 6-32　毕肖甫条分法示意图　　图 6-33　毕肖甫条分法受力分析图

将式(6-43)代入式(6-48)，整理后得

$$N_i = \frac{W_i + \Delta H_i - \dfrac{c_i l_i}{F_s}\sin\theta_i}{\cos\theta_i + \dfrac{\sin\theta_i \tan\varphi_i}{F_s}} = \frac{1}{m_{\theta i}}\left(W_i + \Delta H_i - \frac{c_i l_i}{F_s}\sin\theta_i\right) \tag{6-49}$$

式中

$$m_{\theta i} = \cos\theta_i + \frac{\sin\theta_i \tan\varphi_i}{F_s}$$

考虑整个滑动土体的整体力矩平衡条件，各个土条的作用力对圆心的力矩之和为零。这时条块之间的力 P_i 和 H_i 成对出现，大小相等，方向相反，相互抵消，对圆心不产生力矩。滑动面上的正压力 N_i 通过圆心，也不产生力矩。因此，只有重力 W_i 和滑动面上的切向力 T_i 对圆心产生力矩。按式(6-46)

$$\sum W_i \cdot d_i = \sum T_i R$$

将式(6-45)代入上式，得

$$\sum W_i R \sin\theta_i = \sum \frac{1}{F_s}(c_i l_i + N_i \tan\varphi_i)R$$

将式(6-49)的 N_i 值代入上式，简化后得

$$F_s = \frac{\sum \dfrac{1}{m_{\theta i}}[c_i b_i + (W_i + \Delta H_i)\tan\varphi_i]}{\sum W_i \sin\theta_i} \tag{6-50}$$

这就是毕肖甫条分法计算土坡稳定安全系数 F_s 的一般公式。式中的 $\Delta H_i = H_{i+1} - H_i$，仍然是未知量。如果不引进其他的简化假定，式(6-50)仍然不能求解。毕肖甫进一步假定 $\Delta H_i = 0$，实际上也就是认为条块间只有水平作用力 P_i，而不存在切向作用力 H_i。于是式(6-50)进一步简化为

$$F_s = \frac{\sum \dfrac{1}{m_{\theta i}}[c_i b_i + W_i \tan\varphi_i]}{\sum W_i \sin\theta_i} \tag{6-51}$$

此式称为简化的毕肖甫公式。式中的参数 $m_{\theta i}$ 包含有稳定安全系数 F_s。因此,不能直接求出土坡的稳定安全系数 F_s,而需要采用试算的办法,迭代求算 F_s 值。为了便于迭代计算,已编制成 m_θ-θ 关系曲线,如图 6-34。

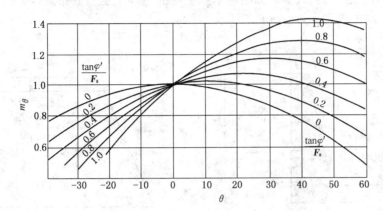

图 6-34　m_θ 值曲线图

试算时,可以先假定 $F_s = 1.0$,由图 6-34 查出各个 θ_i 所对应的 $m_{\theta i}$ 值,并将其代入式(6-51)中,求得边坡的稳定安全系数 F_s'。若 F_s' 与 F_s 之差大于规定的误差,用 F_s' 查 $m_{\theta i}$,再次计算出稳定安全系数 F_s''。像这样反复迭代计算,直至前后两次计算的稳定安全系数非常接近,满足规定精度的要求为止。通常迭代总是收敛的,一般只要试算 3~4 次就可以满足迭代精度的要求。

与瑞典条分法相比,简化的毕肖甫法是在不考虑条块间切向力的前提下,满足力的多边形闭合条件。也就是说,隐含着条块间有水平力的作用,虽然在公式中水平作用力并未出现。所以它的特点是:(1)满足整体力矩平衡条件;(2)满足各个条块力的多边形闭合条件,但不满足条块的力矩平衡条件;(3)假设条块间作用力只有法向力,没有切向力;(4)满足极限平衡条件。由于考虑了条块间水平力的作用,得到的稳定安全系数较瑞典条分法略高一些。很多工程计算表明,毕肖甫法与严格的极限平衡分析法,即满足全部静力平衡条件的方法相比,结果甚为接近。由于计算过程不是很复杂,精度也比较高,所以,该方法是目前工程中很常用的一种方法。

思考题

6-1　简述土压力的概念及分类。

6-2　影响土压力的因素有哪些? 其中主要因素有哪些?

6-3　简述朗肯土压力和库仑土压力理论的优缺点和各自的使用范围。

6-4　墙背粗糙度、填土的强度指标、含水量对主动土压力有何影响?

6-5　简述提高挡土墙抗倾覆稳定的措施。

6-6　简述提高挡土墙抗滑稳定的措施。

6-7　简述挡土墙设计内容。

6-8　常用挡土墙的结构类型有哪几种?

6-9　若挡土墙不满足抗滑动稳定要求时,可采取哪些措施加以解决?

6-10　黏性土土坡稳定分析有哪些方法? 各种分析方法的适用条件是什么?

6-11　土坡稳定分析圆弧法的最危险滑弧如何确定?

习　题

6-1　用朗肯土压力公式计算如图所示挡土墙的主动土压力分布及合力。已知填土为砂土,填土面作用均布荷载 $p = 20$ kPa。

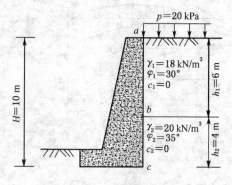

图 6-35　习题 6-1 图

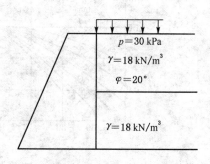

图 6-36　习题 6-2 图

6-2　高度为 6 m 的挡土墙,墙背直立和光滑,墙后填土面水平,填土面上有均布荷载 $p = 30$ kPa,填土情况见图 6-36,试计算墙背主动土压力及其分布图。

6-3　如图 6-37 所示,某挡土墙高 $H = 4.2$ m,墙背垂直、光滑,填土面水平,填土重度 $\gamma = 18$ kN/m³,内聚力 $c = 10$ kPa,内摩擦角 $\varphi = 18°$,填土面超载 $p = 40$ kPa。(1)作主动土压力分布图;(2)求主动土压力的大小和作用点。

6-4　某挡土墙高 $H = 5$ m,墙背直立、光滑,用毛石水泥砂浆砌筑,砌体重度 $\gamma_k = 22$ kN/m³,基底摩擦系数 $\mu = 0.45$。填土分两层,各层土物理力学指标及挡土墙横断面尺寸如图 6-38 所示。试验算该挡土墙的稳定性(要求抗倾覆稳定安全系数为 1.6,抗滑安全系数为 1.3)($\tan37.5° = 0.7668, \tan33° = 0.649$)。

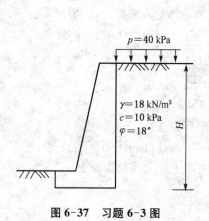

图 6-37　习题 6-3 图

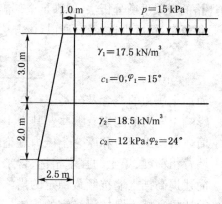

图 6-38　习题 6-4 图

6-5　挡土墙高 4 m,填土 $\gamma = 20$ kN/m³,$c = 0$,$\varphi = 30°$,若已知作用于挡土墙的实测土压力合力为 64 kN/m,试用朗肯土压力理论说明此时墙后土体是否达到了极限平衡状态,为什么?

7

地基承载力

7.1 地基破坏形式及地基承载力

7.1.1 地基的破坏形式

建筑物荷载通过基础作用于地基上,地基就有两个方面的问题需要考虑:一种是因为地基土的压缩变形而引起的建筑物基础沉降和沉降差,如果沉降或沉降差过大,超过了建筑物的允许范围,则可能导致上部结构开裂、倾斜甚至毁坏;另一种如果是荷载过大,超过地基的承载能力,将使地基产生滑动破坏,即地基的承载力不足以承受如此大的荷载将导致建筑物倒塌。所以,进行地基基础设计时,地基必须满足如下条件:①建筑物基础的沉降或沉降差必须在该建筑物所允许的范围之内;②建筑物的基底压力应该在地基所允许的承载能力之内。

静载荷试验研究和工程实例表明,由于地基承载力不足而使地基遭受破坏的实质是基础下面持力层土的剪切破坏。其破坏形式可分为整体剪切破坏、局部剪切破坏及冲剪破坏 3 种。

地基发生整体剪切破坏的 $p-s$ 曲线如图 7-1 中曲线 a 所示,破坏的过程和特征是:①当荷载较小时,基底压力 p 与沉降 s 基本上成直线关系(OA 段),属线性变形阶段,相应于 A 点的荷载称为临塑荷载,以 p_{cr} 表示;②当荷载增加到某一数值时,基础边缘处土体开始发生剪切破坏,随着荷载的增加,剪切破坏区(或塑性变形区)逐渐扩大,土体开始向周围挤出,$p-s$ 曲线不再保持为直线(AB 段),属弹塑性

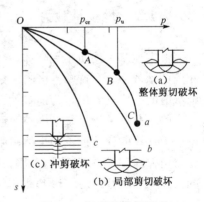

图 7-1 地基的破坏形式

变形(或剪切)阶段,相应于 B 点的荷载称为极限荷载,以 p_u 表示;③如果荷载继续增加,剪切破坏区不断扩大,最终在地基中形成一连续的滑动面,基础急剧下沉或向一侧倾斜,同时土体被挤出,基础四周地面隆起,地基发生整体剪切破坏,$p-s$ 曲线陡直下降(BC 段),通常称为完全破坏阶段。一般紧密的砂土、硬黏性土地基常属整体剪切破坏。

局部剪切破坏的过程和特征是:$p-s$ 曲线没有明显的直线段,是介于整体剪切破坏和冲剪破坏之间的一种破坏形式。随着荷载的增加,剪切破坏区从基础边缘开始,发展到地基内部

某一区域(图(b)中实线区域),当基底压力增大到某一数值即相应于极限荷载时,基础两侧地面微微隆起,然而剪切破坏区仅仅被限制在地基内部的某一区域,未形成延伸至地面的连续滑动面。相应的 $p-s$ 曲线如图 7-1 中曲线 b 所示,拐点不甚明显,拐点后沉降增长率较前段大,但不像整体剪切破坏那样急剧增加。中等密实的砂土地基常发生局部剪切破坏。

图 7-1 中曲线 c 为冲剪破坏的情况。冲剪破坏的特征是:随着荷载的增加,基础出现持续下沉,主要是因为地基土的较大压缩以至于基础呈现连续刺入。地基不出现连续的滑动面,基础侧面地面不出现隆起,因为基础边缘下地基的垂直剪切而破坏。

地基的剪切破坏形式与多种因素有关,由于整体剪切破坏有连续的滑动面,比较容易建立理论研究模型,并且已经获得一些地基承载力的计算公式。局部剪切破坏和冲剪破坏的过程和特征比较复杂,目前理论研究方面还未得出地基承载力的计算公式。表 7-1 综合列出了条形基础在中心荷载下不同剪切破坏形式的各种特征,以供参考。

表 7-1　条形基础在中心荷载下地基破坏形式的特征

破坏形式	地基中滑动面	$p-s$ 曲线	基础四周地面	基础沉降	基础表现	控制指标	事故出现情况	适用条件		
								基土	深埋	加荷速率
整体剪切	连续,至地面	有明显拐点	隆起	较小	倾斜	强度	突然倾倒	密实	小	缓慢
局部剪切	连续,地基内	拐点不易确定	有时稍有隆起	中等	可能倾斜	变形为主	较慢下沉时有倾倒	松散	中	快速或冲击荷载
冲剪	不连续	拐点无法确定	沿基础下陷	较大	仅有下沉	变形	缓慢下沉	软弱	大	快速或冲击荷载

注:表中埋深为基础的相对埋深,即基础埋深与基础宽度相同。

7.1.2　地基承载力

假定地基为均质半无限体,将地基中的剪切破坏区即塑性开展区限制在某一范围,确定其相应的承载力。允许塑性区有一定的开展范围,又保证地基能最大限度地安全、正常承担结构荷载时的基底压力确定为地基的设计承载力。

临塑荷载是指地基土中将要而尚未出现塑性变形区时的基底压力。其计算公式可根据土中应力计算的弹性理论和土体极限平衡条件导出。

由弹性理论,在条形均布压力作用下,如图 7-2(a)所示,在地表下任一深度点 M 处产生的大、小主应力可按式(7-1)求得

$$\left.\begin{array}{r}\sigma_1\\\sigma_3\end{array}\right\} = \frac{p_0}{\pi}(\beta_0 \pm \sin\beta_0) \qquad (7-1)$$

实际上,一般基础都具有一定的埋置深度 d,如图 7-2(b)所示,此时地基中某点 M 的应力除了由基底附加应力 $p_0(=p-\gamma d)$ 产生以外,还有土的自重应力 $(\gamma_0 d+\gamma z)$。严格地说,M 点上土的自重应力在各向是不等的,因此,上述两项在 M 点产生的应力在数值上不能叠加。为了简化起见,在下述荷载公式推导中,假定土的自重应力在各向相等,故地基中任一点的 σ_1 和 σ_3 可写为

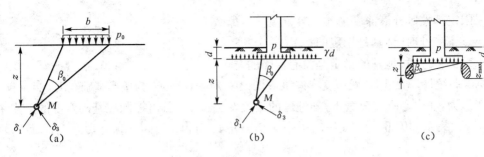

图 7-2　条形均布荷载作用下的地基主应力及塑性区

$$\left.\begin{array}{r}\sigma_1\\\sigma_3\end{array}\right\}=\frac{p-\gamma d}{\pi}(\beta_0\pm\sin\beta_0)+\gamma_0 d+\gamma z \tag{7-2}$$

当 M 点处于极限平衡状态时,该点的大、小主应力应满足极限平衡条件式,整理可得塑性区的边界方程为

$$z=\frac{p-\gamma_0 d}{\pi\gamma}\left(\frac{\sin\beta_0}{\sin\varphi}-\beta_0\right)-\frac{c}{\gamma\tan\varphi}-\frac{\gamma_0}{\gamma}d \tag{7-3}$$

式(7-3)表示在某一基底压力 p 下的地基中塑性区的边界方程,表明塑性区边界上任意一点的 z 与 β_0 之间的关系。如果 p、γ_0、γ、d、c 和 φ 已知,则根据式(7-3)可绘出塑性区的边界线如图 7-2(c)所示。在实际应用中,不必去描绘整个塑性区的边界,只需要知道塑性开展区相对该基底压力 p 时的最大深度。

塑性区发展的最大深度 $z_{\max}$ 可由 $\dfrac{\mathrm{d}z}{\mathrm{d}\beta_0}=0$ 的条件求得,即

$$\frac{\mathrm{d}z}{\mathrm{d}\beta_0}=\frac{p-\gamma_0 d}{\pi\gamma}\left(\frac{\cos\beta_0}{\sin\varphi}-1\right)=0$$

则有

$$\cos\beta_0=\sin\varphi$$

即

$$\beta_0=\frac{\pi}{2}-\varphi \tag{7-4}$$

将 β_0 代入式(7-3)得塑性区发展最大深度 $z_{\max}$ 的表达式为

$$z_{\max}=\frac{p-\gamma_0 d}{\pi\gamma}\left[\cot\varphi-\left(\frac{\pi}{2}-\varphi\right)\right]-\frac{c}{\gamma\tan\varphi}-\frac{\gamma_0}{\gamma}d \tag{7-5}$$

由上式可见,当其他条件不变时,荷载 p 增大,塑性区就发展,该区的最大深度也随着增大。若 $z_{\max}=0$,则表示地基中将要出现但尚未出现塑性变形区,其相应的荷载即为临塑荷载 p_{cr}。因此,在式(7-5)中令 $z_{\max}=0$,可得临塑荷载的表达式为

$$p_{cr}=\frac{\pi(\gamma_0 d+c\cdot\cot\varphi)}{\cot\varphi+\varphi-\dfrac{\pi}{2}}+\gamma_0 d \tag{7-6}$$

式中:γ_0——基底标高以上土的重度($\mathrm{kN/m^3}$);

　　φ——地基土的内摩擦角(弧度)。

其他符号意义同前。

如果限定塑性区开展深度为某一容许值$[z]$,那么:

当$z_{max} < [z]$时,地基是稳定的;

当$z_{max} > [z]$时,地基的稳定是没有保障的。

根据经验统计,塑性区开展深度容许值$[z]$取为$(1/4 \sim 1/3)b$(b为条形基础宽度,以 m 计)。

一般认为,在中心垂直荷载下,塑性区的最大发展深度z_{max}可控制在基础宽度的$1/4$,相应的荷载用$p_{1/4}$表示。因此,在式(7-5)中令$z_{max} = b/4$,可得$p_{1/4}$的计算公式为

$$p_{1/4} = \frac{\pi \left(\gamma_0 d + c \cdot \cot\varphi + \frac{\gamma b}{4} \right)}{\cot\varphi + \varphi - \frac{\pi}{2}} + \gamma_0 d \qquad (7-7)$$

而对于偏心荷载作用的基础,一般可取$z_{max} = b/3$相应的荷载$p_{1/3}$,可作为地基的承载力,即

$$p_{1/3} = \frac{\pi \left(\gamma_0 d + c \cdot \cot\varphi + \frac{\gamma b}{3} \right)}{\cot\varphi + \varphi - \frac{\pi}{2}} + \gamma_0 d \qquad (7-8)$$

尚需指出,上述公式是在条形均布荷载作用下导出,对于矩形和圆形基础,其结果偏于安全。此外,在公式的推导过程中采用了弹性力学的解答,对于已出现塑性区的塑性变形阶段,其推导是不够严格的。

【例 7-1】 某条形基础,底宽$b = 1.5$ m,埋深$d = 2$ m,地基土的重度$\gamma = 19$ kN/m³,饱和土的重度$\gamma_{sat} = 21$ kN/m³,抗剪强度指标为$\varphi = 20°$,$c = 20$ kPa。求:(1)该地基承载力$p_{1/4}$;(2)若地下水位上升至地表下 1.5 m,承载力有何变化?

【解】 (1) $p_{1/4} = \dfrac{\pi(c \cdot \cot\varphi + \gamma d + \gamma b/4)}{\cot\varphi + \varphi - \pi/2} + \gamma d = 244.1$ kPa

(2)地下水位上升时,地下水位以下的重度用有效重度

$$\gamma' = \gamma_{sat} - \gamma_w = 11.0 \text{ kN/m}^3$$

$$\gamma_0 = \frac{1.5 \times 19 + 0.5 \times 11}{2} = 17.0 \text{ kN/m}^3$$

$$p_{1/4} = \frac{\pi(c \cdot \cot\varphi + \gamma_0 d + \gamma' b/4)}{\cot\varphi + \varphi - \pi/2} + \gamma_0 d = 225.7 \text{ kPa}$$

从以上可以看出,地下水位上升时,地基承载力将下降。

7.2 浅基础地基极限承载力

地基所能承受的最大基底压力称为地基的极限承载力,记为p_u。其求解方法一般有两种:①通过基础模型试验,研究地基的滑动面形状并进行简化,根据滑动土体的静力平衡条件求得极限承载力;②根据土的极限平衡理论和已知边界条件,计算出土中各点达极限平衡时的

应力及滑动方向,求得基底极限承载力。

确定地基极限承载力的方法有多种,这里仅介绍几种常用的方法,它们都是假定滑动面应用抗剪强度理论推算的方法。

7.2.1 普朗德尔极限承载力公式

1920 年,普朗德尔(Prandtl)根据塑性理论,发现当浅基础地基达到塑性极限平衡状态时,将形成连续的滑动面,当应用于地基极限承载力课题,则相当于一无限长、底面光滑的条形荷载板置于无质量($\gamma = 0$)的土表面上,当土体处于极限平衡状态时,塑性区的边界如图 7-3(a)所示。由于基底光滑,Ⅰ区大主应力 σ_1 为垂直向,破裂面与水平面成 $45° + \frac{\varphi}{2}$ 角,即主动朗肯区;Ⅲ区大主应力 σ_1 方向水平,破裂面与水平面成 $45° - \frac{\varphi}{2}$ 角,即被动朗肯区;Ⅱ区的滑动线由对数螺线 bc 及辐射线 ab 和 ac 组成,且 $ab = r_0$,$ac = r_1$,bc 的方程为 $\gamma = \gamma_0 \exp(\theta \tan\varphi)$。取脱离体 $abce$,根据作用在脱离体上力的平衡条件,普朗德尔假定基础两侧土重用 $q = \gamma_0 d$ 代替,假定基底以下土为无重量介质,即 $\gamma = 0$,可求得极限承载力为

$$p_u = cN_c \tag{7-9}$$

其中

$$N_c = \cot\varphi\left[\tan^2\left(45° + \frac{\varphi}{2}\right)\exp(\pi\tan\varphi) - 1\right] \tag{7-10}$$

式中:N_c——承载力因数,是仅与 φ 有关的无量纲系数;

c——土的黏聚力。

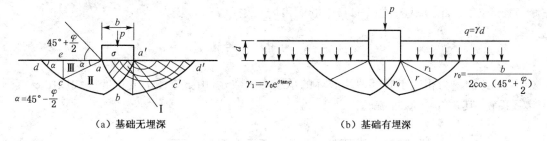

（a）基础无埋深　　　　　　　　　　　（b）基础有埋深

图 7-3　普朗德尔理论假设的滑动面

如果考虑到基础有一定的埋置深度 d[图 7-3(b)],将基底以上土重用均布荷载 $q(= \gamma d)$ 代替,赖斯纳(Reissner,1924 年)提出了计入基础埋深后的极限承载力为

$$p_u = cN_c + qN_q \tag{7-11}$$

其中

$$N_q = \tan^2\left(45° + \frac{\varphi}{2}\right)\exp(\pi\tan\varphi) \tag{7-12}$$

$$N_c = (N_q - 1)\cot\varphi \tag{7-13}$$

式中:N_q 也是仅与 φ 有关的另一承载力因数。

显见,普朗德尔的极限承载力公式与基础宽度无关,这是由于公式推导过程中不计地基土的重度所致。此外,基底与土之间尚存在一定的摩擦力,因此,普朗德尔公式只是一个近似公式,滑动面比较符合实际,但因为没有考虑基础底面以下土的自重,因而是不合理的。普朗德尔滑动面假定启迪了后人,在此基础上许多学者做了大量的研究,得到一些极限承载力公式,并得到普遍应用。

7.2.2 太沙基极限承载力公式

太沙基在推导极限承载力公式时,采用如下一些假设:

(1)均质地基、条形基础、中心荷载,地基破坏型式为整体剪切破坏。

(2)基础底面粗糙,即基础底面与土之间有摩擦力存在。因此,基底下三角楔形的土体随基础一起移动,并一直处于弹性平衡状态,这个楔形体称为弹性楔形体。根据Ⅰ区土楔体的静力平衡条件可导得太沙基极限承载力计算公式为

$$p_u = cN_c + qN_q + \frac{1}{2}\gamma bN_r \tag{7-14}$$

式中:q——基底水平面以上基础两侧的荷载(kPa),$q = \gamma_0 d$;

$b、d$——基底的宽度和埋置深度(m);

$N_c、N_q、N_r$——无量纲承载力因素,仅与土的内摩擦角有关,可由图7-4中实线查得,

$N_c、N_q$值也可按照式(7-12)和式(7-13)计算求得。

式(7-14)适用于条形荷载下的整体剪切破坏(坚硬黏土和密实砂土)情况。对于局部剪切破坏(软黏土和松砂),太沙基建议采用经验方法调整抗剪强度指标 c 和 φ,即以 $c' = 2c/3$,$\varphi' = \arctan(2/3\tan\varphi)$ 代替式(7-14)中的 c 和 φ。故式(7-14)变为

$$p_u = \frac{2}{3}cN_c' + qN_q' + \frac{1}{2}\gamma bN_r' \tag{7-15}$$

式中 $N_c'、N_q'、N_r'$ 为相应于局部剪切破坏的承载力因数,可由 φ 查图7-4中的虚线或由 φ' 查图中实线而得;其余符号意义同前。

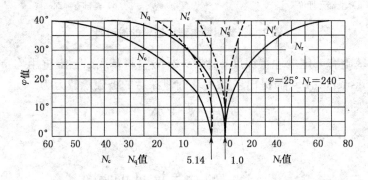

图7-4 太沙基承载力因数

对于方形和圆形基础,考虑到地基的可能破坏形式,相应的修正公式变为:

方形基础(宽度为 b):

$$p_u = 1.2cN_c + \gamma_0 dN_q + 0.4\gamma bN_r \tag{7-16}$$

圆形基础(半径为 d):

$$p_u = 1.2cN_c + \gamma_0 dN_q + 0.6\gamma bN_r \tag{7-17}$$

对于矩形基础(bl),可按 b/l 值在条形基础($b/l = 10$)与方形基础($b/l = 1$)之间以插入法求得。若地基为软黏土或松砂,将发生局部剪切破坏,此时,式(7-16)和式(7-17)中的承载力因数均应改用 N_c'、N_q'、N_r' 值。

7.2.3 汉森极限承载力公式

汉森公式是个半经验公式,其适用范围较广,北欧各国应用颇多,如丹麦基础工程实用规范等。我国《港口工程技术规范》亦推荐使用该公式。

汉森根据各种因素对承载力的影响,对前人总结的公式做了多种因素的修正。汉森建议,对于均质地基,基底完全光滑,在中心倾斜荷载作用下地基的竖向极限承载力可按下式计算:

$$p_u = cN_cS_cd_ci_cg_cb_c + qN_qS_qd_qi_qg_qb_q + \frac{1}{2}\gamma bN_rS_rd_ri_rg_rb_r \tag{7-18}$$

式中:S_c、S_q、S_r——基础的形状系数;

i_c、i_q、i_r——荷载倾斜系数;

d_c、d_q、d_r——基础的深度系数;

g_c、g_q、g_r——地面倾斜系数;

b_c、b_q、b_r——基底倾斜系数;

N_c、N_q、N_r——承载力系数,N_c、N_q 可由式(7-12)、式(7-13)计算。

$$N_r = 1.5(N_q - 1)\tan\varphi$$

其余符号意义同前。

7.2.4 地基承载力的安全度

人们都知道,在进行地基承载力分析时,取实际基底压力等于极限承载力,安全是没有保障的,因此,在求出地基承载力后除以一个安全系数,才能作为容许承载力。

安全系数 K 与上部结构类型、荷载性质、地基土类型以及建筑物的预期寿命和破坏后果等因素有关,目前尚无统一的安全度准则可用于工程实践。一般认为,安全系数可取 $2\sim3$,但不得小于 2。表 7-2 给出了汉森公式的安全系数参考值。

表 7-2 汉森公式安全系数

土或荷载条件	安全系数 K
无黏性土	2.0
黏性土	3.0
瞬时荷载(风、地震及相当的活荷载)	2.0
静荷载或长时期的活荷载	2 或 3(视土样而定)

7.3 地基承载力的确定方法

地基所能承受的最大基底压力称为极限承载力。为了满足地基强度和稳定性的要求，设计时必须控制基础底面最大压力不得大于某一界限值；按照不同的设计思想，可以从不同的角度控制安全准则的界限值——地基承载力。

将安全系数作为控制设计的标准，在设计表达式中出现极限承载力的设计方法，称为安全系数设计原则，在进行地基承载力分析的时候，求出地基承载力后除以一个安全系数，才能作为容许承载力。其设计表达式为

$$p \leqslant \frac{p_k}{K} \tag{7-19}$$

式中：p——基础底面的压力(kPa)；

p_k——地基极限承载力(kPa)；

K——承载力安全系数，一般取 2~3。

地基极限承载力可以由理论公式计算或用载荷试验获得。容许承载力设计原则：将满足强度和变形两个基本要求作为地基承载力控制设计的标准。

由于土是大变形材料，当荷载增加时，随着地基变形的相应增长，地基极限承载力也在逐渐增大，很难界定出一个"极限值"；另一方面，建筑物的使用有一个功能要求，常常是地基承载力还保持稳定，而变形已达到或超过按正常使用的限值。

地基设计是采用正常使用极限状态这一原则，所选定的地基承载力是在地基土的压力变形曲线线性变形段内相应于不超过比例界限点的地基压力，其设计表达式为

$$p \leqslant [p] \tag{7-20}$$

式中：$[p]$——地基容许承载力(kPa)。

由于在地基基础设计中有些参数因为统计的困难和统计资料不足，在很大程度上还要凭经验确定。地基承载力特征值含义即为在发挥正常使用功能时所允许采用的抗力设计值，因此，地基承载力特征值实质上就是地基容许承载力。

地基承载力特征值可由载荷试验或其他原位测试等工程实践经验、公式计算得到。

7.3.1 按地基规范承载力表确定

土的物理、力学指标与地基承载力之间存在着良好的相关性。根据大量工程实践经验、原位试验和室内土工试验数据，以确定地基承载力为目的进行了大量的统计分析，我国许多地基规范制定了便于查用的表格，由此，可查得地基承载力。

首先根据静载荷试验或其他原位测试或公式计算，并结合地区工程经验综合确定地基承载力特征值。考虑增加基础宽度和埋置深度，地基承载力也将随之提高。所以，应将地基承载力对不同的基础宽度和埋置深度进行修正，才适于供设计用。应说明的是，初步设计时因基础

底面尺寸未知,可以先不做宽度修正。

《建筑地基基础设计规范》规定:当基础宽度大于 3 m 或埋置深度大于 0.5 m 时,从载荷试验或其他原位测试、经验值等方法确定的地基承载力特征值尚应按下式修正:

$$f_a = f_{ak} + \eta_b \gamma (b-3) + \eta_d \gamma_m (d-0.5) \tag{7-21}$$

式中:f_a——修正后的地基承载力特征值(kPa);

$\quad\quad f_{ak}$——地基承载力特征值(kPa);

$\quad\quad \eta_b、\eta_d$——分别为基础宽度和埋深的地基承载力修正系数,按基底下土的类别查表 7-3 取值;

$\quad\quad \gamma$——基础底面以下土的重度(kN/m^3),地下水位以下取浮重度 γ';

$\quad\quad \gamma_m$——基础底面以上埋深范围内土的加权平均重度(kN/时),地下水位以下取浮重度;

$\quad\quad b$——基础底面宽度(m),当 $b < 3$ m 时按 3 m 取值,当 $b > 6$ m 时按 6 m 取值;

$\quad\quad d$——基础埋置深度(m),一般自室外地面标高算起。在填方整平地区,可自填土地面标高算起,但填土在上部结构施工后完成时,应从天然地面标高算起。对于地下室,如采用箱形基础或筏形基础时,基础埋置深度自室外地面标高算起;当采用独立基础或条形基础时,应从室内地面标高算起。

表 7-3 承载力修正系数

土的类别		η_b	η_d
淤泥和淤泥质土		0	1.0
人工填土 e 或 I_L 等于 0.85 的黏性土		0	1.0
红黏土	含水比 $a_w > 0.8$	0	1.2
	含水比 $a_w \leqslant 0.8$	0.15	1.4
大面积 压实填土	压实系数大于 0.95、黏粒含量 $\rho_c \geqslant 10\%$ 的粉土	0	1.5
	最大干密度大于 2.1 t/m^3 的级配砂土	0	2.0
粉土	黏粒含量 $\rho_c \geqslant 10\%$ 的粉土	0.3	1.5
	黏粒含量 $\rho_c < 10\%$ 的粉土	0.5	2.0
e 及 I_L 均小于 0.85 的黏性土		0.3	1.6
粉砂、细砂(不包括很湿与饱和时的稍密状态)		2.0	3.0
中砂、粗砂、砾砂和碎石土		3.0	4.4

【例 7-2】 已知某拟建建筑物场地地质条件,第(1)层:杂填土,层厚 1.5 m,$\gamma = 19$ kN/m^3;第(2)层:粉质黏土,层厚 5.2 m,$\gamma = 18$ kN/m^3,$e = 0.92$,$I_L = 0.94$,地基承载力特征值 $f_{ak} = 147$ kPa。试按以下基础条件分别计算修正后的地基承载力特征值:

(1) 当基础底面为 4.0 m × 3.0 m 的矩形独立基础,埋深 $d = 1.5$ m;

(2) 当基础底面为 10 m × 26 m 的箱形基础,埋深 $d = 4.5$ m。

【解】 根据《建筑地基基础设计规范》

(1) 矩形独立基础下修正后的地基承载力特征值 f_a

基础宽度 $b = 3.0\,\mathrm{m}(= 3\,\mathrm{m})$。

按 $3\,\mathrm{m}$ 考虑；埋深 $d = 1.5\,\mathrm{m}$，持力层粉质黏土的孔隙比 $e = 0.92(> 0.85)$，查表 7-3 得 $\eta_\mathrm{b} = 0, \eta_\mathrm{d} = 1.0$。

$$f_\mathrm{a} = f_\mathrm{ak} + \eta_\mathrm{b}\gamma(b-3) + \eta_\mathrm{d}\gamma_\mathrm{m}(d-0.5)$$
$$= 147 + 0 + 1.0 \times 19 \times (1.5 - 0.5) = 166.0\,\mathrm{kPa}$$

(2) 箱形基础下修正后的地基承载力特征值 f_a

基础宽度 $b = 10\,\mathrm{m}(> 6\,\mathrm{m})$，按 $6\,\mathrm{m}$ 考虑；$d = 4.5\,\mathrm{m}$，持力层仍为粉质黏土，$\eta_\mathrm{b} = 0, \eta_\mathrm{d} = 1.0$。

$$\gamma_\mathrm{m} = (19 \times 1.5 + 18 \times 3)/4.5 = 18.3\,\mathrm{kN/m^3}$$
$$f_\mathrm{a} = 147 + 0 + 1.0 \times 18.3 \times (4.5 - 0.5) = 220.2\,\mathrm{kPa}$$

7.3.2 按土的抗剪强度指标确定

当偏心距 $e \leqslant 0.033b$（b 为偏心方向基础边长）时，可以根据土的抗剪强度指标按下式计算地基承载力特征值，以浅基础地基的临界荷载 $p_{1/4}$ 为基础的理论公式计算地基承载力特征值，但必须验算地基变形而且应满足变形要求：

$$f_\mathrm{ak} = M_\mathrm{b}\gamma b + M_\mathrm{d}\gamma_\mathrm{m} d + M_\mathrm{c} c_\mathrm{k} \tag{7-22}$$

式中：f_ak——由土的抗剪强度指标确定的地基承载力特征值（kPa）；

M_b、M_d、M_c——承载力系数，根据 φ_k 按表 7-4 查取；

b——基础底面宽度，大于 $6\,\mathrm{m}$ 时按 $6\,\mathrm{m}$ 取值，对于砂土，小于 $3\,\mathrm{m}$ 时按 $3\,\mathrm{m}$ 取值；

c_k——基底下一倍短边宽度的深度范围内土的黏聚力标准值；

φ_k——基底下一倍短边宽度的深度范围内土的内摩擦角标准值（°）；

γ——基础底面以下土的重度（$\mathrm{kN/m^3}$），地下水位以下取浮重度；

γ_m——基础底面以上的加权平均重度（$\mathrm{kN/m^3}$），位于地下水位以下取浮重度。

表 7-4　承载力系数

土的内摩擦角标准值 φ_k（°）	M_b	M_d	M_c
0	0	1.00	3.14
2	0.03	1.12	3.32
4	0.06	1.25	3.51
6	0.10	1.39	3.71
8	0.14	1.55	3.93
10	0.18	1.73	4.17
12	0.23	1.94	4.42
14	0.29	2.17	4.69
16	0.36	2.43	5.00
18	0.43	2.72	5.31

续表 7-4

土的内摩擦角标准值 φ_k(°)	M_b	M_d	M_c
20	0.51	3.06	5.66
22	0.61	3.44	6.04
24	0.80	3.87	6.45
26	1.10	4.37	6.90
28	1.40	4.93	7.40
30	1.90	5.59	7.95
32	2.60	6.35	8.55
34	3.40	7.21	9.22
36	4.20	8.25	9.97
38	5.00	9.44	10.84
40	5.80	10.80	11.73

说明:

(1) 公式中计算地基承载力时土的抗剪强度指标 c_k、φ_k 的取值要采取原状土样以三轴剪切试验测定,一般要求在建筑场地范围内布置 6 个以上的取土钻孔,各孔中同一层土的试验不少于 3 组。

(2) 公式(7-22)仅适用于 $e \leqslant 0.033b$ 的情况,用该公式确定承载力时相应的理论模式是基底压力呈条形均匀分布,为了使理论计算的地基承载力符合其假定的理论模式,根据 $p_{k,max} \leqslant 1.2f_a$ 的条件,所以对公式使用时增加了相关的限制要求。

(3) 确定抗剪强度指标 c_k、φ_k 的试验方法必须和地基土的工作状态相适应。

(4) 系数 $M_d \geqslant 1$,故承载力随埋深 d 线性增加。但对设置后回填土的实体基础,因埋深增大而提高的那一部分承载力将被基础和回填土重 G 的相应增加而有所抵偿;尤其是对 $\varphi_u = 0$ 的软土,$M_d = 1.0$,由于 $\gamma_G \approx \gamma_m$,这两方面几乎相抵而收不到明显的效果。

【例 7-3】 某建筑物承受中心荷载的柱下独立基础底面尺寸为 $3.0\text{ m} \times 2.0\text{ m}$,埋深 $d = 2.0\text{ m}$;地基土为粉土,土的物理力学性质指标:$\gamma = 18.5\text{ kN/m}^3$,$c_k = 1.4\text{ kPa}$,$\varphi_k = 24°$。试确定持力层的地基承载力特征值。

【解】 由于基础承受中心荷载(偏心距 $e_k = 0$),根据土的抗剪强度指标计算持力层的地基承载力特征值 f_a。

根据 $\varphi_k = 24°$ 查表 7-4 得:$M_b = 0.8$,$M_d = 3.87$,$M_c = 6.45$。

$$f_a = M_b \gamma b + M_d \gamma_m d + M_c c_k$$
$$= 0.8 \times 18.5 \times 2.0 + 3.87 \times 18.5 \times 2.0 + 6.45 \times 1.4 = 181.82\text{ kPa}$$

7.3.3 按地基载荷试验确定

1)载荷试验确定地基土承载力特征值 f_{ak}

载荷试验虽然比较可靠,但费时、耗资而不能多做,规范只要求对地基基础设计等级为甲级的建筑物采用载荷试验、理论公式计算及其他原位试验等方法综合确定。现场通过一定尺寸的载荷板对扰动较少的地基土体直接施荷，所测得的成果一般能反映相当于 $1\sim2$ 倍荷载板宽度的深度以内土体的平均性质。对于成分或结构很不均匀的土层，如杂填土、裂隙土、风化岩等，它则显出用别的方法所难以代替的作用。

下面讨论怎样利用载荷试验记录整理而成的 $p\text{-}s$ 曲线来确定地基承载力特征值。

对于密实砂土、硬塑黏土等低压缩性土，其 $p\text{-}s$ 曲线通常有比较明显的起始直线段和极限值，即呈急进破坏的"陡降型"，如图 7-5(a)所示。考虑到低压缩性土的承载力特征值一般由强度安全控制，故《建筑地基基础设计规范》规定取土中的比例界限荷载 p_b 作为承载力特征值。此时，地基的沉降量很小，为一般建筑物所允许，强度安全储备也绰绰有余。因为从 p_b 发展到破坏还有很长的过程。但是对于少数呈"脆性"破坏的土，p_b 与极限载荷 p_u 很接近。当 $p_u<1.5p_b$ 时，取 $p_u/2$ 作为承载力特征值。

对于有一定强度的中、高压缩性土，如松砂、填土、可塑黏土等，$p\text{-}s$ 曲线无明显转折点，但曲线的斜率随荷载的增加而逐渐增大，最后稳定在某个最大值，即呈渐进破坏的"缓变型"，如图 7-5(b)所示。此时，极限载荷 A 可取曲线斜率开始到达最大值时所对应的压力。不过，要取得 p_u 值，必须把载荷试验进行到有很大的沉降才行。而实践中往往因受加荷设备的限制，或出于对安全的考虑，不能将试验进行到这种地步，因而无法取得 p_u 值。此外，土的压缩性较大，通过极限荷载确定的承载力，未必能满足对地基沉降的限制。事实上，中、高压缩性土的承载力往往受允许沉降控制，故应当从沉降的观点来考虑。但是沉降量与基础(或载荷板)底面尺寸、形状有关，而试验采用的载荷板通常总是小于实际基础的底面尺寸。为此，不能直接以基础的允许沉降值在 $p\text{-}s$ 曲线上定出承载力特征值。规范总结了许多实测资料，当压板面积为 $0.25\sim0.50\ \text{m}^2$ 时，规定取 $s/b=0.01\sim0.015$ 所对应的荷载作为承载力特征值，但其值不应大于最大加载量的一半。

对同一土层，应选择 3 个以上的试验点。如所得的特征值的级差不超过平均值的 30%，则取该平均值作为地基承载力特征值 f_{ak}。

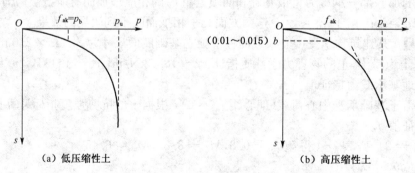

(a) 低压缩性土　　　　　　　　　(b) 高压缩性土

图 7-5　按载荷试验结果确定地基承载力

2) 岩石地基承载力特征值 f_a

对于岩石来说，地基承载力特征值，一般将极限荷载除以 3 的安全系数，所得值与对应于比例界限的荷载相比较，取二者最小值。要求每个场地荷载试验的数量不少于 3 个，取最小值作为岩石地基承载力特征值 f_a(不再对承载力进行深度修正)。

当研究完整、较完整或较破碎的岩石地基承载力特征值时，可根据室内饱和单轴抗压强度按下式计算：

$$f_a = \psi_r \cdot f_{rk} \qquad (7-23)$$

式中：f_a——岩石地基承载力特征值(kPa)。

　　　f_{rk}——岩石饱和单轴抗压强度标准值(kPa)，可按《建筑地基基础设计规范》附录 J 确定。

　　　ψ_r——折减系数，根据岩体完整程度以及结构面的间距、宽度、产状和组合，由地区经验确定。无经验时，对完整岩体可取 0.5；对较完整岩体可取 0.2～0.5；对较破碎岩体可取 0.1～0.20。

对于破碎、极破碎的岩石地基承载力特征值，可根据地区经验取值。当没有地区经验时，可根据平板载荷试验确定。

3) 其他原位测试地基承载力特征值 f_{ak}

现场除了载荷试验外，还可以利用静力触探、动力触探、标准贯入试验等原位测试来确定地基承载力特征值。

当地基基础设计等级为甲级和乙级时，应结合室内试验成果综合分析，不宜单独应用。当有地区经验时，也就是具有当地的对比资料，还应对承载力特征值进行基础宽度和埋置深度修正。

思考题

7-1　地基破坏形式有哪几种？各自会发生在何种土类地基中？

7-2　根据承载力的理论计算公式来看，影响浅基础地基承载力的主要因素有哪些？

7-3　按理论公式确定的承载力适用于哪种破坏型式？

7-4　发生整体剪切破坏时 p-s 曲线的特征如何？

习　题

已知一宽 $b = 2.5$ m 的条形基础下的均匀地基土的 $\gamma = 17.0$ kN/m³，内摩擦角 $\varphi = 30°$，黏聚力 $c = 10.0$ kPa，试按太沙基公式分别计算以下两种情况的极限承载力(提示：$\varphi = 30°$ 时，$N_c = 30$，$N_q = 18$，$N_r = 18$)：

(1) 基础砌置在地表面时；

(2) 基础埋置深度为 1.5 m 时。

8 浅基础设计

8.1 地基基础的基本设计原则

8.1.1 地基基础概述

基础是连接上部结构与地基之间承上启下的过渡结构，是建筑物的一部分。地基是指建筑物下面支承基础的土体或岩体，上部结构荷载通过基础传给地基。地基有天然地基和人工地基两类；基础根据埋置深度的相对不同，分为浅基础和深基础。

浅基础埋深一般不超过 5 m，且只需排水、挖槽等普通施工即可建造。浅基础常见的结构形式有无筋扩展基础、独立基础、条形基础、筏板基础、箱形基础等。深基础埋深较大，以下部坚实的岩层或土层作为持力层，一般施工工艺较复杂，施工条件较困难，要采用特殊的施工方法和机具。常见的深基础的形式有桩基础、墩基础、地下连续墙、沉井基础等。

地基基础设计是建筑物（构筑物）设计的至关重要的部分。由于地基基础是地下隐蔽工程，不确定因素较多，且一旦发生事故难以补救，是工程师们普遍认为最难驾驭的问题。为了更好地规范国家基础设施建设，我国制定了相应的设计规范，经过几次大的修改、完善，现行的与地基基础设计相关的规范有《建筑地基基础设计规范》（GB 50007—2011）、《建筑桩基技术规范》（JGJ 94—2008）、《建筑地基处理技术规范》（JGJ 79—2012）等。

本章将主要以《建筑地基基础设计规范》为依据。

天然地基上浅基础施工方便，造价较低，宜优先采用。浅基础设计的一般步骤为：

（1）充分掌握场地的地质勘查资料。

（2）选择基础的类型，进行基础平面布置。

（3）确定基础的埋置深度。

（4）确定地基承载力特征值。

（5）确定基础的底面尺寸。

（6）进行必要的地基稳定性与变形验算。

（7）进行基础的结构设计与配筋计算。

（8）绘制基础施工图，并附相应施工说明。

上述浅基础设计的各项内容是相互关联、相互制约的，很难一次设计周全，如发现前面选择的内容不妥,则需修改优化,直至全部的设计内容满足要求。

8.1.2 极限状态设计原则

地基基础设计采用的是以概率论为基础的极限状态的设计方法,以可靠指标度量构件的可靠度,采用分项系数的设计表达式进行设计。

整个结构或结构构件超过某一特定状态就不能满足设计规定的某一功能要求,这一特定状态称为该功能的极限状态。对于结构或构件的极限状态,规范规定有明确的标志或限值,极限状态应包括承载能力极限状态和正常使用极限状态两类。

(1)承载能力极限状态:对应于结构或构件达到最大承载能力、发生疲劳破坏、出现不适于继续承载的大变形或结构局部破坏而导致连续倒塌。例如:地基丧失承载能力而失稳破坏(整体剪切破坏)。

作用效应由可变作用控制时,其基本组合的设计值应按下式确定:

$$S_d = \gamma_G S_{Gk} + \gamma_{Q1} S_{Q1k} + \gamma_{Q2} \psi_{c2} S_{Q2k} + \cdots + \gamma_{Qn} \psi_{cn} S_{Qnk} \tag{8-1}$$

式中:γ_G——永久作用的分项系数。当永久荷载对结构不利时取 1.2;当永久荷载对结构有利时取 1.0。

γ_{Qi}——第 i 个可变作用的分项系数,一般取 1.4。

ψ_{ci}——第 i 个可变作用的组合值系数,按现行《建筑结构荷载规范》(GB 50009—2012)的规定取值。

作用效应由永久作用控制时,其基本组合的设计值可采用简化规则,按下式确定:

$$S_d = 1.35 S_k \tag{8-2}$$

式中:S_k——标准组合的作用效应设计值。

(2)正常使用极限状态:对应于结构或构件达到正常使用或耐久性能的某项规定限值,例如,发生影响建筑物正常使用的地基沉降。

正常使用极限状态下,标准组合的作用效应设计值应按下式确定:

$$S_k = S_{Gk} + \psi_{c1} S_{Q1k} + \psi_{c2} S_{Q2k} + \cdots + \psi_{cn} S_{Qnk} \tag{8-3}$$

式中:S_{Gk}——永久作用效应的标准值。

S_{Qik}——第 i 个可变作用效应的标准值。

准永久组合的作用效应设计值,应按下式确定:

$$S_k = S_{Gk} + \psi_{q1} S_{Q1k} + \psi_{q2} S_{Q2k} + \cdots + \psi_{qn} S_{Qnk} \tag{8-4}$$

式中:ψ_{qi}——第 i 个可变作用的准永久值系数,按现行《建筑结构荷载规范》的规定取值。

8.1.3 地基基础设计的基本要求

根据建筑物的规模、功能要求、地基复杂程度以及由地基问题可能造成建筑物破坏的程度与后果,《建筑地基基础设计规范》将地基基础设计划分为 3 个设计等级。设计时应综合具体情况,按表 8-1 选用。

表 8-1　地基基础设计等级

设计等级	建筑和地基类型
甲级	重要的工业与民用建筑物 30 层以上的高层建筑 体型复杂,层数相差超过 10 层的高低层连成一体建筑物 大面积的多层地下建筑物(如地下车库、商场、运动场等) 对地基变形有特殊要求的建筑物 复杂地质条件下的坡上建筑物(包括高边坡) 对原有工程影响较大的新建建筑物 场地和地基条件复杂的一般建筑物 位于复杂地质条件及软土地区的二层及二层以上地下室的基坑工程 开挖深度大于 15 m 基坑工程 周边环境条件复杂,环境保护要求高的基坑工程
乙级	除甲级、丙级以外的工业与民用建筑物 除甲级、丙级以外的基坑工程
丙级	场地和地基条件简单、荷载分布均匀的 7 层及 7 层以下民用建筑及一般工业建筑物;次要的轻型建筑物 非软土地区且场地地质条件简单、基坑周边环境简单,环境保护要求不高且开挖深度小于 5.0 m 的基坑工程

为了确保建筑物的安全性与耐久性,依据建筑物的安全等级以及长期荷载作用下地基变形对上部结构的影响程度,地基基础设计和计算应该满足下列基本规定:

(1) 所有建筑物均应满足地基承载力计算及相关要求,以保证地基足够的安全性。

(2) 对设计等级为甲级、乙级的建筑物均应进行地基变形验算。应控制地基的变形不超过建筑物地基变形的允许值,以免影响建筑物的正常使用或引起基础及上部结构的局部损坏。

(3) 对经常受水平荷载作用的高层与高耸结构、挡土墙等,以及建筑在斜坡上或边坡附近的建筑物和构筑物,应进行稳定性验算。基坑工程也应进行稳定性验算。

(4) 对地下水位较浅,建筑地下室或地下构筑物存在上浮问题时,还应进行抗浮验算。

(5) 对于设计等级为丙级的建筑物,当满足表 8-2 所列范围可不做地基变形验算。如出现下列情况之一时,仍应做地基变形验算:① 地基承载力特征值小于 130 kPa,且体型复杂的建筑;②在基础上及其附近有地面堆载或相邻基础荷载差异较大,可能引起地基产生过大的不均匀沉降时;③软弱地基上大建筑物存在偏心荷载时;④相邻建筑距离较近,可能发生倾斜时;⑤地基内有厚薄不均或厚度较大的填土,其自重固结未完成时。

表 8-2 可不做地基变形验算的丙级建筑物范围

地基主要受力层情况	地基承载力特征值 f_{ak}(kPa)			$80 \leqslant f_{ak} < 100$	$100 \leqslant f_{ak} < 130$	$130 \leqslant f_{ak} < 160$	$160 \leqslant f_{ak} < 200$	$200 \leqslant f_{ak} < 300$
	各土层坡度(%)			$\leqslant 5$	$\leqslant 10$	$\leqslant 10$	$\leqslant 10$	$\leqslant 10$
建筑类别	砌体承重结构、框架结构(层数)			$\leqslant 5$	$\leqslant 5$	$\leqslant 6$	$\leqslant 6$	$\leqslant 7$
	单层排架结构(6 m柱距)	单跨	吊车额定起重量(t)	10~15	15~20	20~30	30~50	50~100
			厂房跨度(m)	$\leqslant 18$	$\leqslant 24$	$\leqslant 30$	$\leqslant 30$	$\leqslant 30$
		多跨	吊车额定起重量(t)	5~10	10~15	15~20	20~30	30~75
			厂房跨度(m)	$\leqslant 18$	$\leqslant 24$	$\leqslant 30$	$\leqslant 30$	$\leqslant 30$
	烟囱		高度(m)	$\leqslant 40$	$\leqslant 50$	$\leqslant 75$	$\leqslant 100$	
	水塔		高度(m)	$\leqslant 20$	$\leqslant 30$	$\leqslant 30$	$\leqslant 30$	
			容积(m^3)	50~100	100~200	200~300	300~500	500~1 000

注:(1) 地基主要受力层系指条形基础底面下深度为 $3b$(b 为基础底面宽度),独立基础下为 $1.5b$,且厚度均不小于 5 m 的范围(二层以下一般的民用建筑除外);

(2) 地基主要受力层中如有承载力特征值小于 130 kPa 的土层时,表中砌体承重结构的设计应符合软弱地基的有关要求;

(3) 表中砌体承重结构和框架结构均指民用建筑,对于工业建筑可按厂房高度、荷载情况折合成与其相当民用建筑层数;

(4) 表中吊车额定起重量、烟囱高度和水塔容积的数值系指最大值。

8.1.4 荷载与抗力取值的规定

地基基础设计时,所采用的荷载效应最不利组合与相应的抗力限值应按下列规定取用:

(1) 按地基承载力确定基础底面面积及埋深或按单桩承载力确定桩数时,传至基础或承台底面上的作用效应应按正常使用极限状态下荷载效应的标准组合;相应的抗力应采用地基承载力特征值或单桩承载力特征值。

(2) 计算地基变形时,传至基础底面上的荷载效应应按正常使用极限状态下荷载效应的准永久组合,不应计入风荷载和地震作用。相应的限值应为地基变形允许值。

(3) 计算挡土墙土压力、地基或斜坡稳定及滑坡推力时,荷载效应应按承载能力极限状态下荷载效应的基本组合,但其分项系数均为 1.0。

(4) 在确定基础或桩台高度、支挡结构截面、计算基础或支挡结构内力、确定配筋和验算材料强度时,上部结构传来的荷载效应组合和相应的基底反力,应按承载能力极限状态下荷载效应的基本组合,采用相应的分项系数。当需要验算基础裂缝宽度时,应按正常使用极限状态下荷载效应的标准组合。

(5) 基础设计安全等级、结构设计使用年限、结构重要性系数应按有关规范的规定采用,但结构重要性系数不应小于 1.0。

8.2　浅基础的类型

一般将设置在天然地基上,埋置深度小于 5 m 的基础及埋置深度虽超过 5 m 但小于基础宽度的基础统称为天然地基上的浅基础。在天然地基上修建浅基础,施工简单,造价低,因此,在保证建筑物安全和正常使用的条件下,应优先选用天然地基上浅基础的方案。

浅基础的类型较多,根据是否配置钢筋,可分为无筋扩展基础和钢筋混凝土基础。

8.2.1　无筋扩展基础

无筋扩展基础系指由砖、毛石、混凝土或毛石混凝土、灰土和三合土等材料组成的,且不需配置钢筋的墙下条形基础或柱下独立基础。适用于多层民用建筑和轻型厂房。

无筋基础所用的材料抗压强度较高,但抗拉、抗剪强度却较低,通过对其刚性角的限制来减小弯矩,提高基础抗剪强度。因为,刚性角越小,基础的外伸宽度就越小,基础高度就越大,就对基础越有利。所以,由于无筋基础的相对高度都比较大,几乎不发生变形,所以此类基础也常被称为刚性基础。

无筋扩展基础常用的材料有砖、毛石、灰土、三合土、素混凝土等。

1）砖基础

砖砌体具有一定的抗压强度,但抗拉强度和抗剪强度较低。砖基础所用的砖,强度等级不低于 MU10,砂浆不低于 M5。在地下水位以下或地基土比较潮湿时,应采用水泥砂浆砌筑。在砖基础底面,一般应先做 100 mm 厚的 C10 混凝土垫层。

砖基础具有取材容易、价格便宜、施工简便的特点,因此广泛应用于 6 层及 6 层以下的民用建筑和墙承重厂房。

2）毛石基础

毛石是指未经加工凿平的石料。毛石基础是选用未经风化的硬质岩石砌筑而成的。由于毛石之间间隙较大,若砂浆黏结的性能较差,则不能用于多层建筑,尤其不宜用于地下水位以下。但是毛石基础的抗冻性能较好,北方地区有时用于 6 层以下的建筑基础。

3）灰土基础

灰土是经过熟化后的石灰粉和黏性土按一定比例加适量水拌合夯实而成,配合比一般为 3：7,即 3 份石灰粉掺入 7 份黏性土(体积比),通常称为三七灰土。灰土基础宜在比较干燥的土层中使用,其本身具有一定的抗冻性。在我国华北及西北地区,广泛应用于 5 层和 5 层以下的民用建筑。

4）三合土基础

三合土是由石灰、砂和骨料(碎石、碎砖或矿渣等)加水混合而成。施工时石灰、砂、骨料按体积比 1：2：4 或 1：3：6 配成,经适量水拌合后均匀铺入槽内,并分层夯实而成(每层虚铺 220 mm,夯至 150 mm)。三合土基础的优点是施工简单,造价低廉,但其强度较低,故一般用于地下水位较低的 4 层及 4 层以下的民用建筑,在我国南方地区应用较为广泛。

5）素混凝土基础

素混凝土基础的强度、耐久性、抗冻性都较好,一般其混凝土强度等级为 C15。当上部荷载较大或基础位于地下水位以下时,常采用混凝土基础。由于其水泥用量较大,故造价较砖、石基础高。为减少水泥用量,可掺入基础体积 20％～30％的毛石,做成毛石混凝土基础。

8.2.2　钢筋混凝土基础

当上部结构荷载较大、场地条件相对较差时,采用刚性基础将会出现埋深较大、用料较多、自重较大等问题,这不合理,也不经济。此时,宜考虑用钢筋混凝土材料来建造基础。钢筋混凝土基础整体性较好,抗弯强度大,能发挥钢筋的抗拉性能及混凝土的抗压性能,不受刚性角限制。当考虑基础与地基的相互作用时,会考虑钢筋混凝土基础的挠曲变形。因而,相对于无筋扩展基础(刚性基础),钢筋混凝土基础也称为柔性基础。

常用的钢筋混凝土基础类型有柱下独立基础、墙下条形基础、柱下条形基础、筏板基础和箱形基础等等。

1）柱下独立基础

柱下独立基础通常是单个承重柱做单个基础,即“一柱一基础”,是多层框架结构和单层排架结构最常用的基础形式。其常用的截面形式有阶梯形、锥形、杯口形 3 种(如图 8-1)。现浇的钢筋混凝土柱多采用阶梯形和锥形基础,预制柱常采用杯口形基础,方便施工。

近年来,独基加防水板基础在实际设计与施工中应用越来越多,防水板用来抵抗水浮力。由于其传力简单明确、费用较低,在实际工程中应用相对普遍。

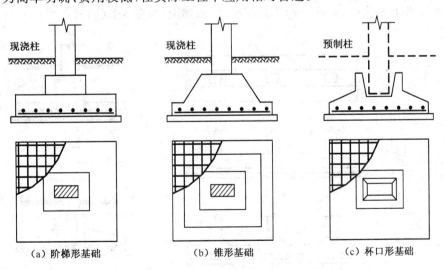

(a) 阶梯形基础　　　　(b) 锥形基础　　　　(c) 杯口形基础

图 8-1　柱下钢筋混凝土独立基础

2）墙下条形基础

当砌体结构的层数较低、荷载较小时,常采用前面所述的无筋墙下条形基础。当墙体荷载较大或土质较差时,通常采用钢筋混凝土条形基础。墙下条形基础一般做成板式的,沿着墙长度方向延伸。为了增大基础纵向的抗弯刚度以及增强整体性,减小地基不均匀沉降,也常采用带肋的条形基础(见图8-2)。

墙下条形基础和柱下独立基础统称为扩展基础。扩展基础的作用就是把墙或柱的荷载侧向扩展到地基中,使之能够满足地基承载力和变形的要求。由于钢筋混凝土扩展基础受力简单明确、施工方便,且经济效益显著,因此在工程中应用普遍,是设计中首选的基础形式。

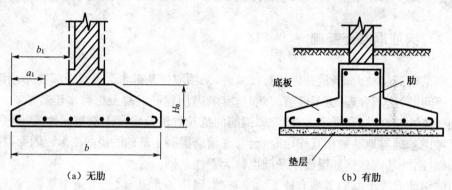

(a)无肋 (b)有肋

图8-2 墙下钢筋混凝土条形基础

3) 柱下条形基础

将支承同一方向(或同一轴线)的若干根柱子做成长条形连续基础,称为柱下条基。这种基础的抗弯刚度较大,具有调节不均匀沉降的作用,使得各柱竖向位移较为均匀,常常用于软弱地基上的框架结构或排架结构。

柱下条形基础一般采用倒T形截面,由肋梁和底板组成(如图8-3)。为了保证基础具有较大的抗弯刚度,肋梁高度不应太小,一般宜取柱距的 $1/8 \sim 1/4$,并应满足受剪承载力计算要求。当柱传来荷载较大时,可在柱两侧局部增高,即加腋(如图8-3(b))。

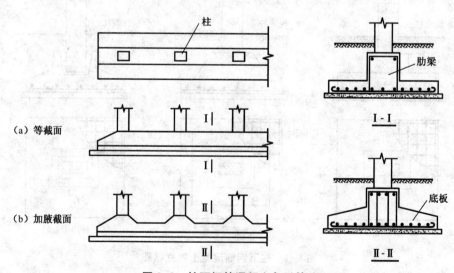

(a)等截面

(b)加腋截面

图8-3 柱下钢筋混凝土条形基础

4) 柱下交叉条形基础

若地基较为松软且沿两个方向分布不均匀,可在柱网下沿纵向和横向两个方向设置钢筋混凝土条基,从而形成柱下交叉条形基础。各柱位于两个方向基础梁的交叉节点处,上部结构荷载通过柱网传至交叉条形基础的顶面。这种基础可调节整体的不均匀沉降,造价较条形基础高。

5) 柱下筏板基础

当地基软弱而上部结构的荷载又很大时,采用交叉十字形基础仍不能满足要求或相邻基槽距离很小时,可采用钢筋混凝土做成整块的片筏式基础,以扩大基底面积,增强基础的整体刚度,较大幅度地调节地基不均匀沉降。筏板基础在构造上像倒置的钢筋混凝土楼盖,并分为平板式和梁板式,梁板式又分为下梁式和上梁式,如图 8-4 所示。

筏板基础较多用于框架结构、框架—剪力墙结构、剪力墙结构等高层建筑。筏板基础的埋深比较浅,甚至可以做无埋深式基础,直接建造在地表土层,因而在高层建筑中应用较多。平板式筏基,由于基础刚度比较均匀、施工简单、综合费用较低,因此在实际工程中应用更为广泛。

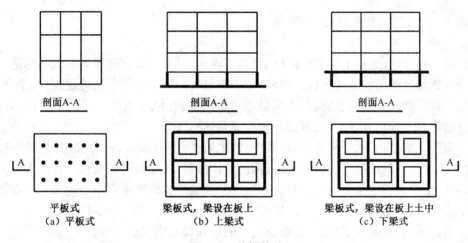

剖面A-A   剖面A-A   剖面A-A

平板式   梁板式,梁设在板上   梁板式,梁设在板上土中
(a) 平板式   (b) 上梁式   (c) 下梁式

图 8-4　筏板基础

6) 箱形基础

箱形基础由筏板基础演变而成,它是由钢筋混凝土顶板、底板和纵横交叉的隔墙组成的空间整体结构。箱形基础内空间可用作地下室,与实体基础相比可减少基底压力。箱形基础较适用于地基软弱、平面形状简单的高层建筑物基础。某些对不均匀沉降有严格要求的设备或构筑物,也可采用箱形基础。

箱形基础的钢筋、混凝土的用量较大,施工工艺要求也较高,在选择此类型基础时,应与其他类型的基础(如桩基等)作经济、技术比较后确定。目前一般仅用于人防等特殊用途的地下室建筑中。

7) 岩石锚杆基础

岩石锚杆基础是在岩石上钻孔成型,插入锚杆,再以细石混凝土灌实,将锚杆基础与基岩连成整体。通常适用于直接建在基岩上的柱基,以及承受拉力或水平力较大的建筑物基础。

除上述基础类型外,在实际工程中还有一些浅基础形式,如壳体基础、圆环基础、岩层锚杆基础等。

8.3 基础埋深的选择

基础埋置深度是指基础底面至地面(一般指室外地面)的距离。直接支承基础的土层称为持力层,选择基础埋置深度也即选择合适的地基持力层。

基础埋置深度的大小对于建筑物的安全和正常使用、基础施工技术措施、施工工期和工程造价等影响很大,因此,确定基础埋置深度是基础设计工作中的重要环节。设计时必须综合考虑建筑物自身条件(如使用条件、结构形式、荷载的大小和性质等)以及所处的环境(如地质条件、气候条件、邻近建筑的影响等),善于从实际出发,抓住其中起决定性作用的因素,以尽量浅埋的原则,合理选择基础埋置深度。以下分述选择基础埋深时应考虑的几个主要因素。

8.3.1 建筑物用途及结构条件

建筑物的用途,有无地下室、设备基础和地下设施,以及基础宜选择的形式与构造,这往往成为选择基础埋置深度的首要条件。因此,对于需设置地下室或设备层的建筑物、半埋式结构物等,都应将基础埋深与建筑结构条件综合考虑。例如:在设置电梯处,自地面向下需要有至少 1.4 m 的电梯缓冲坑,电梯井处基础埋深应满足这一要求。

对于高层建筑结构,承受水平荷载(风荷载、地震作用等)较大,就要求基础必须有足够的埋置深度,以保证基础的稳定性,减少建筑物的整体倾斜,防止倾覆及滑移。在抗震设防区,除岩石地基外,采用天然地基上的筏板基础和箱形基础的埋置深度不宜小于建筑物高度的1/15;采用桩基或箱基的埋置深度不宜小于建筑物高度的 1/18~1/20(桩长不计在埋深内)。对于承受上拔力的基础,如输电塔基础,也要求较大的埋深以提供足够的抗拔阻力。

为了保护基础不受气候变化、人类和其他生物活动等的影响,基础宜埋置在地表以下,其最小埋深为 0.5 m,且基础顶面应至少低于室外设计地面 0.1 m。

8.3.2 相邻建筑物的影响

当存在相邻建筑物时,为了不影响原有建筑基础的安全,新建筑物基础埋深不宜大于原有建筑物的埋深。当埋深大于原有建筑物基础时,两基础间应保持一定净距,其数值应根据原有建筑荷载大小、基础形式和土质情况确定,一般不宜小于基础地面高差的 1~2 倍(如图 8-5 所示)。

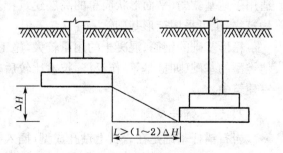

图 8-5 相邻建筑物埋深的影响

如果不能满足上述要求,应采取分段施工,设置临时加固支撑、地下连续墙、板桩等施工措施,来保证相邻建筑物的安全。也可以对原有建筑物的地基进行加固。

8.3.3　场地地质条件

直接支撑基础的土层称为持力层,在持力层下方的土层称为下卧层。为了保证建筑物地基承载力和地基变形的要求,基础应尽可能地选择可靠的持力层。一般当上层土的承载力能满足要求时,就应优先选择浅埋,以减少造价;若其下有软弱土层时,则应验算软弱下卧层的承载力是否满足,并尽可能增大基底至软弱下卧层的距离。

在选择基础埋深和持力层时,应充分了解场地地质勘查报告中土层的分布情况,各土层的厚度、物理力学性质以及土层承载力等。在工程应用中,应根据施工难易程度、材料用量(造价)等进行方案比较确定。必要时还可以考虑采用基础浅埋加地基处理的设计方案。

对于建于稳定土坡(坡高 $H \leqslant 8$ m 且坡角 $\beta \leqslant$ 45°)上的基础(如图 8-6 所示),对于条形基础或矩形基础,当垂直于坡顶边缘线的基础底面边长 $b \leqslant$ 3 m,且坡顶边缘距基础底面外边缘的水平距离 $a \geqslant$ 2.5 m 时,基础的埋深应满足下列要求:

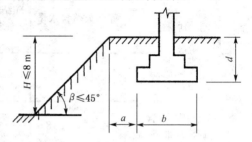

图 8-6　土坡坡顶处基础的埋深

$$条形基础 \quad d \geqslant (3.5b - a)\tan\beta \quad (8\text{-}5a)$$
$$矩形基础 \quad d \geqslant (2.5b - a)\tan\beta \quad (8\text{-}5b)$$

满足上述要求时,建造基础不影响土坡的稳定性。否则,应进行土坡稳定性验算。

8.3.4　场地地下水条件

基础埋深选择还应注意地下水的埋藏条件和动态。对于天然地基上浅基础,基础应尽量埋置于地下水位以上,以免地下水对地基基坑开挖及基础施工的不利影响。当基础必须埋在地下水位以下时,除应当考虑基坑排水、坑壁支撑以保护地基土不受扰动等措施外,还要考虑可能出现的涌土、流砂等问题。对具有侵蚀性的地下水,还应考虑地下水对基础材料的化学腐蚀作用。对于具有地下室的民用建筑、厂房,还有考虑地下室的防渗问题。轻型结构物由于地下水顶托的上浮托力,地下水上浮托力引起基础底板的内力等。

当持力层位于隔水层而其下方又存在承压水时,为避免基坑开挖土压减小造成基坑隆起甚至冲破,要求基底至承压水层顶面要有一定的土层厚度,保证坑底隔水层的重力应大于其下面承压水的压力。

8.3.5　地基冻融条件

地表下一定深度的地层温度随大气温度而变化,当地层温度低于 0℃ 且土中部分孔隙水将冻结形成冰,称为冻土。冻土分为多年冻土和季节性冻土两类。季节性冻土层是冬季冻结、天暖解冻的土层,在我国华北、东北、西北地区分布广泛。多年冻土指冻结状态持续两年或两年以上的土,主要分布在我国黑龙江大小兴安岭及海拔较高的青藏高原等地区。

若冻胀产生的上抬力大于作用在基础的竖向荷载,可能会引起基础及上部建筑物的开裂甚至破坏。而土层解冻时,土体软化,强度降低,地基产生融陷。地基上的冻胀与融陷通常是不均匀的,因此,容易引起建筑开裂损坏。季节性冻土的冻胀性与融陷性是相互关联的,常以冻胀性加以概括。《建筑地基基础设计规范》根据冻土层的平均冻胀率 η 的大小,将地基土划分为不冻胀、弱冻胀、冻胀、强冻胀和特强冻胀 5 类(见表 8-3)。

$$\eta = \frac{\Delta z}{z_d} \times 100\%　\hspace{3cm}(8-6)$$

式中:Δz——地表冻胀量(m);

z_d——场地冻结深度(m)。

表 8-3　地基土的冻胀性分类

土的名称	冻前天然含水量 $\omega(\%)$	冻结期间地下水位距冻结面的最小距离 $h_w(m)$	平均冻胀率 $\eta(\%)$	冻胀等级	冻胀类别
碎(卵)石,砾、粗、中砂(粒径小于 0.075 mm 颗粒含量大于 15%),细砂(粒径小于 0.075 mm 颗粒含量大于 10%)	$\omega \leq 12$	> 1.0	$\eta \leq 1$	I	不冻胀
		≤ 1.0	$1 < \eta \leq 3.5$	II	弱冻胀
	$12 < \omega \leq 18$	> 1.0			
		≤ 1.0	$3.5 < \eta \leq 6$	III	冻胀
	$\omega > 18$	> 0.5			
		≤ 0.5	$6 < \eta \leq 12$	IV	强冻胀
粉砂	$\omega \leq 14$	> 1.0	$\eta \leq 1$	I	不冻胀
		≤ 1.0	$1 < \eta \leq 3.5$	II	弱冻胀
	$14 < \omega \leq 19$	> 1.0	$3.5 < \eta \leq 6$	III	冻胀
	$19 < \omega \leq 23$	> 1.0	$6 < \eta \leq 12$	IV	强冻胀
		≤ 1.0			
	$\omega > 23$	不考虑	$\eta > 12$	V	特强冻胀
粉土	$\omega \leq 19$	> 1.5	$\eta \leq 1$	I	不冻胀
		≤ 1.5	$1 < \eta \leq 3.5$	II	弱冻胀
	$19 < \omega \leq 22$	> 1.5	$1 < \eta \leq 3.5$	II	弱冻胀
		≤ 1.5	$3.5 < \eta \leq 6$	III	冻胀
	$22 < \omega \leq 26$	> 1.5			
		≤ 1.5	$6 < \eta \leq 12$	IV	强冻胀
	$26 < \omega \leq 30$	> 1.5			
		≤ 1.5	$\eta > 12$	V	特强冻胀
	$\omega > 30$	不考虑			

续表 8-3

土的名称	冻前天然含水量 $\omega(\%)$	冻结期间地下水位距冻结面的最小距离 $h_w(\mathrm{m})$	平均冻胀率 $\eta(\%)$	冻胀等级	冻胀类别
黏性土	$\omega \leqslant \omega_p + 2$	> 2.0	$\eta \leqslant 1$	I	不冻胀
		$\leqslant 2.0$	$1 < \eta \leqslant 3.5$	II	弱冻胀
	$\omega_p + 2 < \omega \leqslant \omega_p + 5$	> 2.0			
		$\leqslant 2.0$	$3.5 < \eta \leqslant 6$	III	冻胀
	$\omega_p + 5 < \omega \leqslant \omega_p + 9$	> 2.0			
		$\leqslant 2.0$	$6 < \eta \leqslant 12$	IV	强冻胀
	$\omega_p + 9 < \omega \leqslant \omega_p + 15$	> 2.0			
		$\leqslant 2.0$	$\eta > 12$	V	特强冻胀
	$\omega > \omega_p + 15$	不考虑			

注：(1) ω_p——塑限含水量(%)；ω——在冻土层内冻前天然含水量的平均值(%)；

(2) 盐渍化冻土不在表列；

(3) 塑性指数大于 22 时，冻胀性降低一级；

(4) 粒径小于 0.005 mm 的颗粒含量大于 60 时，为不冻胀土；

(5) 石类土当充填物大于全部质量的 40% 时，其冻胀性按充填物土的类别判断；

(6) 碎石土、砾砂、粗砂、中砂（粒径小于 0.075 mm 颗粒含量不大于 15%）、细砂（粒径小于 0.075 mm 颗粒含量不大于 10%）均按不冻胀考虑。

1）设计冻深与基础埋深的确定

季节性冻土的设计冻深 z_d 应按下式计算：

$$z_d = z_0 \cdot \psi_{zs} \cdot \psi_{zw} \cdot \psi_{ze} \tag{8-7}$$

式中：z_d——设计冻深(m)；

z_0——标准冻深(m)，系采用在地面平坦、裸露、城市之外的空旷场地中不少于 10 年实测最大冻深的平均值，无实测资料时，按《建筑地基基础设计规范》"中国季节性冻土标准冻深线图"采用；

ψ_{zs}——土的类别对冻深的影响系数（表 8-4）；

ψ_{zw}——土的冻胀性对冻深的影响系数（表 8-5）；

ψ_{ze}——环境对冻深的影响系数（表 8-6）。

表 8-4 土的类别对冻深的影响系数表

土的类别	影响系数 ψ_{zs}
黏性土	1.00
细砂、粉砂、粉土	1.20
中、粗、砾砂	1.30
碎石土	1.40

表 8-5 土的冻胀性对冻深的影响系数

冻胀性	影响系数 ψ_{zw}
不冻胀	1.00
弱冻胀	0.95
冻胀	0.90
强冻胀	0.85
特强冻胀	0.80

表 8-6 环境对冻深的影响系数

周围环境	影响系数 ψ_{ze}	周围环境	影响系数 ψ_{ze}	周围环境	影响系数 ψ_{ze}
村、镇、旷野	1.00	城市市区	0.9	城市近郊	0.95

注:环境影响系数一项,当城市市区人口为 20 万~50 万时,按城市近郊取值;当城市市区人口大于 50 万小于或等于 100 万时,按城市市区取值;当城市市区人口超过 100 万时,按城市市区取值;5 km 以内的郊区应按城市近郊取值。

当建筑物基础底面以下允许有一定厚度的冻土层时,可用下式计算基础的最小埋深:

$$d_{min} = z_d - h_{max} \tag{8-8}$$

式中:h_{max}——基础底面下允许残留冻土层的最大厚度(m),可按表 8-7 查取,当有充分依据时,也可按当地经验确定。

表 8-7 建筑基底下允许残留的冻土厚度 h_{max}(m)

冻胀性	基础形式	采暖情况	基底平均压力(kPa)						
			90	110	130	150	170	190	210
弱冻胀土	方形基础	采暖	—	0.94	0.99	1.04	1.11	1.15	1.20
		不采暖	—	0.78	0.84	0.91	0.97	1.04	1.10
	条形基础	采暖	—	>2.50	>2.50	>2.50	>2.50	>2.50	>2.50
		不采暖	—	2.20	2.50	>2.50	>2.50	>2.50	>2.50
冻胀土	方形基础	采暖	—	0.64	0.70	0.75	0.81	0.86	—
		不采暖	—	0.55	0.60	0.65	0.69	0.74	—
	条形基础	采暖	—	1.55	1.79	2.03	2.26	2.50	—
		不采暖	—	1.15	1.35	1.55	1.75	1.95	—
强冻胀土	方形基础	采暖	—	0.42	0.47	0.51	0.56	—	—
		不采暖	—	0.36	0.40	0.43	0.47	—	—
	条形基础	采暖	—	0.74	0.88	1.00	1.13	—	—
		不采暖	—	0.56	0.66	0.75	0.84	—	—
特强冻胀土	方形基础	采暖	0.30	0.34	0.38	0.41	—	—	—
		不采暖	0.24	0.27	0.31	0.34	—	—	—
	条形基础	采暖	0.43	0.52	0.61	0.70	—	—	—
		不采暖	0.33	0.40	0.47	0.53	—	—	—

注:(1) 本表只计算法向冻胀力,如果基侧存在切向冻胀力,应采取防切向力措施;
(2) 本表不适用于宽度小于 0.6 m 的基础,矩形基础可取短边尺寸按方形基础计算;
(3) 表中数据不适用于淤泥、淤泥质土和欠固结土;
(4) 表中基底平均压力数值为永久荷载标准值乘以 0.9,可以内插。

2)防冻害措施

在冻胀、强冻胀、特强冻胀地基上,应采用下列防冻害措施:

（1）对在地下水位以上的基础，基础侧面应回填非冻胀性的中砂或粗砂，其厚度不应小于200 mm；对在地下水位以下的基础，可采用桩基础、保温性基础、自锚式基础（冻土层下有扩大板或扩地短桩），也可将独立基础或条形基础做成正梯形的斜面基础。

（2）宜选择地势高、地下水位低、地表排水良好的建筑场地。对低洼场地，建筑物的室外地坪标高至少高出自然地面 300～500 mm，其范围不宜小于建筑四周向外各 1 倍的冻结深度距离。

（3）应做好排水设施，在施工和使用期间防止水侵入建筑地基。在山区应设置截水沟或在建筑物下设置暗沟，以排走地表水和潜水。

（4）在强冻胀性和特强冻胀性地基上，其基础结构应设置钢筋混凝土圈梁和基础梁，并控制建筑的长高比。

（5）当独立基础连系梁下或桩基础承台下有冻土时，应在梁或承台下留有相当于该土层冻胀量的空隙。当结构中不允许留空隙时，宜用聚苯板等可压缩性材料填充，以防止因土的冻胀而将承台或梁拱裂。

（6）外门斗、室外台阶和散水坡等部位宜与主体结构断开。散水坡分段不宜超过 1.5 m，坡度不宜小于 3%，其下宜填入非冻胀性材料。

（7）对跨年度施工的建筑，入冬前也应对地基采取相应的防护措施；按采暖设计的建筑物，当冬季不能正常采暖时，也应对地基采取保温措施。

（8）可采用基侧降温法、基侧换土法、改善水土条件等方法降低或消除切向冻胀力。

8.4　基础底面尺寸的确定

在确定基础底面尺寸时，首先应满足地基承载力要求，进行持力层土的承载力计算。如果地基受力层范围内存在着承载力明显低于持力层的下卧层，则还需要对软弱下卧层进行验算。其次，对部分建（构）筑物，仍需考虑地基变形的影响，验算建（构）筑物的变形特征值，并对基础底面尺寸作必要的调整。

8.4.1　按地基持力层的承载力计算基底尺寸

一般墙、柱基础通常采用矩形基础或条形基础，按荷载对基础形心的偏心情况，上部结构作用下基础顶面的荷载可分为轴心荷载和偏心荷载。

1）轴心荷载作用

轴心荷载作用下（如图 8-7），要求基底平均压力不超过持力层土的承载力特征值，即满足下式要求：

$$p_k \leqslant f_a \qquad (8-9)$$

式中：f_a——修正后的地基持力层承载力特征值；

　　　p_k——相应于荷载效应标准组合时，基础底面处的平均压力值，按下式计算：

$$p_k = \frac{F_k + G_k}{A} \tag{8-10}$$

式中：A——基础底面面积；

$\quad\quad F_k$——相应于荷载效应标准组合时，上部结构传至基础顶面处的竖向力；

$\quad\quad G_k$——基础自重和基础上土重，一般可近似取 $G_k = \gamma_G A d$（其中 γ_G 为基础及回填土的平均重度，可取 $\gamma_G = 20\ \text{kN/m}^3$，$d$ 为基础平均埋深），但在地下水位以下部分应扣除浮力。

将式（8-10）代入式（8-9）中，得到基础底面积的计算公式如下：

$$A \geqslant = \frac{F_k}{f_a - \gamma_G \cdot d} \tag{8-11}$$

对于条形基础，可沿基础长度的方向取单位长度 1 m 进行计算，荷载同样是单位长度上的荷载（kN/m），则由式（8-11）计算的 A 即为条形基础的宽度。

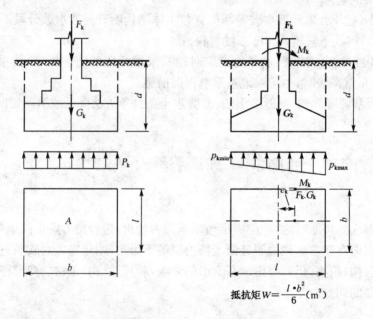

图 8-7　轴心荷载作用图　　　　图 8-8　偏心荷载作用图

必须指出，在按式（8-11）计算 A 时，需要先确定地基承载力设计值 f_a。但 f_a 值又与基础底面尺寸 A 有关，也即公式中的 A 与 f_a 都是未知数，因此，可能要通过反复试算确定。计算时，可先对地基承载力只进行深度修正算出 f_a 值；然后按计算所得的 A，考虑是否需要进行宽度修正，使得 A 与 f_a 间相互协调一致。

2）偏心荷载作用

偏心荷载作用下（如图 8-8），除应符合式（8-9）的要求外，尚应符合下式要求：

$$p_{k,max} \leqslant 1.2 f_a \tag{8-12}$$

式中：$p_{k,max}$——相应于荷载效应标准组合时，基础底面边缘处的最大压力值。

对单向偏心矩形基础，当偏心距 $e \leqslant l/6$，基底的最大、最小压力可按下式计算：

$$\frac{p_{k,max}}{p_{k,min}} = \frac{F_k + G_k}{A} \pm \frac{M_k}{W} = \frac{F_k + G_k}{A}\left(1 \pm \frac{6e}{l}\right) \tag{8-13}$$

若偏心距 $e > l/6$ 时,基础底面与地基接触面会出现部分脱离区,则基底边缘的最大压力为

$$p_{k,max} = \frac{2(F_k + G_k)}{3ba} \tag{8-14}$$

式中：M_k——相应于荷载效应标准组合时,上部结构传至基础顶面的弯矩(kN·m);

$\quad\quad W$——基础底面的抵抗矩(m³);

$\quad\quad e$——偏心距(m),$e = M_k/(F_k + G_k)$;

$\quad\quad l$——力矩作用方向的矩形基础底面边长(m),一般为矩形基础底面的长边;

$\quad\quad b$——垂直于力矩作用方向的矩形基础底面边长(m);

$\quad\quad a$——偏心荷载作用点至最大压力作用边缘的距离(m),$a = l/2 - e$。

根据上述承载力的要求,对于偏心荷载作用下的基础底面尺寸常采用试算法确定。计算方法如下：

(1) 先按轴心荷载作用,利用式(8-11)初步估算基础底面尺寸。

(2) 根据偏心程度,将基础底面积扩大 10%～40%,并以适当的比例确定矩形基础的长 l 和宽 b,一般取 $l/b = 1 \sim 2$。

(3) 计算偏心荷载作用下基底最大压力和基底最小压力,并使其满足式(8-9)和式(8-12)。如果不适合(太小或过大),可调整基础底面长度和宽度,再验算。如此反复一两次,便能定出合适的基础底面尺寸。

需要注意,基础底面压力 $p_{k,max}$ 和 $p_{k,min}$ 相差过大则容易引起基础倾斜,因此,$p_{k,max}$ 和 $p_{k,min}$ 相差不宜过于悬殊。一般认为,在高、中压缩性地基土上的基础,或有吊车的厂房柱基础,偏心距 e 不宜大于 $l/6$(相当于 $p_{k,min} \geqslant 0$);对低压缩性地基土上的基础,当考虑短期作用的偏心荷载时,对偏心距的要求可以适当放宽,但也应控制在 $l/4$ 以内;若上述条件不能满足时,则应调整基础底面尺寸,或者做成梯形底面形状的基础,使基础底面形心与荷载重心尽量重合。

8.4.2 软弱下卧层承载力验算

软弱下卧层是指在持力层下,成层土地基受力层范围内,承载力显著低于持力层的高压缩性土层。若按前述持力层土的承载力计算得出基础底面所需的尺寸后还存在软弱下卧层,就必须对软弱下卧层进行承载力验算,要求传递到软弱下卧层顶面处的附加应力与自重应力之和不得超过软弱下卧层的承载力,即

$$p_z + p_{cz} \leqslant f_{az} \tag{8-15}$$

式中：p_z——相应于荷载效应标准组合时,软弱下卧层顶面处的附加压力值(kPa);

$\quad\quad p_{cz}$——软弱下卧层顶面处的自重压力值(kPa);

$\quad\quad f_{az}$——软弱下卧层顶面处经深度修正后的地基承载力特征值(kPa)。

根据弹性半空间理论,下卧层顶面土体的附加应力,在基础底面中心线下最大,向四周扩

散呈非线性分布,如果考虑上下层土的性质不同,应力分布规律就更为复杂。《建筑地基基础设计规范》通过大量试验研究并参照双层地基中附加应力分布的理论解答,提出了按扩散角原理的简化的计算附加应力的方法(图8-9)。

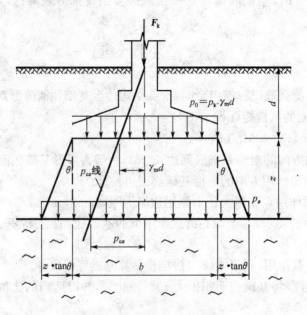

图8-9 附加应力计算图

当持力层与软弱下卧层的压缩模量比值 $E_{s1}/E_{s2} \geqslant 3$ 时,对矩形和条形基础,假设基底处的附加应力($p_0 = p_k - p_c$)向下传递时按某一角度 θ 向外扩散,并均匀分布于较大面积的软弱下卧土层上,根据基底与软弱下卧层顶面处扩散面积上的附加应力相等的条件,可得附加应力的计算表达式:

矩形基础:

$$p_z = \frac{lb(p_k - \gamma_m d)}{(l + 2z\tan\theta)(b + 2z\tan\theta)} \tag{8-16}$$

条形基础:

$$p_z = \frac{b(p_k - \gamma_m d)}{b + 2z\tan\theta} \tag{8-17}$$

式中:p_k——基底平均压力值(kPa);

b——矩形基础底面的宽度(m);

l——矩形基础底面的长度(m);

d——基础埋深(m)(从天然底面算起);

z——基础底面至软弱下卧层顶面的距离(m);

γ_m——基础埋深范围内土的加权平均重度(kN/m³)(地下水位以下取浮重度);

θ——地基压力扩散线与垂直线的夹角,可按表8-8采用。

表 8-8　地基压力扩散角值

E_{s1}/E_{s2}	z/b	
	0.25	0.50
3	6°	23°
5	10°	25°
10	20°	30°

注:(1) E_{s1} 为上层土压缩模量;E_{s2} 为下层土压缩模量;

(2) $z/b < 0.25$ 时取 $\theta = 0°$,必要时,宜由试验确定;$z/b > 0.50$ 时 θ 值不变。

由以上可知,如果要减小作用于软弱下卧层表面的附加应力,可以采取加大基底面积或减小基础埋深的措施。前一措施虽然可以有效减小附加应力,却可能使基础的沉降量增加,这是由于附加应力的影响深度会随基底面积的增加而加大,从而使软弱下卧层的沉降量明显增加。后者,减小基础埋深可使基底到软弱下卧层的距离增加,使附加应力在软弱下卧层中的影响减小,从而减小基础沉降。因此,当存在软弱下卧层时,基础宜浅埋,这样不仅使"硬壳层"充分发挥应力扩散作用,同时也减小了基础沉降。

【例 8-1】　某柱截面尺寸为 $400\ \text{mm} \times 400\ \text{mm}$,采用方形钢筋混凝土柱下独立基础,作用在基础顶面的轴心荷载标准值 $F_k = 830\ \text{kN}$,基础埋深为 1.0 m,基础下为黏性土,重度 $\gamma_m = 18.2\ \text{kN/m}^3$,孔隙比 $e = 0.7$,液性指数 $I_L = 0.75$,地基承载力特征值为 220 kPa,试确定基础底面尺寸。

【解】　(1)求地基承载力特征值(先不考虑对基础宽度的修正)

根据黏性土孔隙比 $e = 0.7$,液性指数为 $I_L = 0.75$,查表 7-3 得 $\eta_d = 1.6$。则

$$f_a = f_{ak} + \eta_d \gamma_m (d - 0.5) = 220 + 1.6 \times 18.2 \times (1 - 0.5) = 235\ \text{kPa}$$

(2)初步确定基础底面尺寸

基础底面为正方形,其边长 $a = \sqrt{\dfrac{F_k}{f_a - \gamma_G d}} = \sqrt{\dfrac{830}{235 - 20 \times 1.0}} = 1.96\ \text{m}$

取 $a = 2.0\ \text{m}$。因 $a = 2.0\ \text{m} < 3\ \text{m}$,不需再对 f_a 进行宽度修正。

(3)地基承载力验算

$$p_k = \frac{F_k + G_k}{A} = \frac{830 + 20 \times 1.0}{2 \times 2} = 212.5\ \text{kPa} < f_a = 235\ \text{kPa}$$

满足要求,故基础底面尺寸为 $2\ \text{m} \times 2\ \text{m}$。

【例 8-2】　某外柱截面尺寸为 $300\ \text{mm} \times 400\ \text{mm}$,作用在柱底的荷载标准值:中心垂直荷载为 700 kN,力矩为 80 kN·m,水平荷载为 13 kN。基础的埋深为 1 m(自室外地面算起),室内地面比室外地面高 0.3 m,其他参数见图 8-10。试确定矩形基础底面尺寸。

【解】　(1)求地基承载力特征值(先不考虑对基础宽度的修正)

根据黏性土孔隙比 $e = 0.7$,液性指数为 $I_L = 0.78$,查表 7-3 得 $\eta_d = 1.6$。则

$$f_a = f_{ak} + \eta_d \gamma_m (d - 0.5) = 226 + 1.6 \times 17.5 \times (1 - 0.5) = 240\ \text{kPa}$$

(注意:d 自室外地面算起)

(2)初步确定基础底面尺寸

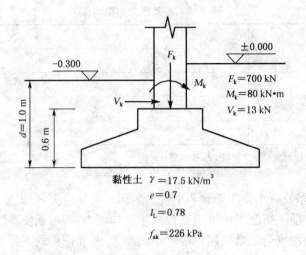

$F_k = 700$ kN
$M_k = 80$ kN·m
$V_k = 13$ kN

黏性土　$\gamma = 17.5$ kN/m³
$e = 0.7$
$I_L = 0.78$
$f_{ak} = 226$ kPa

图 8-10　例 8-2 图

计算基础及回填土自重时取基础埋深：$\qquad d = 0.5 \times (1 + 1.3) = 1.15$ m

则 $\qquad A_0 = \dfrac{F_k}{f_a - \gamma_G \cdot d} = \dfrac{700}{240 - 20 \times 1.15} = 3.23$ m²

由于偏心距不大，基础底面积按 20% 增大，即

$$A = 1.2A_0 = 1.2 \times 3.92 = 3.88 \text{ m}^2$$

初步选择基础底面尺寸 $A = l \times b = 2.4 \times 1.6 = 3.84$ m²

因 $b = 1.6$ m < 3 m，不需再对 f_a 进行宽度修正。

（3）验算持力层地基承载力

基础和回填重：$G_k = \gamma_G \cdot d \cdot A = 20 \times 1.15 \times 3.84 = 88.3$ kN

偏心距 $\qquad e_k = \dfrac{M_k}{F_k + G_k} = \dfrac{80 + 13 \times 0.6}{700 + 88.3} = 0.11$ m $\left(< \dfrac{l}{6} = 0.4 \text{ m} \right)$

基底最大压力

$$p_{k,\max} = \frac{F_k + G_k}{A}\left(1 + \frac{6e}{l}\right) = \frac{700 + 88.3}{3.84} \times \left(1 + \frac{6 \times 0.11}{2.4}\right) = 262 \text{ kPa} < 1.2f_a = 288 \text{ kPa}$$

满足地基承载力的要求。

故最后确定基础底板长为 2.4 m，宽为 1.6 m。

【例 8-3】 某框架中柱基础由上部传来的荷载标准值 $F_k = 1\,100$ kN，$M_k = 140$ kN·m，若选定的基础底面尺寸为 $l \times b = 3.6$ m $\times 2.6$ m，其他参数见图 8-11，地下水位在地面以下 1.2 m 处，试验算基础底面积是否满足地基承载力的要求。

【解】 （1）地基持力层承载力的验算

埋深范围内土的加权平均重度 $\gamma_m = \dfrac{16.5 \times 1.2 + (19 - 10) \times 0.8}{2.0} = 13.5$ kN/m³

由持力层 $e = 0.8$，$I_L = 0.82$，查表 7-3 得承载力修正系数 $\eta_b = 0.3$，$\eta_d = 1.6$，则

$$f_a = f_{ak} + \eta_d \gamma_m (d - 0.5) = 135 + 1.6 \times 13.5 \times (2 - 0.5) = 167.4 \text{ kPa}$$

基础和回填重：$G_k = (20 \times 1.2 + 10 \times 0.8) \times 3.6 \times 2.6 = 300$ kN

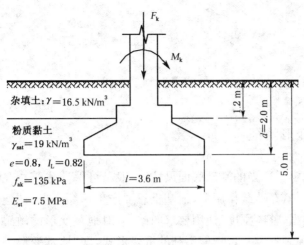

图 8-11 例 8-3 图

偏心距 $e = \dfrac{M_k}{F_k + G_k} = \dfrac{140}{1\,100 + 300} = 0.1\ \text{m}\left(< \dfrac{l}{6} = 0.6\ \text{m}\right)$

持力层承载力的验算：

$$p_k = \frac{F_k + G_k}{A} = \frac{1\,100 + 300}{3.6 \times 2.6} = 149.6\ \text{kPa} < f_a\,, \text{满足要求}$$

$$p_{k,\max} = p_k\left(1 + \frac{6e}{l}\right) = 149.6 \times \left(1 + \frac{6 \times 0.1}{3.6}\right) = 174.58\ \text{kPa} < 1.2 f_a = 200.9\ \text{kPa}$$

故持力层承载力满足要求。

（2）软弱下卧层承载力验算

软弱下卧层顶面处自重应力

$$p_{cz} = 16.5 \times 1.2 + (19 - 10) \times 3.8 = 54\ \text{kPa}$$

软弱下卧层顶面以上土的加权平均重度：

$$\gamma_m = \frac{16.5 \times 1.2 + (19 - 10) \times 3.8}{5.0} = 10.8\ \text{kN/m}^3$$

淤泥质土，可查表 7-3 得 $\eta_b = 0$，$\eta_d = 1.0$，则

$$f_{az} = 85 + 1.0 \times 10.8 \times (5 - 0.5) = 133.6\ \text{kPa}$$

由 $E_{s1}/E_{s2} = 7.5/2.5 = 3$，以及 $z/b = 3/2.6 > 0.5$，查表 7-3 得地基压力扩散角 $\theta = 23°$。

软弱下卧层顶面处的附加应力：

$$p_z = \frac{lb(p_k - \gamma_m d)}{(l + 2z\tan\theta)(b + 2z\tan\theta)} = \frac{3.6 \times 2.6 \times (149.6 - 13.5 \times 2.0)}{(3.6 + 2 \times 3 \times \tan 23°)(2.6 + 2 \times 3 \times \tan 23°)} = 36.27\ \text{kPa}$$

验算：$p_{cz} + p_z = 54 + 36.27 = 90.27\ \text{kPa} \leqslant f_{az} = 133.6\ \text{kPa}$

故软弱下卧层承载力满足要求。

8.5 地基变形验算

8.5.1 地基变形特征

按地基承载力选定了适当的基础底面尺寸,一般已可保证建筑物在防止剪切破坏方面具有足够的安全度。但是,在荷载作用下,地基土总要产生压缩变形,使建筑物产生沉降。由于不同建筑物的结构类型、整体刚度、使用要求的差异,对地基变形的敏感程度、危害、变形要求也不同。因此,如何控制各类建筑物最不利的沉降形式,即"地基变形特征",使之不会影响建筑物的正常使用甚至破坏,也就成为地基基础设计必须充分考虑的一个基本问题。

地基变形特征一般分为:沉降量、沉降差、倾斜、局部倾斜。

(1)沉降量——指基础中心的沉降值[如图 8-12(a)]。

对于中、高压缩性土的地基,应限制基础的沉降量,以免造成上部结构的损坏。例如:如果多跨排架中受荷较大的中排柱基的沉降量过大时,会使相邻屋架发生对倾而使端部相碰。

(2)沉降差——一般指相邻柱基中点的沉降量之差[如图 8-12(b)]。

对于框架结构和单层排架结构,其地基的变形应由相邻柱基的沉降差控制。

框架结构主要因柱基的不均匀沉降而使结构受剪扭而损坏,也称敏感性结构。通常认为:填充墙框架结构的相邻柱基沉降差按不超过 $0.002l$ 设计时,是安全的。对于被开窗面积不大的墙砌体所填充的边排柱,尤其是房屋端部抗风柱之间的沉降差,应予以特别注意。

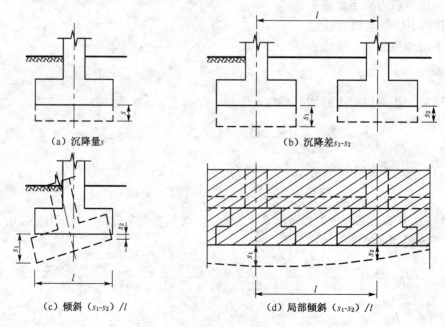

（a）沉降量 s

（b）沉降差 s_1-s_2

（c）倾斜（s_1-s_2）/l

（d）局部倾斜（s_1-s_2）/l

图 8-12 地基变形特征

（3）倾斜——指基础倾斜方向两端点的沉降差与其距离的比值［如图 8-12(c)］。

对于多层或高层建筑和高耸结构，其地基的变形应由倾斜值控制。

高耸结构的重心高，基础倾斜使重心侧向移动引起的偏心力矩荷载，不仅使基底边缘压力增加而影响倾覆稳定性，还会导致高烟囱等筒体的结构附加弯矩。因此，高耸结构基础的倾斜允许值随结构高度的增加而递减。

高层建筑横向整体倾斜容许值主要取决于对人们视觉的影响，高大的刚性建筑物倾斜值达到明显可见的程度时大致为 1/250(0.004)，而结构损坏大致当倾斜值达到 1/150 时才开始。

对于有吊车的工业厂房，还应验算桥式吊车轨面沿纵向或横向的倾斜，以免因倾斜而导致吊车自动滑行或卡轨。

（4）局部倾斜——指砌体承重结构沿纵向 6～10 m 内基础两点的沉降差与其距离的比值［如图 8-12(d)］。

对于砌体承重结构，其地基变形应由局部倾斜值控制。

多层建筑在施工期间完成的沉降量与地基土的压缩性有关。一般认为：对于碎石或砂土完成最终沉降量的 80% 以上，其他低压缩性土完成最终沉降量的 50%～80%；对于中压缩性土完成 20%～50%；对于高压缩性土完成 5%～20%。必要时应分别预估建筑物在施工期间和使用期间的地基沉降值，以便施工中预留相关部分之间的净空、考虑连接方法以及选择合理的施工顺序等。

需要指出，关于地基变形的计算目前还比较粗略。至于地基变形的允许值就更加难以全面准确地确定。我国《建筑地基基础设计规范》根据对各类建筑物沉降观测资料的综合分析和某些结构的附加内力计算，以及参考了国外的有关资料，提出了基底变形的允许值，见表 4-11。对表中未包括的其他建筑物的地基变形允许值，可根据上部结构对地基变形的适应能力和使用要求确定。

8.5.2　地基变形验算

《建筑地基基础设计规范》按不同建筑物的地基变形特征，要求建筑物的地基变形计算值不应大于地基变形允许值，即

$$s \leqslant [s] \tag{8-18}$$

式中：s——地基变形计算值，可按第 4 章的方法计算沉降量后求得。注意：传至基础上的荷载 F_k 应按正常使用极限状态下荷载效应的准永久组合（不应计入风荷载和地震作用）。

　　$[s]$——地基变形允许值，可查表 4-11。

对满足表 8-2 要求的丙级建筑物，在按承载力确定基础底面尺寸之后，可不进行地基变形验算。

凡属以下情况之一者，在按地基承载力确定基础底面尺寸后，仍应作地基变形验算：

（1）地基基础设计等级为甲、乙级的建筑物。

（2）表 8-2 所列范围以内有下列情况之一的丙级建筑物：

① 地基承载力特征值小于 130 kPa，且体型复杂的建筑。

② 在基础上及其附近有地面堆载或相邻基础荷载差异较大,可能引起地基产生过大的不均匀沉降时。

③ 软弱地基上的相邻建筑存在偏心荷载时。

④ 相邻建筑距离过近,可能发生倾斜时。

⑤ 地基土内有厚度较大或厚薄不均的填土,其自重固结尚未完成时。

地基特征变形验算结果如果不满足式(8-18)的条件,可以先通过适当调整基础底面尺寸或埋深。如仍不满足要求,再考虑从建筑、结构、施工诸方面采取有效措施以防止不均匀沉降对建筑物的损害,或改用其他地基基础设计方案。

8.6 无筋扩展基础的设计

无筋扩展基础的抗拉强度和抗剪强度较低,故必须控制基础内的拉应力和剪应力。结构设计时,一般要求地基有一定的承载力,通过严格控制所用材料强度及质量、限制台阶宽高比来确定基础截面尺寸。因此,一般无须进行复杂的内力分析和截面计算。

如图 8-13(a)为砌体承重墙下无筋扩展基础示意图,8-13(b)为钢筋混凝土柱下无筋扩展基础示意图,基础的高度应满足下式要求:

$$H_0 \geqslant \frac{b - b_0}{2\tan\alpha} \tag{8-19}$$

式中:b——基础底面宽度(m);

b_0——基础顶面的墙体宽度或柱脚宽度(m);

H_0——基础高度(m);

$\tan\alpha$——基础台阶宽高比 $b_2 : H_0$,其允许值可按表 8-9 选用;

b_2——基础台阶宽度(m)。

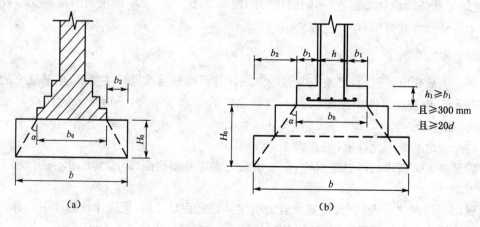

(a)   (b)

图 8-13　无筋扩展基础构造示意图(d 为柱中纵向钢筋直径)

表 8-9 无筋扩展基础台阶宽高比的允许值

基础材料	质量要求	台阶宽高比的允许值		
		$p_k \leqslant 100$	$100 < p_k \leqslant 200$	$200 < p_k \leqslant 300$
混凝土基础	C15 混凝土	1∶1.00	1∶1.00	1∶1.25
毛石混凝土基础	C15 混凝土	1∶1.00	1∶1.25	1∶1.50
砖基础	砖不低于 MU10,砂浆不低于 M5	1∶1.50	1∶1.50	1∶1.50
毛石基础	砂浆不低于 M5	1∶1.25	1∶1.50	—
灰土基础	体积比为 3∶7 或 2∶8 的灰土,其最小干密度: 粉土为 1.55 t/m³ 粉质黏土为 1.50 t/m³ 黏土为 1.45 t/mm³	1∶1.25	1∶1.50	
三合土基础	体积比 1∶2∶4~1∶3∶6(石灰∶砂∶骨料) 每层约虚铺 220 mm,夯至 150 mm	1∶1.50	1∶2.00	—

注:(1) p_k 为荷载效应标准组合时基础底面处的平均压力值(kPa);
(2) 阶梯形毛石基础的每阶伸出宽度,不宜大于 200 mm;
(3) 当基础由不同材料叠合组成时,应对接触部分作抗压验算;
(4) 基础底面处的平均压力超过 300 kPa 的混凝土基础,尚应进行抗剪验算。

对基础底面处的平均压力超过 300 kPa 的混凝土基础,应按下式进行柱边缘处或变阶处的抗剪承载力验算:

$$V_s \leqslant 0.366 f_t A \tag{8-20}$$

式中:V_s——相应于荷载效应基本组合时的地基平均净反力产生的沿墙(柱)边缘或变阶处的单位长度的剪力设计值;

f_t——混凝土的轴心抗拉强度设计值;

A——沿墙(柱)边缘或变阶处混凝土单位长度面积。

对采用无筋扩展基础的钢筋混凝土柱,其柱脚高度 h_1 不得小于 b_1,并不应小于 300 mm 且不小于 $20d$(d 为柱中纵向受力钢筋的最小直径)。当纵向钢筋在柱脚内的竖向锚固长度不满足锚固要求时,可沿水平方向弯折,弯折后的水平锚固长度不应小于 $10d$,也不应大于 $20d$。

砖基础是工程中最常见的一种无筋扩展基础,各部分的尺寸应符合砖的尺寸模数。砖基础一般做成台阶式,俗称"大放脚",其砌筑方式有两种:一种是"二皮一收",如图 8-14(a)所示;另一种是"二一间隔收",但须保证底层为两皮砖,即 120 mm 高,如图 8-14(b)所示。二者相比,"二一间隔收"较节省材料,工程中用得较多。

砖基础施工时,常常在砖基础底面以下先做垫层,既可以保证砖基础的砌筑质量,又能起到平整和过渡作用。垫层材料可选用灰土、三合土和混凝土,垫层每边伸出基础底面 50~100 mm,厚度一般为 100 mm。设计时,这样的薄垫层一般作为构造垫层,不作为基础结构部分考虑。因此,垫层的宽度和高度都不计入基础的底部 b 和埋深 d 之内。

【例 8-4】 某场地表层为 0.6 m 厚人工填土,重度为 18 kN/m³,其下为 8 m 厚黏性土,重度为 18.6 kN/m³,孔隙比 $e = 0.7$,液性指数为 $I_L = 0.88$,承载力特征值 180 kPa,地下水位

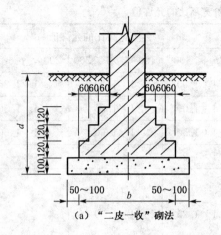

(a) "二皮一收"砌法

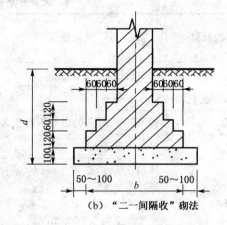

(b) "二一间隔收"砌法

图 8-14　砖基础剖面图

于地表下 0.8 m 处。在其上建筑 3 层的砌体结构,承重墙厚 240 mm,已知上部墙体传来的竖向荷载标准值为 200 kN/m,若采用墙下刚性条形基础,试确定基础底面尺寸,并设计该基础。

【解】 (1)确定条形基础底面宽度 b

基础宜建在地下水位以上,故选择黏土层作为持力层,初步选择基础埋深 d 为 0.8 m。

由 $I_L = 0.88 > 0.85$,查表得:$\eta_b = 0$,$\eta_d = 1.0$。

埋深范围内土的加权平均重度 $\gamma_m = \dfrac{18 \times 0.6 + 18.6 \times 0.2}{0.8} = 18.15 \text{ kN/m}^3$

则修正后地基承载力特征值 $f_a = 180 + 18.15 \times 1.0 \times (0.8 - 0.5) = 185.45 \text{ kPa}$

取 1 m 长进行计算,基础宽度 $b \geqslant \dfrac{F_k}{f_a - \gamma_G d} = \dfrac{200}{185.45 - 20 \times 0.8} = 1.18 \text{ m}$

取该墙下条形基础宽度为 1.2 m。

(2)选择基础材料,并确定基础高度

方案 1:采用 MU10 砖和 M5 砂浆砌"二一间隔收"砖基础,基底下做 100 mm 厚 C10 素混凝土垫层。砖基础所需台阶数:$n \geqslant \dfrac{1}{2} \times \dfrac{1\,200 - 240}{60} = 8$ 阶

相应的基础高度:$H_0 = 120 \times 4(阶) + 60 \times 4(阶) = 720 \text{ mm}$

且基础顶面至少低于室外地面 0.1 m,基坑的最小开挖深度 $D = 720 + 100 + 100 = 920 \text{ mm}$,已深入地下水位以下,必然给施工带来困难。且此时实际基础埋深已超过前面选择的 $d = 0.8$ m。可见方案 1 不合理。

方案 2:基础上层采用 MU10 砖和 M5 砂浆砌筑的"二一间隔收"砖基础;下层为 300 mm 厚 C15 素混凝土垫层。混凝土垫层(作为基础结构层)设计:

查表 $\tan\alpha = 1.0$,故混凝土垫层两侧各伸出 300 mm 宽。

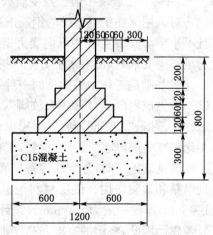

图 8-15　砖基础示意图

上层砖基础所需台阶数：$n \geqslant \dfrac{1}{2}(1\,200 - 240 - 300)/60 = 3$ 阶

相应的基础高度

$$H_0 = 120 \times 2(阶) + 60 \times 1(阶) + 300 = 600 \text{ mm}$$

取基础顶面至地面的距离为 200 mm，则埋深 $d = 0.8$ m，满足要求。

可见方案 2 合理。

(3) 绘制基础剖面图

基础剖面形状及尺寸如图 8-15 所示。

8.7 墙下钢筋混凝土条形基础设计

扩展基础指墙下钢筋混凝土条形基础和柱下钢筋混凝土独立基础。本节介绍墙下钢筋混凝土条形基础。

8.7.1 扩展基础的一般构造要求

(1) 锥形基础的边缘高度不宜小于 200 mm，且两个方向的坡度不宜大于 1∶3(图 8-16(a))；阶梯形基础的每阶高度宜为 300~500 mm(图 8-16(b))。

(2) 通常在底板下浇筑一层素混凝土垫层。垫层厚度不宜小于 70 mm，垫层混凝土强度等级不宜低于 C10。垫层最常用的做法是 100 mm 厚 C10 素混凝土，两边各伸出基础 100 mm。

(3) 扩展基础受力钢筋最小配筋率不应小于 0.15%，底板受力钢筋直径不应小于10 mm，间距不应大于 200 mm，也不应小于 100 mm。

(4) 当柱下钢筋混凝土独立基础的边长和墙下钢筋混凝土条形基础的宽度大于或等于 2.5 m 时，底板受力钢筋长度可取边长或宽度的 0.9 倍，并宜均匀交错布置(图 8-16(c))。底板钢筋的保护层，当有垫层时不小于 40 mm，无垫层时不小于 70 mm。

(5) 基础混凝土强度等级不应低于 C20。

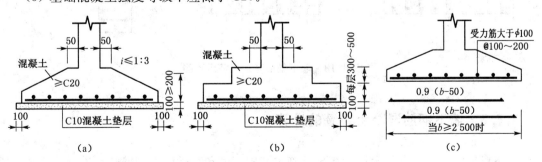

图 8-16　扩展基础构造示意图

8.7.2 墙下条形基础的构造要求

墙下钢筋混凝土条形基础按外形不同可分为无纵肋板式条基和有纵肋板式条基。

墙下无纵肋板式条形基础的高度 h 应按剪切计算确定。一般要求 $h \geqslant b/8$，且 $h \geqslant 300$ mm（b 为基础宽度）。当 $b < 1500$ mm 时，基础高度可做成等厚度；当 $b \geqslant 1500$ mm 时，可做成变厚度，且板的边缘厚度不应小于 200 mm，坡度 $i \leqslant 1 : 3$。板内纵向分布钢筋直径不应小于 8 mm，间距不应大于 300 mm，且每延米分布钢筋的面积应不小于受力钢筋面积的 15%（如图 8-17）。

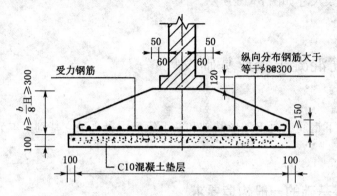

图 8-17 墙下条基构造示意图

对于有肋板条形基础，肋的纵向钢筋和箍筋一般按经验确定。

钢筋混凝土条形基础底板在 T 形及十字形交接处，底板横向受力钢筋仅沿一个主要受力方向通长布置。另一方向的横向受力钢筋可布置到主要受力方向底板宽度 1/4 处，在拐角处底板横向受力钢筋应沿两个方向布置（如图 8-18）。

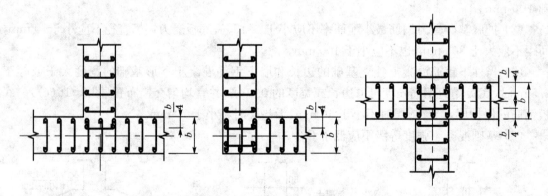

图 8-18 墙下条形基础配筋示意图

8.7.3 墙下钢筋混凝土条基的计算

墙下钢筋混凝土条基的设计计算包括确定基础高度和基础底板配筋。在进行截面设计计算时，上部结构传来的荷载效应组合应按承载能力极限状态下荷载效应的基本组合，相应的基底反力为净反力(不考虑基础及基础台阶上回填土自重所引起的反力)。计算时,沿墙长度方向取 1 m 作为计算单元。

1)轴心荷载作用

墙下钢筋混凝土条形基础在均布线荷载 F(kN/m)作用下的受力分析可简化为如图 8-19 所示。若沿墙长方向取单位长度 $l = 1.0$ m 的基础进行分析,则基底净反力为

$$p_{\mathrm{j}} = \frac{F}{b \cdot l} = \frac{F}{b} \tag{8-21}$$

式中:p_{j}——扣除基础自重及其上土重后,相应于作用的基本组合时的地基土单位面积净反力(kPa);

F——相应于荷载效应基本组合时上部结构传至基础顶面的竖向荷载设计值(kN/m);

b——墙下钢筋混凝土条形基础的宽度(m)。

基础底板的受力情况如同一受均布线荷载 p_{j} 作用的倒置悬臂梁,将在底板内产生弯矩 M 和剪力 V,其值在 Ⅰ-Ⅰ 截面(悬臂板根部)最大。

$$V = p_{\mathrm{j}} \cdot a_1 \tag{8-22a}$$

$$M = \frac{1}{2} p_{\mathrm{j}} \cdot a_1^2 \tag{8-22b}$$

式中:V——基础底板根部的剪力设计值(kN /m)。

M——基础底板根部的弯矩设计值(kN·m)。

a_1——截面 Ⅰ-Ⅰ 至基础边缘的距离(m)。对于最大弯矩面的位置符合下列规定:当墙体材料为混凝土时,取 $a_1 = b_1$;如为砖墙且放脚不大于 1/4 砖长时,取 $a_1 = b_1 + $ 1/4 砖长。

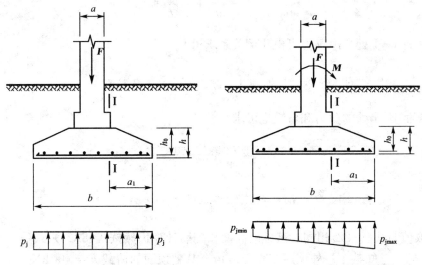

图 8-19 轴心荷载下的计算简图　　图 8-20 偏心荷载下的计算简图

为了防止因 V、M 作用而使基础底板发生剪切破坏和弯曲破坏,基础底板应有足够的厚度和配筋。

（1）基础底板厚度

墙下钢筋混凝土条形基础底板没有配置箍筋和弯起钢筋，在墙与基础底板交接处截面的受剪承载力应满足要求：

$$V \leqslant 0.7\beta_{hs} f_t h_0 \tag{8-23}$$

式中：f_t——混凝土轴心抗拉强度设计值；

$\quad\quad h_0$——基础底板有效高度(mm)，即基础板厚度减去钢筋保护层厚度再减去 1/2 倍的钢筋直径；

$\quad\quad \beta_{hs}$——受剪承载力截面高度影响系数，$\beta_{hs} = (800/h_0)^{1/4}$；当 $h_0 < 800$ mm 时，取 $h_0 =$ 800 mm；当 $h_0 > 2\,000$ mm 时，取 $h_0 = 2\,000$ mm。

（2）基础底板配筋

应符合《混凝土结构设计规范》(GB 50010—2010)正截面受弯承载力计算公式。也可按简化矩形截面单筋板，近似取 $\xi = x/h_0 = 0.2$ 时，按下式简化计算：

$$A_s = \frac{M}{0.9 f_y h_0} \tag{8-24}$$

式中：A_s——每米长基础底板受力钢筋的截面积；

$\quad\quad f_y$——受力钢筋抗拉强度设计值。

2）偏心荷载作用

偏心荷载作用下，基底净反力呈线性分布(如图 8-20 所示)，一般要求基底净反力的偏心距不宜过大 $(e_0 \leqslant b/6)$。

则基础边缘的最大和最小净反力为

$$\genfrac{}{}{0pt}{}{p_{j,max}}{p_{j,min}} = \frac{F}{bl}\left(1 \pm \frac{6e_0}{b}\right) \tag{8-25}$$

悬臂根部截面 I-I 处的净反力可由比例关系求得

$$p_{j,I} = p_{j,min} + \frac{b-a_1}{b}(p_{j,max} - p_{j,min}) \tag{8-26}$$

悬臂根部截面 I-I 处的剪力和弯矩也可求得

$$V_I = \frac{p_{j,max} + p_{j,I}}{2} \cdot a_1 \tag{8-27}$$

$$M_I = \frac{1}{6}(2p_{j,max} + p_{j,I}) \cdot a_1^2 \tag{8-28}$$

式中 a_1 的取值与式(8-22)相同。基础的高度和配筋计算仍然按式(8-23)、式(8-24)进行。

【例 8-5】 已知某工厂外墙厚 370 mm，传至基础顶面的荷载 $F = 400$ kN/m，基础埋深为 2.0 m，基础下经修正后的地基承载力特征值为 180 kPa。试设计该墙下钢筋混凝土条形基础。

【解】 （1）确定基础宽度

$$b \geqslant \frac{F}{f_a - \gamma_G d} = \frac{400}{180 - 20 \times 2} = 2.86 \text{ m}$$

取基础宽度 $b = 3.0$ m。

（2）确定基础高度

初步取基础高度 $h = b/8 = 3\,000/3 = 375$ mm，选用 C20 的混凝土，钢筋选用 HPB300。对基础进行抗冲切验算：

地基净反力设计值　$p_j = \frac{F}{b} = \frac{400}{3} = 133$ kPa

墙根部截面的剪力设计值　$V = \frac{1}{2} \times 133 \times (3 - 0.37) = 175$ kN/m

满足抗冲切所需的有效高度　$h_0 \geqslant \frac{V}{0.7 \beta_{hs} f_t} = \frac{175}{0.7 \times 1 \times 1.1 \times 10^3} = 0.227$ m

初步确定的高度 $h = 375$ mm 满足要求。

（3）基础底板配筋计算

墙根部截面的弯矩设计值 $M = \frac{1}{2} \times 133 \times$

$\left(\dfrac{3 - 0.37}{2}\right)^2 = 115$ kN · m

受力钢筋面积

$$A_s \geqslant \frac{M}{0.9 f_y h_0} = \frac{115 \times 10^6}{0.9 \times 270 \times (375 - 45)}$$
$$= 1\,434 \text{ mm}^2$$

选择 $\phi 16@140, A_s = 1\,436$ mm²，且满足最小配筋率要求。分布钢筋选择 $\phi 8@200$，置于内侧。基础如图 8-21 所示。

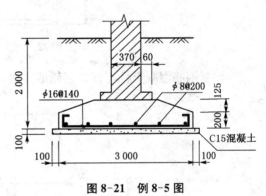

图 8-21　例 8-5 图

8.8　柱下钢筋混凝土独立基础设计

8.8.1　构造要求

柱下钢筋混凝土独立基础的设计除满足 8.7.1 扩展基础的一般要求外，还应满足下面要求。现浇柱基础中应伸出插筋，插筋的数量、直径以及钢筋种类应与柱内的纵向受力钢筋相同。插筋在柱内的纵向钢筋连接宜优先采用焊接或机械连接的接头，插筋在基础内应符合下列要求（如图 8-22）：

（1）当基础高度 h 较小时，轴心受压和小偏心受压柱 $h < 1\,200$ mm，大偏心受压柱 $h <$

1 400 mm，所有插筋的下端宜做成直钩放在基础底板钢筋网上，并满足锚入基础长度应大于锚固长度 l_a 或 l_{aE}。若基础的高度小于 l_a 或 l_{aE} 时，其最小直锚段的长度不应小于 $20d$，弯折段的长度不应小于 150 mm。

注：有抗震设防要求时：一、二级抗震等级 $l_{aE}=1.15l_a$，三级抗震等级 $l_{aE}=1.05l_a$，四级抗震等级 $l_{aE}=l_a$。

（2）当基础高度 h 较大时，轴心受压和小偏心受压柱 $h \geqslant 1\,200$ mm，大偏心受压柱 $h \geqslant 1\,400$ mm，可仅将四角插筋伸至基础底板钢筋网上，其余插筋锚固于基础顶面下 l_a 或 l_{aE} 处。

（3）基础中插筋至少需分别在基础顶面下 100 mm 和插筋下端设置箍筋，且间距不大于 800 mm，基础中箍筋直筋与柱中相同。

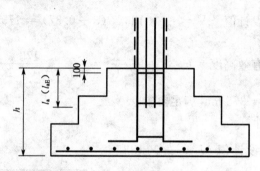

图 8-22　现浇柱基础插筋构造示意图

预制钢筋混凝土柱与杯口基础的连接（示意图见图 8-23），应符合下列要求：

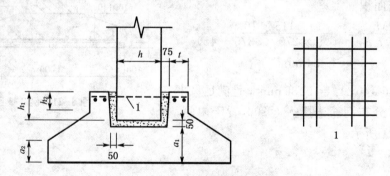

图 8-23　预制柱与杯口基础连接的示意图（1—焊接网）

（1）插入杯口基础的深度，可按表 8-10 选用，应满足钢筋锚固长度的要求及吊装时柱的稳定性。

（2）基础的杯底厚度和杯壁厚度，可按表 8-11 选用。

表 8-10　柱的插入深度 h_1（mm）

矩形或工字形柱				双肢柱
$h < 500$	$500 \leqslant h < 800$	$800 \leqslant h < 1\,000$	$h > 1\,000$	
$h \sim 1.2h$	h	$0.9h$ 且 $\geqslant 800$	$0.8h \geqslant 1\,000$	$(1/3 \sim 2/3)h_a$ $(1.5 \sim 1.8)h_b$

注：(1) h 为柱截面长边尺寸，h_a 为双肢柱全截面长边尺寸；h_b 为双肢柱全截面短边尺寸；
(2) 柱轴心受压或小偏心受压时，h_1 可适当减小，偏心距大于 $2h$ 时，应适当增大。

表 8-11　基础的杯底厚度和杯壁厚度

柱截面长边尺寸 h(mm)	杯底厚度 a_1(mm)	杯壁厚度 t(mm)
$h < 500$	$\geqslant 150$	$150 \sim 200$
$500 \leqslant h < 800$	$\geqslant 200$	$\geqslant 200$
$800 \leqslant h < 1\,000$	$\geqslant 200$	$\geqslant 300$
$1\,000 \leqslant h < 1\,500$	$\geqslant 250$	$\geqslant 350$
$1\,500 \leqslant h < 2\,000$	$\geqslant 300$	$\geqslant 400$

注：(1) 双肢柱的杯底厚度值,可适当加大;
(2) 当有基础梁时,基础梁下的杯口厚度,应满足其支承宽度的要求;
(3) 柱子插入杯口部分的表面应凿毛,柱子与杯口之间的空隙,应用比基础混凝土强度等级高一级的细石混凝土充填密实,当达到材料设计强度的 70% 以上时方能进行上部吊装。

（3）当柱为轴心受压或小偏心受压且 $t/h_2 \geqslant 0.65$,或大偏心受压 $t/h_2 \geqslant 0.75$ 时,杯壁可不配筋;当柱为轴心受压或小偏心受压且 $0.5 \leqslant t/h_2 < 0.65$ 时,杯壁可按表 8-12 构造配筋,其他情况下,应按计算配筋。

表 8-12　杯壁构造配筋

柱截面长边尺寸(mm)	$h < 1\,000$	$1\,000 \leqslant h < 1\,500$	$1\,500 \leqslant h < 2\,000$
钢筋直径(mm)	$8 \sim 10$	$10 \sim 12$	$12 \sim 16$

注：表中钢筋置于杯口顶部,每边 2 根。

8.8.2　柱下钢筋混凝土独立基础的设计计算

柱下钢筋混凝土独立基础的设计计算应包括下列内容:①当冲切破坏锥体落在基础底面以内时,应验算柱与基础交接处以及基础变阶处的受冲切承载力;②当基础底面短边尺寸小于等于柱宽加 2 倍基础有效高度时,应验算柱与基础交接处的基础受剪切承载力;③基础底板的配筋,应按抗弯计算确定;④当基础的混凝土强度等级小于柱的混凝土强度等级时,尚应验算柱下基础顶面的局部受压承载力。

1）抗冲切承载力的验算

在上部荷载作用下,如果基础高度(或阶梯高度)不足,则将沿着柱周边(或阶梯高度变化处)产生冲切破坏,形成 45° 斜裂面的角锥体(如图 8-24 所示)。因此,由冲切破坏锥体以外的地基反力所产生的冲切力应小于冲切面处混凝土的抗冲切能力。

对于矩形基础,柱短边一侧冲切破坏较柱长边一侧危险,所以,一般只需根据短边一侧冲切破坏条件来确定底板厚度。即要求对矩形截面柱的矩形基础,应验算柱与基础交接处以及基础变阶处的受冲切承载力,在上部轴心荷载和弯矩作用下,抗冲切示意图如图 8-24 所示。

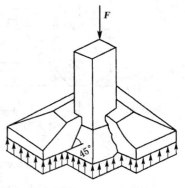

图 8-24　抗冲切示意图

按以下公式验算：

$$F_t = 0.7\beta_{hp}f_t a_m h_0 \tag{8-29}$$

$$a_m = (a_t + a_b)/2 \tag{8-29a}$$

$$F_1 = p_j A_1 \tag{8-29b}$$

式中：β_{hp}——受冲切承载力截面高度影响系数，当 $h \leqslant 800$ mm 时，β_{hp} 取 1.0；当 $h \geqslant 2\,000$ mm 时，β_{hp} 取 0.9，其间按线性内插值取用；

f_t——混凝土轴心抗拉强度设计值；

h_0——基础冲切破坏锥体的有效高度；

a_m——基础冲切破坏锥体最不利一侧计算长度(m)；

a_t——基础冲切破坏锥体最不利一侧斜截面的上边长(m)，当计算柱与基础交接处的受冲切承载力时，取柱宽；当计算基础变阶处的受冲切承载力时，取上阶宽；

a_b——基础冲切破坏锥体最不利一侧斜截面在基础底面积范围内的下边长(m)，当冲切破坏锥体的底面落在基础底面以内，计算柱与基础交接处的受冲切承载力时，取柱宽加 2 倍基础有效高度；当计算基础变阶处的受冲切承载力时，取上阶宽加 2 倍该处的基础有效高度；

F_1——相应于荷载效应的基本组合时作用在 A_1 的地基土净反力设计值；

p_j——扣除基础自重及其上土自重后相应于荷载效应基本组合时地基土单位面积净反力(kPa)；对偏心受压基础可取基础边缘处最大地基土单位面积净反力；

A_1——冲切验算时取用的部分基底面积(m²)(图 8-25 中阴影部分 ABCDEF 的面积)。

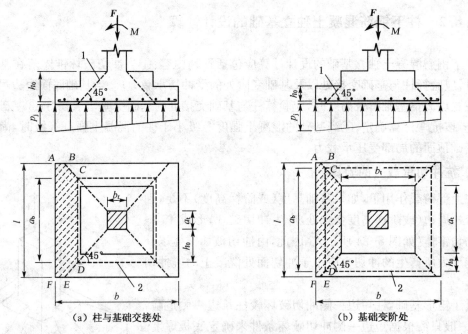

图 8-25　阶形基础受冲切承载力示意图
1—冲切破坏锥体最不利一侧的斜截面　2—冲切破坏锥体的底面线

设计时，常常是按照构造要求选定基础的高度和台阶高度，然后进行抗冲切承载力的验算,直到满足要求为止。显然,当45°破坏锥体面落在基础底面以外时,不必进行验算。

2) 受剪承载力的验算

当基础底面短边尺寸小于等于柱宽加2倍基础有效高度时,应验算柱与基础交接处的基础受剪切承载力:

$$V_s \leqslant 0.7\beta_{hs} f_t A_0 \tag{8-30}$$

式中:V_s——相应于荷载效应基本组合时,柱与基础交接处的剪力设计值(kN),图8-26中阴影面积乘以基底平均净反力。

f_t——混凝土轴心抗拉强度设计值。

β_{hs}——受剪承载力截面高度影响系数,$\beta_{hs} = (800/h_0)^{1/4}$。当$h_0 < 800$ mm时,取$h_0 = 800$ mm;当$h_0 > 2\,000$ mm时,取$h_0 = 2\,000$ mm。

A_0——验算截面处基础的有效截面面积(m^2)。当验算截面为阶梯形或锥形时,可将其截面折算成矩形截面。

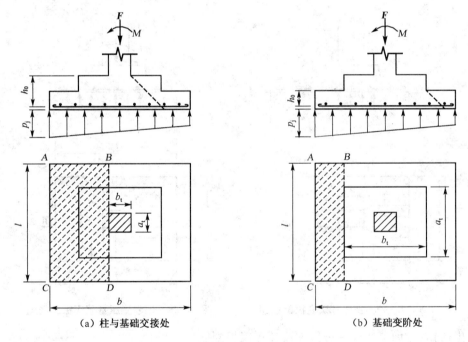

(a) 柱与基础交接处   (b) 基础变阶处

图8-26 阶形基础受剪切承载力示意图

3) 基础底板的配筋

由于独立基础底板在地基反力作用下,基础沿柱周边向上弯曲。一般矩形基础的长宽比小于2,故在两个方向均发生弯曲。当弯曲应力超过基础的抗弯强度时,会发生弯曲破坏,其破坏特征是裂缝沿柱角至基础角将基础底面分裂成4块梯形。配筋计算时,基础板可看成4块固定在柱边的梯形悬臂板。故基础底板2个方向都要配受力钢筋,钢筋面积按2个方向的最大弯矩分别计算。

如图8-27和图8-28所示,分布为轴心荷载和偏心受压作用下底板配筋计算示意图,在基础根部的Ⅰ-Ⅰ、Ⅱ-Ⅱ截面的弯矩值为

$$M_{\text{II}} = \frac{p_{\text{j}}}{24}(b-b_{\text{t}})^2(2l+a_{\text{t}}) \tag{8-31}$$

$$M_{\text{I}} = \frac{p_{\text{j}}}{24}(l-a_{\text{t}})^2(2b+b_{\text{t}}) \tag{8-32}$$

式中：l、b——基础底面板的长边和短边尺寸；

　　　a_{t}、b_{t}——相应的柱（或变阶处）截面尺寸。

对于偏心受压基础底板，在计算底板弯矩时，p_{j} 应取基础根部及边缘处地基土净反力的平均值，即

求 M_{I} 时
$$p_{\text{j}} = \frac{p_{\text{jmax}} + p_{\text{jI}}}{2} \tag{8-33a}$$

求 M_{II} 时
$$p_{\text{j}} = \frac{p_{\text{jmax}} + p_{\text{jmin}}}{2} \tag{8-33b}$$

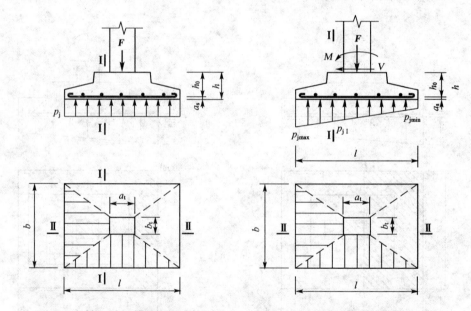

图 8-27　轴心受压基础底板配筋图　　　图 8-28　偏心受压基础底板配筋图

求出弯矩后，即可按前述近似方法计算底板配筋

$$A_{\text{sI}} = \frac{M_{\text{I}}}{0.9 f_{\text{y}} h_0} \tag{8-34a}$$

$$A_{\text{sII}} = \frac{M_{\text{II}}}{0.9 f_{\text{y}}(h_0 - d)} \tag{8-34b}$$

根据计算的配筋量选择钢筋，并满足构造要求。沿长边方向的钢筋 A_{sI} 置于板的外侧，沿短边方向的钢筋与长边方向垂直，置于内侧。

【例 8-6】　某教学楼框架柱截面为 $350\text{ mm} \times 400\text{ mm}$，作用在柱底的 $F_{\text{k}} = 750\text{ kN}$，$M_{\text{k}} = 86\text{ kN} \cdot \text{m}$，$V_{\text{k}} = 15\text{ kN}$，基础埋深为 1.3 m，经过修正后的地基承载力特征值为 250 kPa，采用柱下锥形基础，基础底面尺寸确定为 $b = 1.6\text{ m}$，$l = 2.5\text{ m}$，试确定该基础的高度及底板配筋。

【解】 基础材料选择 C20 的混凝土，$f_t = 1.1 \text{ N/mm}^2$，$f_c = 9.6 \text{ N/mm}^2$；选择 HPB 300 钢筋，$f_y = 270 \text{ N/mm}^2$，初步选择基础的高度 $h = 600 \text{ mm}$。

(1) 基底净反力计算

偏心距 $\quad e = \dfrac{M + Vh}{F} = \dfrac{86 + 15 \times 0.6}{750} = 0.127 \text{ m}$

净反力 $\quad p_{jmax} = \dfrac{F}{bl}\left(1 + \dfrac{6e}{l}\right) = \dfrac{750}{2.5 \times 1.6}\left(1 + \dfrac{6 \times 0.127}{2.5}\right) = 244.65 \text{ kPa}$

$\quad\qquad p_{jmin} = \dfrac{F}{bl}\left(1 - \dfrac{6e}{l}\right) = \dfrac{750}{2.5 \times 1.6}\left(1 - \dfrac{6 \times 0.127}{2.5}\right) = 130.35 \text{ kPa}$

(2) 柱边抗冲切验算

取 $a_s = 45 \text{ mm}$，$h_0 = 600 - 45 = 555 \text{ mm}$

偏心受压，验算时取最大地基净反力。

$$A_l = 1.6 \times \left(\dfrac{2.5}{2} - \dfrac{0.4}{2} - 0.555\right) - \left(\dfrac{1.6}{2} - \dfrac{0.3}{2} - 0.555\right)^2 = 0.787 \text{ m}^2$$

冲切力 $\quad F_l = p_{jmax}A_l = 244.65 \times 0.787 = 192.54 \text{ kN}$

抗冲切力 $\quad a_m = (a_t + a_b)/2 = (350 + 1\,460)/2 = 905 \text{ mm}$

$$0.7\beta_{hp}f_t a_m h_0 = 0.7 \times 1.0 \times 1.1 \times 10^3 \times 0.905 \times 0.555 = 386.8 \text{ kN} > F_l$$

故抗冲切承载力满足要求。

(3) 抗剪切承载力验算

由于 $1.6 \text{ m} > 0.35 + 2 \times 0.555 = 1.46 \text{ m}$，故无须进行柱边抗剪承载力验算。

(4) 底板配筋计算

① 沿长边方向的配筋

$$p_{jI} = 130.35 + \dfrac{2.5 + 0.4}{2 \times 2.5} \times (244.65 - 130.35) = 196.64 \text{ kPa}$$

$$p_j = \dfrac{p_{jmax} + p_{jI}}{2} = \dfrac{244.65 + 196.64}{2} = 220.65 \text{ kPa}$$

$$M_I = \dfrac{p_j}{24}(l - a_t)^2(2b + b_t) = \dfrac{1}{24} \times 220.65 \times (2.5 - 0.4)^2 \times (2 \times 1.6 + 0.35) = 143.93 \text{ kN}$$

$$A_{sI} = \dfrac{M_I}{0.9 f_y h_0} = \dfrac{143.93 \times 10^6}{0.9 \times 270 \times 555} = 1\,067.22 \text{ mm}^2$$

选择钢筋 $14\phi10$(间距约 110 mm)，$A_s = 1\,099 \text{ mm}^2$，且满足构造要求。

② 基础短边方向

短边方向可按基底反力按均布荷载计算，取

$$p_j = \dfrac{p_{jmax} + p_{jmin}}{2} = \dfrac{244.65 + 130.35}{2} = 187.5 \text{ kPa}$$

$$M_{II} = \dfrac{P_j}{24}(b - b_t)^2(2l + a_t) = \dfrac{187.5}{24} \times (1.6 - 0.35)^2 \times (2 \times 2.5 + 0.4) = 65.92 \text{ kN} \cdot \text{m}$$

$$A_{sⅡ} = \frac{M_Ⅱ}{0.9f_y(h_0 - d)} = \frac{65.92 \times 10^6}{0.9 \times 270 \times (555 - 10)} = 497.75 \text{ mm}^2$$

且构造要求钢筋直径不小于 10 mm,钢筋间距 $100 \leqslant s \leqslant 200$

选择钢筋 $13\phi10$(间距约 200 mm),$A_s = 1\ 020.5 \text{ mm}^2$

(5) 基础截面配筋图如图 8-29。

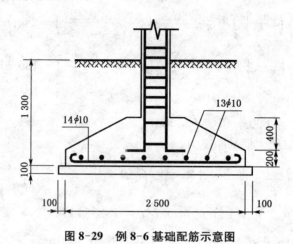

图 8-29　例 8-6 基础配筋示意图

8.9　减轻不均匀沉降的措施

一般来说,地基出现沉降是不可避免的。但是过大的地基沉降会使建筑物损坏后影响建筑物的使用功能。特别是高压缩性土、膨胀土、湿陷性黄土以及软硬不均等不良地基上的建筑物,如果设计时考虑不周、处理不当,更容易因不均匀沉降而开裂损坏。

如何防止或减轻不均匀沉降造成的损害,是结构设计中必须认真考虑的问题。解决这一问题大体上主要有两个方面:一是设法增强上部结构抵抗不均匀沉降的适应能力;二是设法减小不均匀沉降或总沉降量。具体措施有以下 4 种:

(1) 采用柱下条形基础、筏板基础、箱形基础等刚度较大、整体性较好的基础。

(2) 采用桩基或其他深基础。

(3) 采用各种地基处理的方法。

(4) 从地基、基础、上部结构相互作用的观点出发,在建筑、结构和施工方面采取某些措施。

以上前三类措施造价偏高,桩基及其他深基础和许多地基处理方法,往往需要具备一定的施工条件才能采用。因此,对于一般的中小型建筑物,应首先考虑在建筑、结构、施工方面采取减轻不均匀沉降危害的措施,必要时才采用其他的地基基础方案。

8.9.1 建筑措施

1）建筑体型力求简单

建筑体型指建筑平面形状和立面轮廓。建筑平面形状应力求简单、对称,如采用方形、矩形等。平面形状复杂(如"L""H""T""E"等有凹凸部位)的建筑物,在纵横单元交叉处基础密集,产生的附加应力互相叠加,使该处局部沉降量增加;同时,此类建筑物整体刚度差,不对称更容易产生扭曲应力,因而更易使建筑物开裂。建筑立面变化不宜过大,不宜高差悬殊。建筑物立面高差变化太大,地基各部分所受的荷载不同,自然容易出现过量的不均匀沉降。

2）控制建筑物的长高比及合理布置纵横墙

建筑物的长度或沉降单元的长度与从基础底面算起的高度之比,称为建筑物的长高比。长高比是决定砌体结构房屋刚度的一个重要因素。长高比较小时,建筑物的整体刚度好,调整地基不均匀沉降的能力就好。相反,长高比大的建筑物整体刚度小,纵墙容易因挠曲变形过大而开裂。根据调查认为:2 层以上的砌体承重房屋,当预估的最大沉降量超过 120 mm 时,长高比不宜大于 2.5;对于平面简单、内外墙贯通、横墙间隔较小的房屋,长高比的限值可放宽到 3.0。不符合上述条件时,可考虑设沉降缝。

合理布置纵横墙,是增强砌体承重结构房屋整体刚度的重要措施之一。一般来说,房屋的纵向刚度较弱,地基不均匀沉降的损害主要表现为纵墙的挠曲破坏。内外纵墙的中断、转折都会削弱建筑物的纵向刚度。此外,减小横墙的间距,也可以有效提高房屋的整体性,从而增强建筑调整不均匀沉降的能力。

3）设置沉降缝

当建筑物的体型复杂或长度太长或高差悬殊过大时,可以用沉降缝将建筑物分割成若干个独立的沉降单元。沉降缝应从基础底面到屋面把建筑彻底断开,断开后各个单元各自沉降,各自变形,一般不会再开裂。根据经验,沉降缝的位置宜选择在下列部位:①复杂平面形状建筑物的转折部位;②建筑物高度或荷载突变处;③长高比较大的建筑物的适当部位;④地基土的压缩性显著变化处;⑤建筑上部结构或基础类型不同处;⑥分期建造房屋的交界处。

沉降缝应有足够的宽度,以防止缝两侧单元相互倾斜而相互挤压。一般沉降缝的宽度:二、三层房屋为 50～80 mm,四、五层房屋为 80～120 mm,六层及以上不小于 120 mm。缝内一般不能填塞材料。

沉降缝的造价颇高,且增加了建筑及结构处理上的困难,所以不宜轻易使用。沉降缝可结合伸缩缝设置;在抗震区,最好与抗震缝共用,做到一缝多用。

4）控制相邻建筑物基础的间距

由地基土中附加应力的扩散作用可知:作用在地基上的荷载,会使土中一定宽度和深度范围内产生附加应力,使地基产生沉降。在此范围之外,荷载对相邻建筑物没有影响。同期建造的两相邻建筑,或在原有房屋邻近新建高层建筑物,若距离太近,就会由于相邻建筑的影响,产生不均匀沉降,造成建筑物的倾斜或开裂。

为避免相邻建筑物影响,建造在软弱地基上的建筑物的基础之间要有一定的净距。其值的大小主要由被影响建筑物的刚度(用长高比来衡量)和产生影响的建筑物的预估沉降量所决定。相邻建筑物的净距见表8-13。

表8-13　相邻建筑物基础间的净距

影响建筑物的预估 平均沉降量 s(mm)	受影响建筑的长高比	
	$2.0 \leqslant \dfrac{L}{H_f} < 3.0$	$3.0 \leqslant \dfrac{L}{H_f} < 5.0$
70～150	2～3	3～6
160～250	3～6	6～9
260～400	6～9	9～12
>400	9～12	≥12

注：(1) 表中 L 为房屋长度或沉降单元的长度(m)；H_f 为自基础底面算起的房屋高度(m)；
(2) 当受影响建筑的长高比为 $1.5 < L/H_f < 2.0$ 时，其间隔距离可适当缩小。

5）调整建筑物的局部标高

建筑物的长期沉降，会改变建筑物使用期间各单元、地下管道和工业设备部分的原有标高，设计时可采取下列措施调整建筑物的局部标高：

(1) 根据预估沉降量，适当提高室内地坪和地下设施的标高。

(2) 将相互联系的建筑物各部分中预估沉降量较大者的标高适当提高。

(3) 建筑物与设备之间应留有足够的净空。

(4) 有管道穿过建筑物时，应留有足够尺寸的孔洞，或采用柔性管道接头。

8.9.2　结构措施

1）减轻建筑物自重

地基压力中，建筑物自重（包括基础及回填土重）所占比例很大。据统计，一般工业建筑占40％～50％，一般民用建筑高达60％～80％。因而，减小沉降量常从减轻建筑物自重着手：

(1) 减轻墙体自重。宜选择轻型高强墙体材料，如多孔砖墙、轻质高强混凝土墙板等。

(2) 选用轻型结构。如采用预应力钢筋混凝土结构、轻钢结构、轻型空间结构等。

(3) 减轻基础及回填土自重。尽量采用浅埋基础；如果要求大量抬高室内地坪时，底层可考虑用架空层代替室内厚墙填土。

2）设置圈梁

对于砌体承重结构，不均匀沉降的危害突出表现为墙体的开裂，因而常在基础顶面附近和门窗顶部楼面处设置圈梁。圈梁能提高砌体结构抵抗弯曲的能力，即增强建筑物的抗弯刚度，是防止砌体墙出现裂缝和抑制裂缝开展的一项有效措施。当建筑物产生碟形沉降时，墙体产生正向弯曲，下方的圈梁起作用；墙体反向弯曲时，上方圈梁起作用，因实际中不易正确估计墙体的挠曲方向，故上、下方都设置圈梁。

圈梁必须与其他结合成整体，每道圈梁要贯通全部外墙。承重内纵墙及主要内横墙，即在平面上形成封闭系统。

3）减小或调整基底压力

采用较大的基础底面积，可减小基底附加压力，一般可减小沉降量。实际工程中应针对具体工程的不同情况考虑,尽量做到有效又经济合理。

4)设置连系梁

钢筋混凝土框架结构对不均匀沉降很敏感,很小的沉降差就足以引起较大的附加应力。对于采用独立柱基的框架结构,在基础间设置连系梁是加大结构整体刚度、减小不均匀沉降的有效措施之一。连系梁的设置带有一定的经验性,其底面一般置于基础表面(或略高些),过高则作用下降,过低则施工不便。一般连系梁的截面高度可取柱距的1/4~1/8,上下均匀通长配筋。

5)采用沉降非敏感性结构

与刚性较好的敏感结构相反,排架、三铰拱等铰接结构,支座发生相对位移时不会引起上部结构很大的附加应力,故可避免不均匀沉降对结构的危害。但是,这类非敏感结构通常只适用于单层工业厂房、仓库和某些公共建筑。必须注意,即使采用了这种结构,严重的不均匀沉降对于屋盖系统、围护结构、吊车梁等仍是有害的,还须采取相应的防范措施,如避免用连续吊车梁、刚性屋面防水层等。

8.9.3 施工措施

在软弱地基上进行工程建设时,采用合理的施工顺序、合适的施工方法,对减小或调整不均匀沉降也十分有效。

(1)遵照先重(高)后轻(低)的施工顺序

当拟建的建筑物之间重(高)轻(低)悬殊时,一般应按照先重后轻的顺序来施工;必要时还需要在重的建筑物竣工后间歇一段时间,再建造轻的相邻的建筑物(建筑单元)。

当高层建筑的主楼、裙房有地下室时,可在主楼、裙房相交的裙房一侧的适当位置(一般在1/3跨度处)设置后浇带,同样以先主楼后裙房的顺序施工,以减小不均匀沉降的影响。

(2)注意堆载、沉桩和降水等对邻近建筑物的影响

在已建成的建筑物周围,不宜堆放大量的建筑材料或土方等重物,以免地面堆载引起建筑物产生附加沉降。

拟建的密集建筑群内如有采用桩基础的建筑物,桩的设置应首先进行,并应注意采用合理的沉桩顺序。

在进行降低地下水位及开挖深基坑时,应密切注意对邻近建筑物可能产生的不利影响,必要时可以采用设置止水帷幕、控制基坑变形等措施。

(3)注意保护坑底土体

在淤泥及淤泥质土地基上开挖基坑时,要尽量不扰动土的原状结构。在雨季施工时,要避免坑底土体受雨水浸泡。通常的做法是:在坑底保留大约200 mm厚的原土层,待施工混凝土垫层时采用人工临时挖去。如果发现坑底软土被扰动,可挖去扰动部分,用砂、碎石等回填处理。

思考题

8-1 《建筑地基基础设计规范》中,对地基基础设计时所采用的荷载效应是如何规定的?

8-2 浅基础有哪些类型？简述其特点与适用范围。

8-3 确定基础埋深时要考虑哪些因素？

8-4 基础底面尺寸如何确定？

8-5 为什么要验算软弱下卧层的承载力？若不满足，应如何处理？

8-6 建筑物地基变形特征的意义、确定因素是什么？

8-7 无筋扩展基础与扩展基础有什么区别？

8-8 如何进行无筋扩展基础的设计？

8-9 如何进行墙下钢筋混凝土条形基础的设计？基本步骤是什么？

8-10 如何进行柱下钢筋混凝土独立基础的设计？基本步骤是什么？

8-11 柱下独立基础的高度是如何确定的？

8-12 减轻不均匀沉降危害的措施有哪些？

习 题

8-1 某黏性土重度 $\gamma = 18.2 \ kN/m^3$，孔隙比 $e = 0.76$，液性指数 $I_L = 0.75$，地基承载力特征值 $f_{ak} = 220 \ kPa$。现修建一外柱基础，在荷载效应的标准组合下，作用在基础顶面的轴心荷载 $F_k = 830 \ kN$，基础埋深（自室外地面起算）为 1.0 m，室内地面高出室外地面 0.3 m，试确定方形基础底面宽度。

8-2 现修建一内柱矩形基础，在荷载效应的标准组合下，作用在基础顶面的轴心荷载 $F_k = 860 \ kN$，$M_k = 200 \ kN \cdot m$，基础埋深为 1.2 m，某下黏性土重度 $\gamma = 18.6 \ kN/m^3$，孔隙比 $e = 0.76$，液性指数 $I_L = 0.75$，地基承载力特征值 $f_{ak} = 220 \ kPa$。试确定矩形基础底面尺寸。

8-3 某墙下条形基础，在荷载效应标准组合时，作用在基础顶面的轴向力 $F_k = 288 \ kN/m$，基础埋深为 1.6 m，地基为黏土，重度 $\gamma = 18.0 \ kN/m^3$，地基承载力特征值为 $f_{ak} = 160 \ kPa$，$\eta_b = 0.3$，$\eta_d = 1.6$。试确定基础宽度。

8-4 某柱下阶形基础，在荷载效应标准组合下，作用在基础顶部的荷载值 $N = 1800 \ kN$，$M = 220 \ kM \cdot m$。基础底面尺寸 $l \times b = 3.2 \ m \times 2.6 \ m$。基础埋深为 1.6 m，地基条件如下表所示，水位在地下 1.0 m 处，验算持力层和下卧层的承载力是否满足要求。

表 8-14 习题 8-4 表

土层	土层类别	土层厚度(m)	土层参数
1	人工填土	1.0	$\gamma = 17.8 \ kN/m^3$
2	黏性土	3.6	$\gamma_{sat} = 19.3 \ kN/m^3$ $e = 0.87$ $f_{ak} = 230 \ kPa$ $E_s = 7.5 \ MPa$
3	淤泥质土	3	$f_{ak} = 80 \ kPa$ $E_s = 2.5 \ MPa$

8-5 下图为甲、乙两个刚性基础的底面。甲基础底面面积为乙的 1/4。在两个基础底面上作用着相同的竖向均布荷载 q，如果两个基础位于完全相同的地基上，且基础的埋深也相同，问哪一个基础的极限承载力更大（单位面积上的压力）？为什么？哪一个基础的沉降量更大？为什么？

8-6 已知某厂房墙厚 240 mm，墙下采用钢筋混凝土条形基础。作用在基础顶面的轴心

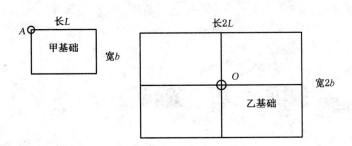

图 8-30 习题 8-5 图

荷载标准值 $F_k = 265\ \text{kN/m}$,基础底面弯矩标准值 $M_k = 10.6\ \text{kN}\cdot\text{m/m}$。基础底面宽度 b 已由地基承载力条件确定为 2.2 m,试设计此基础的高度并配筋。

8-7　某柱下独立基础,根据地基承载力已确定基础底面尺寸为 2.4 m×1.6 m,上部结构传来的荷载设计值为 $F = 700\ \text{kN}$,$M = 87.8\ \text{kN}\cdot\text{m}$,柱截面尺寸 0.4 m×0.3 m,试进行基础设计(采用混凝土强度等级为 C25,HPB 300 钢筋)。

9 桩基础

9.1 概述

随着经济的高速发展,越来越多的高层、超高层建(构)筑物以及各种大型高架桥梁大量涌现。采用传统浅基础形式无法满足建筑物对地基承载力或变形的要求,或地基处理措施造价过高不经济时,可优先考虑采用深基础。深基础一般埋深较大,主要以地基土中坚实的土层或岩层作持力层,一般以桩端持力层提供的桩端阻力来承担竖向荷载为主,也可通过桩身与桩周土体的摩擦阻力来传递上部结构荷载。深基础类型主要有桩基础、墩基础、地下连续墙、沉井和沉箱等几种。其中桩基础因承载性能和抗震性能好、稳定性好、沉降量小而均匀、便于机械化施工、适用范围广等特点,在工业与民用建筑、市政、桥梁、港口等工程领域得到广泛应用。桩基础简称桩基,由设置于岩土中的桩和与桩顶联结的承台共同组成或由柱与桩直接联结而成,如图 9-1、图 9-2 所示。

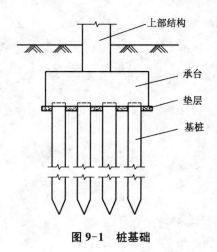

上部结构

承台

垫层

基桩

图 9-1 桩基础

图 9-2 桩基础承台

9.1.1 桩基础的发展

桩基础的发展有着悠久的历史。通过考古学家在浙江省余姚市河姆渡村发掘的木桩和木结构文化遗址,说明早在七千多年前的新石器时代,人类就已经懂得在地基条件不良的湖泊和沼泽地带应用木桩来支撑房屋。公元前200年到公元220年的汉朝,我们的祖先已有使用木桩基础修建桥梁的记载。至今尚存的始建于三国东吴的上海龙华塔、始建于隋朝的河南郑州超化寺塔、始建于北宋时期的山西太原晋祠圣母殿、始建于明清时期的北京御桥以及南京的石头城等均采用的是木桩基础,这些都是早期桩基础应用的典范。随着桩基技术的不断发展完善,明清时期木桩基础已广泛应用于河堤工程、桥梁工程及地基处理等。到了20世纪初,木桩基础开始用于高层民用建筑,如民国时期第一座高层建筑——上海字林西报大楼(现改名"桂林大厦")。世界工业革命后,钢材、混凝土及相应的制品相继诞生,木桩进入过渡时期,钢桩、混凝土桩在工业与民用建筑和桥梁等领域得到了应用。随着工程建设和工业技术的发展,在20世纪50年代后,木桩逐渐被淘汰,钢桩、混凝土桩的应用越来越广泛,施工技术越来越成熟,桩型愈加丰富。根据地质条件和施工工艺的不同,逐渐发展并完善了钻、挖、冲孔灌注桩,钢筋混凝土预制桩,预应力混凝土管桩和钢桩,桩型向多样化,直径向大型化发展,桥梁和高层建筑已用到直径为5 m的灌注桩。

9.1.2　桩基础的适用范围

桩基础由于承载性能好、适应性强等特点,已成为高层建筑、超高层建(构)筑物、重型工业厂房等工程常用的基础形式。具体来讲,一般下列情况可考虑选用桩基础:

(1)上部结构荷载大,对沉降有一定限制或严格限制的各类建(构)筑物。

(2)地基土性质特殊,如软土、液化土、膨胀土、湿陷性黄土、季节性冻土等。

(3)地基上部土层软弱或压缩性较高,不能支撑上部结构传来的竖向荷载,且不适合进行地基处理,或地基处理措施不经济。

(4)地基土上层分布厚薄不均,工程地质性质差异大;或上部结构荷载不均,易产生不均匀沉降。

(5)除承受较大竖向中心荷载外,基础需承受较大偏心荷载、上拔荷载、动荷载、水平荷载或周期性荷载作用。

(6)建筑物位于河流附近,基础周围土体易遭到侵蚀或冲刷,或地下水位较高,采用其他深基础施工不便或经济上不合理。

(7)建筑物受到大面积地面堆载或邻近建筑物的影响,浅基础无法满足变形要求。

大量的工程实践让人们在桩基应用中积累了丰富的经验,从而推动了桩基的设计理论和施工工艺的发展。然而,由于勘察不详、设计不合理或施工不当造成的失败案例也不在少数。因此,为避免工程事故的发生,在基础设计之前,应对建设场地进行详细勘察,在此基础上,结合上部结构形式、规模、荷载大小及周边场地环境条件综合分析,慎重选择基础形式,精心设计施工。

9.1.3　桩基础设计的一般规定

根据《建筑桩基技术规范》(JGJ 94—2008)的要求,桩基础设计时一般应符合下列规定:

(1)根据建筑规模、功能特征、对差异变形的适用性、场地地基和建筑物体型的复杂性以及由于桩基问题可能造成建筑物破坏或影响正常使用的程度,可将桩基设计分为甲、乙、丙3

个安全等级,桩基设计等级按表 9-1 确定。

(2) 桩基设计时,需满足两类极限状态设计要求:①承载能力极限状态:桩基达到最大承载能力、整体失稳或发生不适于继续承载的变形;②正常使用极限状态:桩基达到建筑物正常使用所规定的变形限值或耐久性要求的某项限值。

表 9-1 建筑桩基设计等级

设计等级	建 筑 类 型
甲级	(1) 重要的建筑; (2) 30 层以上或高度超过 100 m 的高层建筑; (3) 体型复杂且层数相差 10 层的高低层(含纯地下室)连体建筑; (4) 20 层以上框架-核心筒结构及其他对差异沉降有特殊要求的建筑; (5) 场地和地基条件复杂的 7 层以上的一般建筑及坡地、岸边建筑; (6) 对相邻既有工程影响较大的建筑
乙级	除甲级、丙级以外的建筑
丙级	场地和地基条件简单、荷载分布均匀的 7 层及 7 层以下的一般建筑

(3) 所有桩基均应进行承载力和桩身强度计算。具体计算内容应根据具体条件分别计算:

① 应根据桩基的使用功能和受力特征分别进行桩基的竖向承载力计算和水平承载力验算。

② 应对桩身和承台结构承载力进行计算;对于桩侧土不排水抗剪强度小于 10 kPa 且长径比大于 50 的桩,应进行桩身压屈验算;对于混凝土预制桩,应按吊装、运输和锤击作用进行桩身承载力验算;对于钢管桩,应进行局部压屈验算。

③ 当桩端平面以下存在软弱下卧层时,应进行软弱下卧层承载力验算。

④ 对位于坡地、岸边的桩基,应进行整体稳定性验算。

⑤ 对于抗浮、抗拔桩基,应进行基桩和群桩的抗拔承载力计算。

⑥ 对于抗震设防区的桩基,应进行抗震承载力验算。

(4) 以下建筑桩基应进行变形计算:①设计等级为甲级的非嵌岩桩和非深厚坚硬持力层的建筑桩基,设计等级为乙级的体型复杂、荷载分布显著不均匀或桩端平面以下存在软弱土层的建筑桩基,软土地基多层建筑减沉复合疏桩基础应进行沉降计算;②对受水平荷载较大,或对水平位移有严格限制的建筑桩基,应计算其水平位移。

(5) 对不允许出现裂缝或裂缝宽度受限制的桩和承台,应根据桩基所处的环境类别和相应的裂缝控制等级,验算正截面的抗裂和裂缝宽度。

(6) 桩基设计时所采用的作用效应组合与相应的抗力应符合下列规定:

① 确定桩数和布桩时,应采用传至承载底面的荷载效应标准组合,相应的抗力采用基桩或复合基桩承载力特征值。

② 计算风荷载作用下的桩基沉降和水平位移时,应采用荷载效应准永久组合;计算水平地震作用、风荷载作用下的桩基水平位移时,应采用水平地震作用、风荷载效应标准组合。

③ 验算坡地、岸边建筑桩基的整体稳定性时,应采用荷载效应标准组合;抗震设防区应采用地震作用效应和荷载效应的标准组合。

④ 计算桩基结构承载力、确定尺寸和配筋时,应采用传至承台顶面的荷载效应基本组合;当进行承台和桩身裂缝控制验算时,应分别采用荷载效应的标准组合和准永久组合。

⑤ 桩基结构设计安全等级、结构设计使用年限和结构重要性系数 γ_o 应按现行有关建筑结构规范的规定采用,除临时性建筑外,重要性系数 γ_o 不应小于 1.0。

⑥ 当桩基结构进行抗震验算时,其承载力调整系数 γ_{RE} 应按现行国家标准《建筑抗震设计规范》(GB 50011—2010)的规定采用。

9.2 桩的分类

桩的种类繁多,从广义上讲,有作为基础结构的桩、作为围护结构的桩、作为地基处理的桩及其他用途的桩,本章主要介绍基础桩。桩基础中的单桩一般简称"基桩"或"基础桩",由单根基桩承受和传递上部结构荷载至地基土的独立基础,称为"单桩基础",由多根基桩和桩顶承台组成整体共同作用的桩基础称为"群桩基础"。基桩可以是竖直或倾斜的,工程建设中大多以承受竖向荷载为主而多用竖直桩,倾斜桩多用于桥梁、码头等工程,以抵抗水平力。根据承台与地面的相对位置、设置效应、桩的承载性状、施工工艺、桩径大小及桩身材料等可把桩划分为下列类型。

9.2.1 按承台与地面的相对位置分类

桩基础由设置于土中的基桩和桩顶承台组成,根据承台与地面的相对位置,桩基础可分为:

(1) 低承台桩基:承台底面位于地面或冲刷线以下的桩基础称为低承台桩基(图 9-3)。工业与民用建筑工程桩基基本属于这一类,其承载性能好。

(2) 高承台桩基:承台底面位于地面或冲刷线以上的桩基础称为高承台桩基(图 9-4)。常用于桥梁、港口工程,其水平受力性能较差,但可节省基础材料,便于水下施工。

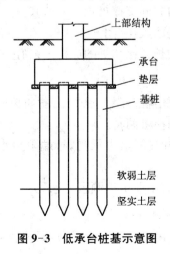

图 9-3　低承台桩基示意图

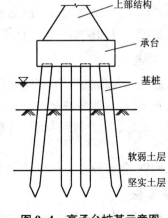

图 9-4　高承台桩基示意图

9.2.2 按桩设置效应分类

由于成桩方法（打入或钻孔成桩等）不同，桩周土体所受的挤土效应也不相同。成桩过程中的外力将改变原状土的结构、应力状态和物理力学性质，从而影响桩的承载力和变形特性。这些影响统称为桩的设置效应。桩按设置效应可分为下列 3 类：

1）非挤土桩

如泥浆护壁法钻（挖）孔灌注桩、干作业法钻（挖）孔灌注桩、套管护壁法钻（挖）孔灌注桩等，因成桩过程中首先钻（挖）孔，再将孔中浮土清除干净，然后在孔中放入钢筋笼、浇灌混凝土成桩，或成孔后放入预制桩。桩周土体不存在挤土负面效应，又能穿越各种硬夹层、嵌岩和进入各种硬持力层，桩的几何尺寸和单桩承载力可调空间大，因此其使用范围广，尤其适用于高、重建筑物基础。

2）部分挤土桩

如冲孔灌注桩、长螺旋压灌灌注桩、搅拌劲芯桩、钻孔挤扩灌注桩、预钻孔打入（静压）预制桩、打入（静压）式敞口钢管桩、敞口预应力混凝土空心桩和 H 型钢桩等，在桩的设置过程中对桩周土体稍有挤压作用，但对土的强度和变形影响不大，原状土测得的强度指标一般可以用来估算桩的承载力和沉降量。

3）挤土桩

如沉管灌注桩、沉管夯（挤）扩灌注桩、打入（静压）预制桩、闭口预应力混凝土空心桩和闭口钢管桩、木桩等。在成桩过程中，桩周土体由于受到排挤，其结构扰动破坏严重，强度及变形性质受到较大影响。在饱和软黏土中，挤土作用会引发灌注桩缩颈、断裂等质量事故，对于挤土预制混凝土桩和钢桩会导致桩体上浮，降低承载力，增大沉降。在松散土和非饱和填土中，土体因振动挤密，土体抗剪强度和承载力提高。

9.2.3 按承载性状分类

在承载能力极限状态下，总桩侧阻力和总桩端阻力共同支撑桩顶竖向荷载，根据两者发挥程度和所占份额不同，可将桩分为摩擦型桩和端承型桩两大类（图 9-5、图 9-6）。承载性状的变化不仅与桩侧土层和桩端持力层性质有关，还与桩的长径比和桩的成桩工艺有关。

1）摩擦型桩

在承载能力极限状态下，桩顶竖向荷载全部或主要由桩侧阻力承受，根据桩侧阻力分担竖向荷载的比例不同，摩擦型桩又可分为摩擦桩和端承摩擦桩两类。

摩擦桩：在承载能力极限状态下，桩顶竖向荷载由桩侧阻力承受，桩端阻力小到可忽略不计。

端承摩擦桩：在承载能力极限状态下，桩顶竖向荷载主要由桩侧阻力承受。

2）端承型桩

在承载能力极限状态下，桩顶竖向荷载全部或主要由桩端阻力承受，根据桩端阻力分担竖向荷载的比例不同,端承型桩又可分为端承桩和摩擦端承桩两类。

端承桩:在承载能力极限状态下,桩顶竖向荷载由桩端阻力承受,桩侧阻力小到可忽略不计。

摩擦端承桩:在承载能力极限状态下,桩顶竖向荷载主要由桩端阻力承受。

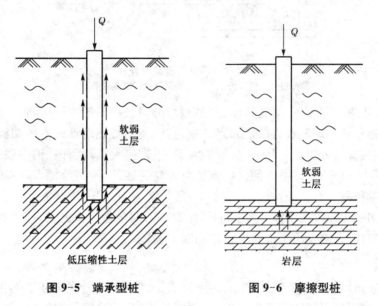

图 9-5   端承型桩   图 9-6   摩擦型桩

9.2.4   按桩的施工工艺分类

根据桩的施工工艺不同,可将桩分为预制桩和灌注桩。

1)预制桩

预制桩指借助专用机械设备将预先制作好的具有一定强度、刚度的桩体采用锤击、静压、旋入或振入等方式置于土中的桩型。根据制桩材料不同,又有混凝土桩、钢桩、木桩等。

(1)混凝土预制桩:截面形状有圆形、方形及多边形等,其中方形最为普遍。混凝土方桩截面边长一般为 $200\sim600$ mm,预应力混凝土预制实心桩的截面边长不宜小于 350 mm。现场预制桩长一般在 $25\sim30$ m。因运输条件限制,工厂预制桩的分节长度应根据施工条件及运输条件确定,桩长一般不超过 12 m,在沉桩现场进行连接到设计桩长,接头不宜超过 3 个,桩的连接可采用焊接、法兰连接或机械快速连接(螺纹式、啮合式)。混凝土实心桩的优点:长度和截面可在一定范围内根据现场实际需要选择,制作质量容易保证,承载性能好,耐久性好,工程应用范围广。

(2)预应力混凝土空心桩(图 9-7):预应力混凝土空心桩按截面形式可分为管桩、空心方桩,按混凝土强度等级可分为预应力高强混凝土(PHC)桩、预应力混凝土(PC)桩。常用的桩径(外径)为 $300\sim600$ mm,桩长每节 $6\sim12$ m。桩尖形式宜根据地层性质选择闭口形或敞口形;闭口形分为平底十字形和锥形。桩的连接可采用端板焊接连接、法兰连接、机械啮合连接、螺纹连接。每根桩的接头数量不宜超过 3 个。由于用离心法成型,混凝土中多余的水分由于离心力而甩出,故混凝土致密,强度高,抵抗地下水和其他腐蚀的性能好。桩身强度达到设计强度100%后才可运到现场打桩。

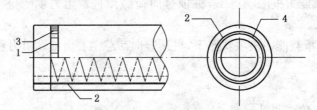

图9-7 预应力混凝土管桩
1—端头板;2—预应力钢筋;3—钢套箍;4—螺旋箍筋

(3)钢桩:可采用管型、H型或其他异型钢材,分段长度一般12~15 m,焊接接头应采用等强度连接。钢管桩桩端形式有敞口和闭口两种,H型钢桩桩端形式有带端板和不带端板两种,其中不带端板又可分为锥底和平底(带扩大翼、不带扩大翼)两种。钢桩强度高,贯入能力强,桩身质量可靠,自重轻,成桩方便。但钢桩由于易腐蚀、造价高等特点,一般用于重要工程或房屋建筑基础加固。

(4)木桩:由于材料的限制,早期木桩应用案例较多,随着工业的发展,木桩逐渐被钢桩和钢筋混凝土桩取代,目前仅用于临时工程或加固工程。

2)灌注桩

灌注桩是先用机械或人工成孔,然后再下钢筋笼、灌注混凝土的基桩。与混凝土预制桩相比,灌注桩一般根据使用期间荷载进行配筋,用钢量较省,造价较预制桩低。其截面通常为圆形,可做成大直径和扩底桩。灌注桩的种类繁多,下面介绍常见的几种。

(1)钻孔灌注桩:在泥浆护壁下钻进,借助泥浆的循环将孔内残渣清除,安放钢筋笼,然后利用导管浇灌混凝土。常用桩径有600 mm、800 mm、1 200 mm、1 500 mm、1 800 mm等,最长可达百米以上。该桩型刚度大,承载力高,桩身变形小,施工时振动小、噪音低,应用最为广泛,但不宜用于大直径卵石层。

(2)冲孔灌注桩:和钻孔灌注桩相比主要是成孔工艺不同。冲击成孔是利用冲击钻机把带钻刃的重钻头(又称冲锤)提高,靠钻头自由下落的冲击力来削切岩土层,排出碎渣成孔。成孔过程中采用泥浆护壁。常用桩径600~2 500 mm。冲击成孔在破碎坚硬岩石和卵石等岩土具有明显的优势,但该种方法钻进效率低。

(3)旋挖成孔灌注桩:旋挖钻机成孔首先是利用钻斗、钻头自重加压作为动力回转破碎岩土,钻渣直接装入钻斗内,然后再由钻机提升装置和伸缩钻杆将钻斗提出孔外卸土,这样循环往复,直至钻至设计深度。对黏结性好的岩土层,可采用干式或清水钻进工艺,无须泥浆护壁。而对于松散易坍塌地层,或有地下水分布,孔壁不稳定,必须采用静态泥浆护壁钻进工艺,向孔内灌入护壁泥浆或稳定液进行护壁。成孔应采用跳挖方式,成孔后清除孔底余土,安放钢筋笼,浇灌混凝土。

(4)长螺旋钻孔压灌桩:该桩型成孔工艺是使用长螺旋钻机钻进,渣土沿着螺旋排升到地面,钻入到设计深度后空转清土,然后自空心钻杆向孔内泵压桩料(混凝土或CFG桩混合料),边压入桩料边提钻,在灌浆结束后立即吊起钢筋笼,借助专用设备将其放置至设计深度。这种桩型适用于黏性土、粉土、填土、砂土等。由于它具有施工噪声低、设备行走灵活、无泥浆污染、成桩速度快、质量可靠、对地层适应性强而被广泛采用,并能有效避免软土、砂土地区成桩缩颈、断桩等问题。

（5）人工挖孔灌注桩：采用人工逐段挖掘成孔，边开挖边护壁，成孔至设计深度后，安放钢筋笼，浇灌混凝土而成。桩径不应小于 0.8 m，且不宜大于 2.5 m，孔深不宜大于 30 m。成孔过程中方便观察地层情况，孔底易清除干净，设备简单，造价较低，但挖孔施工时存在安全隐患，目前在城区已较少采用，山区应用较多。

9.2.5　按桩径大小分类

该分类方法常用于灌注桩，桩径（d）大小影响桩的承载性状。根据《建筑桩基技术规范》（JGJ 94—2008）的分类标准，分为下列 3 种：

（1）小直径桩：$d \leqslant 250$ mm。

（2）中等直径桩：250 mm $< d < 800$ mm。

（3）大直径桩：$d \geqslant 800$ mm。

9.2.6　按桩身材料分类

按桩身材料不同，可分为木桩、混凝土桩、钢桩、组合材料桩。

9.3　单桩在竖向荷载下的性状

桩是置于土层中的构件，它依靠桩侧摩阻力和桩端阻力共同支撑桩顶荷载。单桩承载力不仅与桩型、桩长、桩径有关，还与桩周土的性质有关，了解桩土间的传力机理对单桩承载力的确定具有指导意义。桩顶荷载一般包括竖向力、水平力和力矩。本节主要讲述单桩在竖向压力荷载下的性状。

9.3.1　单桩的荷载传递

如图 9-8 所示，桩在竖向压力荷载 Q 作用下，桩顶将发生轴向位移（沉降），其位移量 δ 由桩身弹性压缩变形 δ_z 和桩底土层压缩变形 δ_l 两部分组成，置于土中的桩与其桩周土是紧密接触的，当桩相对于土产生向下位移时，桩侧土对桩身产生向上作用的桩侧摩阻力。桩顶荷载沿桩身向下传递的过程中，必须不断地克服这种摩阻力，桩身轴向力随深度逐渐减小，传至桩底轴向力 N_1 也即桩端总阻力 Q_p，桩顶荷载克服全部桩侧摩阻力 Q_s 后剩下荷载由桩端阻力承受，即桩端总阻力 $Q_p = Q - Q_s$。桩顶荷载通过桩侧摩阻力和桩端阻力传递给地基土。

桩顶没有荷载时，桩侧、桩端阻力为零。桩顶受力后，随着荷载的不断增加，桩侧阻力、桩身轴力和桩端阻力也随之不断变化，当桩顶荷载增大到一定值时，桩体出现不停滞下沉，此时，桩侧、桩端阻力达到极限值，这种状态称为承载能力极限状态。

桩侧摩阻力的发挥程度往往与桩土相对位移有关，根据相关试验所得出的数据，一般在黏

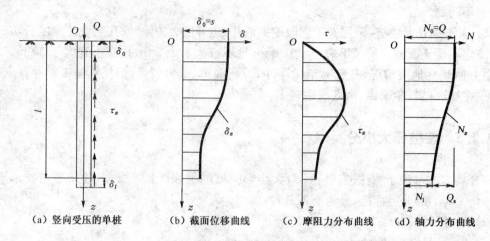

|（a）竖向受压的单桩 | （b）截面位移曲线 | （c）摩阻力分布曲线 | （d）轴力分布曲线 |

图 9-8　单桩竖向荷载传递

性土中达到极限值时,桩土相对位移量约 4～6 mm,砂土中约为 6～10 mm。桩侧摩阻力极限值的大小与所处深度、土的类别、土的物理力学性质、成桩工艺等相关。

通过总结各类试验资料进行分析,得出桩的荷载传递有下列特性:

（1）桩端阻力充分发挥到极限值所需的位移明显大于桩侧阻力发挥所需的位移,桩端阻力的发挥往往滞后于桩侧阻力。

（2）桩端持力层为刚性时,桩端位移很小,桩侧摩阻力发挥得也很小。如果是桩径大而桩长短的桩,则属于端承桩;如果是细长桩,则多属于摩擦端承桩。

（3）一般桩端扩底直径越大,桩端阻力分担荷载的比例越大。但当桩身长径比很大时,桩顶在荷载作用下其自身截面变形量较大,桩顶位移往往已超过沉降变形允许值,此时桩端阻力承担荷载的比例很小,大部分荷载由桩侧阻力承受,桩底坚硬土层不能发挥作用。

（4）桩侧或桩端入土深度小于某一临界深度时,极限桩侧阻力或桩端阻力随深度线性增加,而大于该深度后则保持恒值不变,这种现象称为深度效应。

9.3.2　桩的负摩阻力

桩周土由于自重固结、湿陷、地面荷载作用等原因而产生大于基桩的沉降所引起的对桩表面的向下摩阻力称为负摩阻力。作用于单桩中性点以上的负摩阻力之和称为下拉荷载,它对桩身、承台和上部结构都是不利的。下列情况一般应考虑桩侧负摩阻力作用:

（1）由于降低地下水位,使桩周土有效应力增大,并产生显著压缩沉降时。

（2）桩穿越较厚松散填土、自重湿陷性黄土、欠固结土、液化土层进入相对较硬土层时。

（3）桩周存在软弱土层,邻近桩侧地面承受局部较大的长期荷载,或地面大面积堆载（包括填土）时。

（4）挤土桩施工完成后,孔隙水压力消散,土体逐渐固结沉降时。

（5）冻土由于融化而引起桩侧土下沉时。

图 9-9 所示为一穿过软弱土层支撑于坚硬土层的桩的荷载传递曲线。从图中可以看出,在深度 M 点以上,桩身截面位移小于桩侧土体位移,桩侧摩阻力向下,为负摩阻力;在深度 M

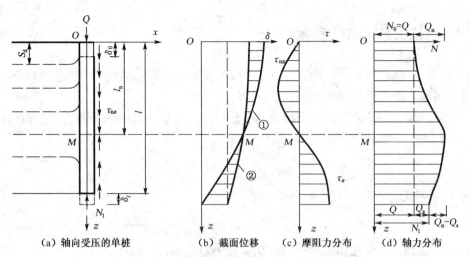

图 9-9 单桩在产生负摩阻力时荷载传递
①—桩侧土层位移曲线;②—桩身截面位移曲线

点以下,桩身截面位移大于桩侧土体位移,桩侧摩阻力向上,为正摩阻力。在深度 M 点处,桩身截面和桩侧土体相对位移为零,摩阻力为零,该点称为中性点。中性点位置随着土层的固结沉降而变化,中性点深度 l_n 应按桩周土层沉降与桩沉降相等的条件计算确定,也可参照表 9-2 确定。

表 9-2 中性点深度 l_n

持力层性质	黏性土、粉土	中密以上砂	砾石、卵石	基岩
中性点深度比 l_n/l_0	0.5~0.6	0.7~0.8	0.9	1.0

注:(1) l_n、l_0——分别为自桩顶算起的中性点深度和桩周软弱土层下限深度;
(2) 桩穿过自重湿陷性黄土层时,l_n 可按表列值增大 10%(持力层为基岩除外);
(3) 当桩周土层固结与桩基固结沉降同时完成时,取 $l_n = 0$;
(4) 当桩周土层计算沉降量小于 20 mm 时,l_n 应按表列值乘以 0.4~0.8 折减。

9.4 单桩竖向承载力

单桩竖向承载力是单桩在竖向荷载作用下的承载能力,是桩与土共同作用的结果,既与桩身强度有关,也与土的性质有关(如土的密实度、摩擦系数等)。随着桩顶荷载的不断增大,桩体到达破坏状态前或出现不适于继续承载的变形时所对应的最大荷载称为单桩竖向极限承载力,并取对应的荷载值为单桩竖向极限承载力标准值。在工程实践中,一般由土对桩的支承阻力所控制,对于端承桩、超长桩以及桩身质量有缺陷的桩,也可能由桩身材料强度控制。本节主要根据《建筑桩基技术规范》(JGJ 94—2008)介绍几种确定单桩竖向极限承载力标准值的方法。

9.4.1 按桩身结构强度确定

钢筋混凝土受压桩可看作轴心受压杆件,可根据《混凝土结构设计规范》(GB 50010—2010)规定进行正截面受压承载力计算。

(1) 当桩顶以下 $5d$ 范围的桩身螺旋式箍筋间距不大于 100 mm,且符合《建筑桩基技术规范》(JGJ 94—2008)相关构造规定时

$$N \leqslant \psi_c f_c A_{ps} + 0.9 f'_y A'_s \tag{9-1}$$

(2) 当桩身配筋不符合上述构造规定时

$$N \leqslant \psi_c f_c A_{ps} \tag{9-2}$$

式中:N——荷载效应基本组合下的桩顶轴向压力设计值(kN);

f_c——混凝土轴心抗压强度设计值(kPa);

f'_y——纵向主筋抗压强度设计值(kPa);

A_{ps}——桩身的横截面面积(m^2);

A'_s——纵向主筋截面面积(m^2);

ψ_c——基桩成桩工艺系数,混凝土预制桩、预应力混凝土空心桩取 0.85;干作业非挤土灌注桩取 0.90;泥浆护壁和套管护壁非挤土灌注桩、部分挤土灌注桩、挤土灌注桩取 0.7~0.8;软土地区挤土灌注桩取 0.6。

对于高承台基桩、桩身穿越可液化土或不排水抗剪强度小于 10 kPa 的软弱土层的基桩,应考虑压屈影响,可按式(9-1)、式(9-2)计算所得桩身正截面受压承载力乘以 φ 折减,其稳定系数 φ 可根据桩身压屈长度 l_c 和桩的设计直径 d(或矩形桩短边尺寸 b)确定。

9.4.2 按经验参数估算确定

《建筑桩基技术规范》(JGJ 94—2008)推荐竖向承载力经验公式如下:

(1) 根据土的物理指标与承载力参数之间的经验关系,对直径 $d < 800$ mm 的灌注桩和预制桩,确定单桩竖向极限承载力标准值时,宜按下式估算:

$$Q_{uk} = Q_{sk} + Q_{pk} = u \sum q_{sik} l_i + q_{pk} A_p \tag{9-3}$$

式中:Q_{uk}——单桩竖向极限承载力标准值(kN);

Q_{sk}——单桩总极限侧阻力标准值(kN);

Q_{pk}——单桩总极限端阻力标准值(kN);

u——桩身周长(m);

A_p——桩端面积(m^2);

l_i——桩周第 i 层土的厚度(m);

q_{sik}——桩侧第 i 层土的极限侧阻力标准值(kPa),无当地经验时,可按表9-3取值;

q_{pk}——桩端极限端阻力标准值(kPa),无当地经验时,可按表9-4取值。

【例 9-1】 如图 9-10 所示,某预制方桩边长为 400 mm,桩长 11.0 m,穿越上层土后,以中密中砂层作为持力层。已知 $l_1 = 3.0$ m, $q_{s1k} = 50$ kPa,$l_2 = 8.0$ m,$q_{s2k} = 80$ kPa,$q_{s3k} = 60$ kPa,$q_{pk} = 6\,000$ kPa。试确定该桩的单桩竖向极限承载力标准值。

【解】 单桩竖向极限承载力标准值为

$$Q_{uk} = Q_{sk} + Q_{pk} = u \sum q_{sik} l_i + q_{pk} A_p$$
$$= 4 \times 0.4 \times (50 \times 3 + 80 \times 8 + 60 \times 1) + 6\,000 \times 0.4 \times 0.4$$
$$= 2\,310 \text{ kN}$$

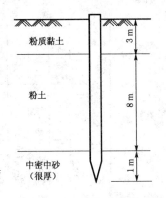

图 9-10 例 9-1 图

表 9-3 桩的极限侧阻力标准值 q_{sik}(kPa)

土的名称	土的状态		混凝土预制桩	泥浆护壁钻(冲)孔桩	干作业钻孔桩
填土			22～30	20～28	20～28
淤泥			14～20	12～18	12～18
淤泥质土			22～30	20～28	20～28
黏性土	流塑	$I_L > 1$	24～40	21～38	21～38
	软塑	$0.75 < I_L \leq 1$	40～55	38～53	38～53
	可塑	$0.50 < I_L \leq 0.75$	55～70	53～68	53～66
	硬可塑	$0.25 < I_L \leq 0.50$	70～86	68～84	66～82
	硬塑	$0 < I_L \leq 0.25$	86～98	84～96	82～94
	坚硬	$I_L \leq 0$	98～105	96～102	94～104
红黏土	$0.7 < a_w \leq 1$		13～32	12～30	12～30
	$0.5 < a_w \leq 0.7$		32～74	30～70	30～70
粉土	稍密	$e > 0.9$	26～46	24～42	24～42
	中密	$0.75 \leq e \leq 0.9$	46～66	42～62	42～62
	密实	$e < 0.75$	66～88	62～82	62～82
粉细砂	稍密	$10 < N \leq 15$	24～48	22～46	22～46
	中密	$15 < N \leq 30$	48～66	46～64	46～64
	密实	$N > 30$	66～88	64～86	64～86
中砂	中密	$15 < N \leq 30$	54～74	53～72	53～72
	密实	$N > 30$	74～95	72～94	72～94
粗砂	中密	$15 < N \leq 30$	74～95	74～95	76～98
	密实	$N > 30$	95～116	95～116	98～120
砾砂	稍密	$5 < N_{63.5} \leq 15$	70～110	50～90	60～100
	中密(密实)	$N_{63.5} > 15$	116～138	116～130	112～130
圆砾、角砾	中密、密实	$N_{63.5} > 10$	160～200	135～150	135～150
碎石、卵石	中密、密实	$N_{63.5} > 10$	200～300	140～170	150～170
全风化软质岩	$30 < N \leq 50$		100～120	80～100	80～100
全风化硬质岩	$30 < N \leq 50$		140～160	120～140	120～150
强风化软质岩	$N_{63.5} > 10$		160～240	140～200	140～220
强风化硬质岩	$N_{63.5} > 10$		220～300	160～240	160～260

注:(1) 对于尚未完成自重固结的填土和以生活垃圾为主的杂填土,不计算其侧阻力;
(2) a_w 为含水比,$a_w = \omega / \omega_L$,ω 为土的天然含水量,ω_L 为土的液限;
(3) N 为标准贯入击数;$N_{63.5}$ 为重型圆锥动力触探击数;
(4) 全风化、强风化软质岩和全风化、强风化硬质岩系指其母岩分别为 $f_{rk} \leq 15$ MPa、$f_{rk} > 30$ MPa 的岩石。

表 9-4　桩的极限端阻力标准值 q_{pk}（kPa）

土名称	土的状态	混凝土预制桩桩长 l(m)				泥浆护壁钻(冲)孔桩桩长 l(m)				干作业钻孔桩桩长 l(m)		
		$l \leq 9$	$9 < l \leq 16$	$16 < l \leq 30$	$l > 30$	$5 \leq l < 10$	$10 \leq l < 15$	$15 \leq l < 30$	$30 \leq l$	$5 \leq l < 10$	$10 \leq l < 15$	$15 \leq l$
黏性土	软塑 $0.75 < I_L \leq 1$	210~850	650~1 400	1 200~1 800	1 300~1 900	150~250	250~300	300~450	300~450	200~400	400~700	700~950
	可塑 $0.50 < I_L \leq 0.75$	850~1 700	1 400~2 200	1 900~2 800	2 300~3 600	350~450	450~600	600~750	750~800	500~700	800~1 100	1 000~1 600
	硬可塑 $0.25 < I_L \leq 0.50$	1 500~2 300	2 300~3 300	2 700~3 600	3 600~4 400	800~900	900~1 000	1 000~1 200	1 200~1 400	850~1 100	1 500~1 700	1 700~1 900
	硬塑 $0 < I_L \leq 0.25$	2 500~3 800	3 800~5 500	5 500~6 000	6 000~6 800	1 100~1 200	1 200~1 400	1 400~1 600	1 600~1 800	1 600~1 800	2 200~2 400	2 600~2 800
粉土	中密 $0.75 < e \leq 0.9$	950~1 700	1 400~2 100	1 900~2 700	2 500~3 400	300~500	500~650	650~750	750~850	800~1 200	1 200~1 400	1 400~1 600
	密实 $e < 0.75$	1 500~2 600	2 100~3 000	2 700~3 600	3 600~4 400	650~900	750~950	900~1 100	1 100~1 200	1 200~1 700	1 400~1 900	1 600~2 100
粉砂	稍密 $10 < N \leq 15$	1 000~1 600	1 500~2 300	1 900~2 700	2 100~3 000	350~500	450~600	600~700	650~750	500~950	1 300~1 600	1 500~1 700
	中密、密实 $N > 15$	1 400~2 200	2 100~3 000	3 000~4 500	3 800~5 500	600~750	750~900	900~1 100	1 100~1 200	900~1 000	1 700~1 900	1 700~1 900
细砂	$N > 15$	2 500~4 000	3 600~5 000	4 400~6 000	5 300~7 000	650~850	900~1 200	1 200~1 500	1 500~1 800	1 200~1 600	2 000~2 400	2 400~2 700
中砂	$N > 15$	4 000~6 000	5 500~7 000	6 500~8 000	7 500~9 000	850~1 050	1 100~1 500	1 500~1 900	1 900~2 100	1 800~2 400	2 800~3 800	3 600~4 400
粗砂	$N > 15$	5 700~7 500	7 500~8 500	8 500~10 000	9 500~11 000	1 500~1 800	2 100~2 400	2 400~2 600	2 600~2 800	2 900~3 600	4 000~4 600	4 600~5 200
砾砂	$N > 15$	6 000~9 500		9 000~10 500		1 400~2 000		2 000~3 200		3 500~5 000		
角砾、圆砾	中密、密实 $N_{63.5} > 10$	7 000~10 000		9 500~11 500		1 800~2 200		2 200~3 600		4 000~5 500		
碎石、卵石	$N_{63.5} > 10$	8 000~11 000		10 500~13 000		2 000~3 000		3 000~4 000		4 500~6 500		
全风化软质岩	$30 < N \leq 50$	4 000~6 000				1 000~1 600				1 200~2 000		
全风化硬质岩	$30 < N \leq 50$	5 000~8 000				1 200~2 000				1 400~2 400		
强风化软质岩	$N_{63.5} > 10$	6 000~9 000				1 400~2 200				1 600~2 600		
强风化硬质岩	$N_{63.5} > 10$	7 000~11 000				1 800~2 800				2 000~3 000		

注：（1）砂土和碎石类土中桩的极限端阻力取值，宜综合考虑土的密实度，桩端进入持力层的深度比 h_b/d，土愈密实，h_b/d 愈大，取值愈高；

（2）预制桩的岩石极限端阻力指桩端支承于中、微风化基岩表面或进入强风化岩、软质岩一定深度条件下极限端阻力；

（3）全风化、强风化软质岩和全风化、强风化硬质岩指其母岩分别为 $f_{rk} \leq 15$ MPa、$f_{rk} > 30$ MPa 的岩石。

（2）根据土的物理指标与承载力参数之间的经验关系,确定大直径桩($d > 800\,\text{mm}$)单桩极限承载力标准值时,可按下式计算:

$$Q_{uk} = Q_{sk} + Q_{pk} = u \sum \psi_{si} q_{sik} l_i + \psi_p q_{pk} A_p \tag{9-4}$$

式中:q_{sik}——桩侧第 i 层土极限侧阻力标准值,如无当地经验值时,可按表 9-3 取值,对于扩底桩变截面以上 $2d$ 长度范围不计侧阻力;

q_{pk}——桩径为 800 mm 的极限端阻力标准值,对于干作业挖孔(清底干净)可采用深层载荷板试验确定;当不能进行深层载荷板试验时,可按表 9-5 取值;

ψ_{si}、ψ_p——大直径桩侧阻、端阻尺寸效应系数,按表 9-6 取值;

u——桩身周长,当人工挖孔桩桩周护壁为振捣密实的混凝土时,桩身周长可按护壁外直径计算。

表 9-5　干作业挖孔桩(清底干净,$D = 800\,\text{mm}$)极限端阻力标准值 q_{pk}(kPa)

土名称		状　态	
黏性土	$0.25 < I_L \leqslant 0.75$	$0 < I_L \leqslant 0.25$	$I_L \leqslant 0$
	$800 \sim 1\,800$	$1\,800 \sim 2\,400$	$2\,400 \sim 3\,000$
粉土		$0.75 \leqslant e \leqslant 0.9$	$e < 0.75$
		$1\,000 \sim 1\,500$	$1\,500 \sim 2\,000$
砂土碎石类土		稍密	中密	密实
	粉砂	$500 \sim 700$	$800 \sim 1\,100$	$1\,200 \sim 2\,000$
	细砂	$700 \sim 1\,100$	$1\,200 \sim 1\,800$	$2\,000 \sim 2\,500$
	中砂	$1\,000 \sim 2\,000$	$2\,200 \sim 3\,200$	$3\,500 \sim 5\,000$
	粗砂	$1\,200 \sim 2\,200$	$2\,500 \sim 3\,500$	$4\,000 \sim 5\,500$
	砾砂	$1\,400 \sim 2\,400$	$2\,600 \sim 4\,000$	$5\,000 \sim 7\,000$
	圆砾、角砾	$1\,600 \sim 3\,000$	$3\,200 \sim 5\,000$	$6\,000 \sim 9\,000$
	卵石、碎石	$2\,000 \sim 3\,000$	$3\,300 \sim 5\,000$	$7\,000 \sim 11\,000$

注:(1) 当桩进入持力层的深度 h_b 分别为:$h_b \leqslant D, D < h_b \leqslant 4D, h_b > 4D$ 时,q_{pk} 可相应取低、中、高值;
(2) 砂土密实度可根据标贯击数判定,$N \leqslant 10$ 为松散,$10 < N \leqslant 15$ 为稍密,$15 < N \leqslant 30$ 为中密,$N > 30$ 为密实;
(3) 当桩的长径比 $l/d \leqslant 8$ 时,q_{pk} 宜取较低值;
(4) 当对沉降要求不严时,q_{pk} 可取高值。

表 9-6　大直径灌注桩侧阻尺寸效应系数 ψ_{si}、端阻尺寸效应系数 ψ_p

土类型	黏性土、粉土	砂土、碎石类土
ψ_{si}	$(0.8/d)^{1/5}$	$(0.8/d)^{1/3}$
ψ_p	$(0.8/D)^{1/4}$	$(0.8/D)^{1/3}$

注:d 为圆桩直径或方桩边长,D 为扩大端设计直径。

（3）嵌岩桩

桩端置于完整、较完整基岩的嵌岩桩单桩竖向极限承载力,由桩周土总极限侧阻力和嵌岩

段总极限阻力组成。当根据岩石单轴抗压强度确定单桩竖向极限承载力标准值时,可按下列公式计算:

$$Q_{uk} = Q_{sk} + Q_{rk} \qquad (9-5)$$

$$Q_{sk} = u \sum q_{sik} l_i \qquad (9-6)$$

$$Q_{rk} = \zeta_r f_{rk} A_p \qquad (9-7)$$

式中:Q_{sk}、Q_{rk}——分别为土的总极限侧阻力、嵌岩段总极限阻力;

q_{sik}——桩周第 i 层土的极限侧阻力,无当地经验时,可根据成桩工艺按本规范表 9-3 取值;

f_{rk}——岩石饱和单轴抗压强度标准值,黏土岩取天然湿度单轴抗压强度标准值;

ζ_r——嵌岩段侧阻和端阻综合系数,与嵌岩深径比 h_r/d、岩石软硬程度和成桩工艺有关,可按表 9-7 采用,表中数值适用于泥浆护壁成桩,对于干作业成桩(清底干净)和泥浆护壁成桩后注浆,ζ_r 应取表列数值的 1.2 倍。

表 9-7　嵌岩段侧阻和端阻综合系数 ζ_r

嵌岩深径比 h_r/d	0	0.5	1.0	2.0	3.0	4.0	5.0	6.0	7.0	8.0
极软岩、软岩	0.60	0.80	0.95	1.18	1.35	1.48	1.57	1.63	1.66	1.70
较硬岩、坚硬岩	0.45	0.65	0.81	0.90	1.00	1.04				

注:(1) 极软岩、软岩指 $f_{rk} \leqslant 15\,\mathrm{MPa}$,较硬岩、坚硬岩指 $f_{rk} > 30\,\mathrm{MPa}$,介于二者之间可内插取值;
(2) h_r 为桩身嵌岩深度,当岩面倾斜时,以坡下方嵌岩深度为准;当 h_r/d 为非表列值时,ζ_r 可内插取值。

9.4.3　按单桩竖向抗压静载试验确定

目前,利用单桩竖向抗压静载荷试验确定单桩竖向抗压极限承载力是规范提倡的最直观、最可靠的传统方法。

1)试验要求

(1) 当采用静载试验确定单桩竖向承载力为设计提供依据时,试桩数量在同一条件下不少于 3 根,当预计工程桩数少于 50 根时,试桩数量不应少于 2 根;当采用静载试验进行承载力验收时,除满足前述条件外,试桩数量不应少于同一条件下工程桩总数的 1%。

(2) 试桩顶部一般应加强,桩顶应设置钢筋网片,桩头混凝土强度等级一般应比桩身混凝土强度等级高 1~2 级,且不低于 C30,预制桩桩头一般可不处理。

(3) 成桩后,在桩身强度达到设计要求的前提下,开始试验的间歇时间在砂土中不少于 7 天,粉土中不少于 10 天,非饱和黏性土中不少于 15 天,饱和黏性土中不少于 25 天。

(4) 工程桩验收检测时,加载量不应小于设计要求的单桩承载力特征值的 2 倍。

(5) 试桩的工艺标准应与工程桩一致。

2)试验装置

试验装置主要由加载装置、反力装置和荷载与沉降量测仪表三部分组成(图 9-11、图 9-12)。一般采用油压千斤顶加载,当采用 2 个以上千斤顶时应将千斤顶并联使其同步工作,合力作用点位于试桩中心。反力装置一般有 4 种形式:锚桩横梁反力装置、压重平台反力装置、锚桩压重联合反力装置、地锚反力装置。反力装置提供的反力不得小于最大加载值的 1.2 倍。荷载可用放置于千斤顶上的应力环、应变式压力传感器直接测定。沉降可通过百分表和位移传感器量测。

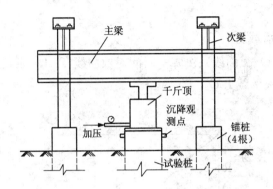

图 9-11 桩锚横梁反力装置

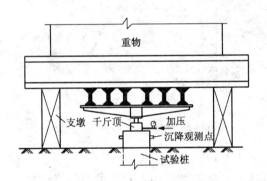

图 9-12 压重平台反力装置

3) 试验加载

试验时,常采用慢速维持荷载法,该方法是公认的最可信的方法。加载应分级进行,分级荷载宜为最大加载值或预估极限承载力的 1/10,第一级加载量可取分级荷载的 2 倍;每级荷载施加后,应分别按 5 min、15 min、30 min、45 min、60 min 记录桩顶沉降,之后每 30 min 记录一次;当每一小时内桩顶沉降量连续 2 次不超过 0.1 mm 时,即视稳定,可施加下一级荷载。

4) 终止加载条件

当出现下列情况之一时,即可终止加载:

(1) 某级荷载作用下,桩顶沉降量大于前一级荷载作用下沉降量的 5 倍,且桩顶总沉降量超过 40 mm。

(2) 某级荷载作用下,桩顶沉降量大于前一级荷载作用下沉降量的 2 倍,且经 24 h 尚未达到相对稳定标准。

(3) 已达到设计要求的最大加载值且桩顶沉降达到相对稳定标准。

(4) 已达到反力装置所能提供的最大反力。

（5）当荷载沉降曲线呈缓变型时,可加载至桩顶总沉降量 60～80 mm,当桩端阻力尚未充分发挥时,可按具体要求加载至桩顶累计沉降量超过 80 mm。

5）卸载

卸载时,每级荷载应维持 1 h,分别按第 15 min、30 min、60 min 记录桩顶沉降,然后卸下一级荷载,逐级卸载至零。

6）按试验结果确定单桩竖向抗压极限承载力

根据试验结果绘制竖向荷载—沉降曲线（Q-s 曲线）、沉降—时间对数曲线（s-$\lg t$ 曲线）,采用下列方法综合分析确定单桩竖向抗压极限承载力 Q_u。

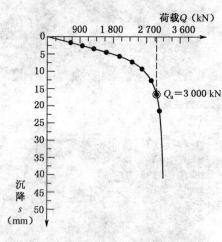

图 9-13　单桩 Q-s 曲线（陡降型）　　图 9-14　单桩 Q-s 曲线（缓变型）

（1）根据沉降随荷载变化的特征确定

Q-s 曲线（图 9-13）为陡降型时,应取其发生明显陡降的起始点对应的荷载值作为 Q_u。

（2）根据沉降量确定 Q_u

Q-s 曲线（图 9-14）为缓变型时,宜根据桩顶总沉降量,取 $s = 40$ mm 对应的荷载值作为 Q_u；对桩端直径 $D \geqslant 800$ mm 的桩,可取 $s = 0.05D$ 对应的荷载值作为 Q_u。

（3）根据沉降随时间变化的特征确定

取 s-$\lg t$ 曲线尾部出现明显向下弯曲的前一级荷载值作为 Q_u。

（4）当在某级荷载作用下,桩顶沉降量大于前一级荷载作用下沉降量的 2 倍,且经 24 h 尚未达到相对稳定标准时,取前一级荷载值作为 Q_u。

如前述几种方法判定桩的竖向抗压承载力没有达到极限时,桩的竖向抗压极限承载力宜取最大加载值。

测出所有试桩 Q_u 后,统计取值应符合下列规定:

（1）对参加算术平均的所有试桩结果,当级差不超过平均值的 30% 时,取其算术平均值为单桩竖向抗压极限承载力。

（2）当级差超过平均值的 30% 时,应分析原因,结合桩型、施工工艺、地基条件、基础形式等工程具体情况综合确定,必要时增加试桩数量。

（3）当试桩数量小于 3 根或桩基承台下的桩数不大于 3 根时,应取低值。

9.4.4　确定单桩竖向极限承载力标准值的规定

设计采用的单桩竖向极限承载力标准值应符合下列规定：

（1）设计等级为甲级的建筑桩基，应通过单桩静载试验确定。

（2）设计等级为乙级的建筑桩基，当地质条件简单时，可参照地质条件相同的试桩资料，结合静力触探等原位测试和经验参数综合确定；其余均应通过单桩静载试验确定。

（3）设计等级为丙级的建筑桩基，可根据原位测试和经验参数确定。

9.4.5　单桩竖向承载力特征值

《建筑桩基技术规范》（JGJ 94—2008）规定：单桩竖向承载力特征值 R_a 按下式确定：

$$R_a = \frac{Q_{uk}}{K} \tag{9-8}$$

式中：Q_{uk}——单桩竖向极限承载力标准值（kN）；

　　　K——安全系数，取 $K = 2$。

《建筑地基基础设计规范》（GB 50007—2011）规定：

（1）初步设计时，单桩竖向承载力特征值 R_a 可按土的物理指标与承载力参数之间的经验关系确定。即

$$R_a = q_{pa}A_p + u_p \sum q_{sia}l_i \tag{9-9}$$

式中：q_{pa}、q_{sia}——桩端阻力、桩侧阻力特征值（kPa），由当地静载荷试验结果统计分析算得；

　　　A_p——桩底端横截面面积（m^2）；

　　　u_p——桩身周边长度（m）；

　　　l_i——第 i 层岩土的厚度（m）。

（2）当桩端嵌入完整及较完整的硬质岩中时，可按下式估算单桩竖向承载力特征值：

$$R_a = q_{pa}A_p \tag{9-10}$$

式中：q_{pa}——桩端岩石承载力特征值（kPa）。

9.5　群桩基础

群桩基础在竖向荷载作用下，由于承台、基桩、地基土三者相互作用，使各基桩的桩侧摩阻力和桩端阻力的发挥程度、沉降等性状发生变化而与单桩不同，在进行群桩基础设计时，应综合考虑桩的间距、桩的尺寸、桩的类型、地基土的性质、布置方式等因素，确定基桩的极限承载力及承载力特征值。

9.5.1 桩顶作用效应计算

如图 9-15,对于一般建筑物和受水平力(包括力矩与水平剪力)较小的高层建筑群桩基础应按下列公式计算基桩或复合基桩的桩顶作用效应:

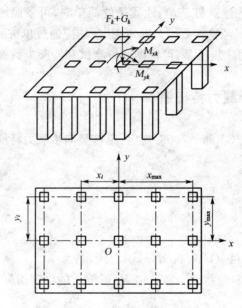

图 9-15 桩顶作用效应计算简图

轴心竖向力作用下

$$N_k = \frac{F_k + G_k}{n} \tag{9-11a}$$

偏心竖向力作用下

$$N_{ik} = \frac{F_k + G_k}{n} \pm \frac{M_{xk} y_i}{\sum y_j^2} \pm \frac{M_{yk} x_i}{\sum x_j^2} \tag{9-11b}$$

水平力

$$H_{ik} = \frac{H_k}{n}$$

式中:F_k——荷载效应标准组合下,作用于承台顶面的竖向力(kN);

G_k——桩基承台和承台上土自重标准值,对稳定的地下水位以下部分应扣除水的浮力(kN);

N_k——荷载效应标准组合轴心竖向力作用下,基桩或复合基桩的平均竖向力(kN);

N_{ik}——荷载效应标准组合偏心竖向力作用下,第 i 基桩或复合基桩的竖向力(kN);

M_{xk}、M_{yk}——荷载效应标准组合下,作用于承台底面,绕通过桩群形心的 x、y 主轴的力矩(kN·m);

x_i、x_j、y_i、y_j——第 i、j 基桩或复合基桩至 y、x 轴的距离(m);

H_k——荷载效应标准组合下,作用于桩基承台底面的水平力(kN);

H_{ik}——荷载效应标准组合下,作用于第 i 基桩或复合基桩的水平力(kN);

n——桩基中的桩数。

9.5.2 复合基桩竖向承载力特征值

根据《建筑桩基技术规范》(JGJ 94—2008)规定,对于端承型桩基、桩数少于 4 根的摩擦型柱下独立桩基或由于地层土性、使用条件等因素不宜考虑承台效应时,基桩竖向承载力特征值取单桩竖向承载力特征值,即 $R = R_a$。

对于符合下列条件之一的摩擦型桩基,宜考虑承台效应确定其复合基桩的竖向承载力特征值:

(1)上部结构整体刚度较好、体型简单的建(构)筑物。

(2)对差异沉降适应性较强的排架结构和柔性构筑物。

(3)按变刚度调平原则设计的桩基刚度相对弱化区。

(4)软土地基的减沉复合疏桩基础。

考虑承台效应的复合基桩竖向承载力特征值可按下列公式确定:

不考虑地震作用时
$$R = R_a + \eta_c f_{ak} A_c \qquad (9\text{-}12)$$

考虑地震作用时
$$R = R_a + \frac{\zeta_a}{1.25} \eta_c f_{ak} A_c \qquad (9\text{-}13)$$

$$A_c = (A - nA_{ps})/n \qquad (9\text{-}14)$$

式中:η_c—— 承台效应系数,可按表 9-8 取值。

f_{ak}—— 承台下 1/2 承台宽度且不超过 5 m 深度范围内各层土的地基承载力特征值按厚度加权的平均值(kPa)。

A_c—— 计算基桩所对应的承台底净面积(m^2)。

A_{ps}—— 桩身截面面积(m^2)。

A—— 承台计算域面积(m^2)。对于柱下独立桩基,A 为承台总面积;对于桩筏基础,A 为柱、墙筏板的 1/2 跨距和悬臂边 2.5 倍筏板厚度所围成的面积;桩集中布置于单片墙下的桩筏基础,取墙两边各 1/2 跨距围成的面积,按条基计算 η_c。

ζ_a—— 地基抗震承载力调整系数,应按现行国家标准《建筑抗震设计规范》(GB 50011—2010)采用。

表 9-8　承台效应系数 η_c

B_c/l \ s_a/d	3	4	5	6	> 6
$\leqslant 0.4$	$0.06 \sim 0.08$	$0.14 \sim 0.17$	$0.22 \sim 0.26$	$0.32 \sim 0.38$	
$0.4 \sim 0.8$	$0.08 \sim 0.10$	$0.17 \sim 0.20$	$0.26 \sim 0.30$	$0.38 \sim 0.44$	$0.50 \sim 0.80$
> 0.8	$0.10 \sim 0.12$	$0.20 \sim 0.22$	$0.30 \sim 0.34$	$0.44 \sim 0.50$	
单排桩条形承台	$0.15 \sim 0.18$	$0.25 \sim 0.30$	$0.38 \sim 0.45$	$0.50 \sim 0.60$	

注：(1) 表中 s_a/d 为桩中心距与桩径之比；B_c/l 为承台宽度与桩长之比。当计算基桩为非正方形排列时，$s_a = \sqrt{A/n}$。A 为承台计算域面积，n 为总桩数。
(2) 对于桩布置于墙下的箱、筏承台，η_c 可按单排桩条基取值。
(3) 对于单排桩条形承台，当承台宽度小于 $1.5d$ 时，η_c 按非条形承台取值。
(4) 对于采用后注浆灌注桩的承台，η_c 宜取低值。
(5) 对于饱和黏性土中的挤土桩基、软土地基上的桩基承台，η_c 宜取低值的 0.8 倍。

9.5.3　桩基竖向承载力验算

根据《建筑桩基技术规范》(JGJ 94—2008) 规定，桩基竖向承载力计算应符合下列要求：

1) 荷载效应标准组合

承受轴心竖向荷载的桩基，其基桩或复合基桩承载力特征值 R 应符合下式要求：

$$N_k \leqslant R \tag{9-15}$$

承受偏心竖向荷载的桩基，除满足上式外，尚应满足下式的要求：

$$N_{kmax} \leqslant 1.2R \tag{9-16}$$

2) 地震作用效应和荷载效应标准组合

轴心竖向力作用下

$$N_{Ek} \leqslant 1.25R \tag{9-17}$$

偏心竖向力作用下，除满足上式外，尚应满足下式的要求：

$$N_{Ekmax} \leqslant 1.5R \tag{9-18}$$

式中：N_k——荷载效应标准组合轴心竖向力作用下，基桩或复合基桩的平均竖向力(kN)；

N_{kmax}——荷载效应标准组合偏心竖向力作用下，桩顶最大竖向力(kN)；

N_{Ek}——地震作用效应和荷载效应标准组合下，基桩或复合基桩的平均竖向力(kN)；

N_{Ekmax}——地震作用效应和荷载效应标准组合下，基桩或复合基桩的最大竖向力(kN)；

R——基桩或复合基桩竖向承载力特征值(kN)。

9.5.4　桩基软弱下卧层承载力验算

如图 9-16，对于桩距不超过 $6d$ (d 为桩径) 的群桩基础，桩端持力层下存在承载力低于桩端持力层承载力 1/3 的软弱下卧层时，可按下列公式验算软弱下卧层的承载力：

$$\sigma_z + \gamma_m z \leqslant f_{az} \tag{9-19}$$

$$\sigma_z = \frac{(F_k + G_k) - 3/2(A_0 + B_0) \cdot \sum q_{sik} l_i}{(A_0 + 2t \cdot \tan\theta)(B_0 + 2t \cdot \tan\theta)} \tag{9-20}$$

式中：σ_z——作用于软弱下卧层顶面的附加应力（kPa）；

γ_m——软弱层顶面以上各土层重度（地下水位以下取浮重度）的厚度加权平均值；

t——硬持力层厚度（m）；

f_{az}——软弱下卧层经深度 z 修正的地基承载力特征值（kPa）；

A_0、B_0——桩群外缘矩形底面的长、短边边长（m）；

q_{sik}——桩周第 i 层土的极限侧阻力标准值，无当地经验时，可根据成桩工艺按表 9-3 取值；

θ——桩端硬持力层压力扩散角，按表 9-9 取值。

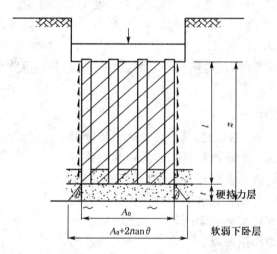

图 9-16　软弱下卧层承载力验算

表 9-9　桩端硬持力层压力扩散角 θ

E_{s1}/E_{s2}	$t = 0.25B_0$	$t \geqslant 0.50B_0$
1	4°	12°
3	6°	23°
5	10°	25°
10	20°	30°

注：（1）E_{s1}、E_{s2} 为硬持力层、软弱下卧层的压缩模量；

（2）当 $t < 0.25B_0$ 时，取 $\theta = 0°$，必要时，宜通过试验确定；当 $0.25B_0 < t < 0.50B_0$ 时，可内插取值。

9.5.5 桩基沉降计算

1）桩基沉降计算要求

根据《建筑地基基础设计规范》(GB 50007—2011)及《建筑桩基技术规范》(JGJ 94—2008)规定，当设计等级为甲级的桩基础，或体形复杂、荷载不均匀或桩端以下存在软弱土层的设计等级为乙级的桩基础，或摩擦型桩基，应进行沉降计算。桩基础的沉降量不得超过建筑物的沉降变形允许值(包括沉降量、沉降差、整体倾斜和局部倾斜等)。

由于土层厚度与性质不均匀、荷载差异、体型复杂、相互影响等因素引起的地基沉降变形，对于砌体承重结构应由局部倾斜控制；对于多层或高层建筑和高耸结构应由整体倾斜值控制，当其结构为框架、框架-剪力墙、框架-核心筒结构时，尚应控制柱(墙)之间的差异沉降。桩基的沉降允许变形值如无当地经验时，可按表4-11采用，对于表中未包括的建筑物桩基允许变形值，应根据上部结构对桩基沉降变形的适应能力和使用要求确定。

嵌岩桩、设计等级为丙级的建筑物桩基、对沉降无特殊要求的条形基础下不超过两排桩的桩基、吊车工作级别A5及A5以下的单层工业厂房且桩端下为密实土层的桩基，可不进行沉降验算。当有可靠地区经验时，对地质条件不复杂、荷载均匀、对沉降无特殊要求的端承型桩基也可不进行沉降验算。

2）桩基沉降计算方法

对于桩中心距不大于$6d$的桩基，其最终沉降量计算可采用等效作用分层总和法。一般可将桩基础假定为实体基础，不考虑桩侧应力扩散，将承台假想成直接作用于桩端平面，假定承台长、宽为实体基础长、宽，即等效作用面积为桩承台投影面积。作用在实体基础底面的附加压力等同于承台底平均附加压力。等效作用面以下的应力分布采用各向同性均质直线变形体理论。计算模式如图9-17所示，桩基任一点最终沉降量可用角点法按下式计算：

$$s = \psi \cdot \psi_e \cdot s' \qquad (9\text{-}21)$$

式中：s——桩基最终沉降量(mm)；

$\quad\quad s'$——采用布辛奈斯克解，按实体深基础分层总和法计算出的桩基沉降量(mm)；

$\quad\quad \psi$——桩基沉降计算经验系数，当无当地可靠经验时可按《建筑桩基技术规范》查表确定；

$\quad\quad \psi_e$——桩基等效沉降系数，可按《建筑桩基技术规范》有关规定计算确定。

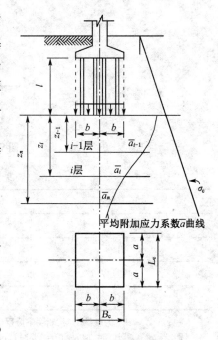

平均附加应力系数a曲线

图9-17 桩基沉降计算示意图

9.6 桩基础的设计

一般桩基础设计按下列步骤进行：

(1) 收集建筑物的有关资料,建筑场地岩土工程勘察报告,建筑场地与环境条件的有关资料等。

(2) 选定桩型,并确定桩的断面形状、尺寸和桩长、桩端持力层、承台埋深。

(3) 确定单桩承载力特征值。

(4) 确定群桩基础的桩数和平面布置,并按建筑平面和场地条件确定承台标高及尺寸。

(5) 验算桩基竖向抗压承载力或抗拔、水平承载力,对有软弱下卧层的桩基还应验算软弱下卧层承载力,对有沉降变形要求的桩基,应进行沉降变形验算。

(6) 桩基中各桩的结构设计。

(7) 承台结构设计。

(8) 绘制桩基施工图。

在进行桩基础设计时,规范规定设计需满足承载能力极限状态和正常使用极限状态两种极限状态的要求,如在以上步骤中出现不满足这些要求时,应修改设计参数甚至方案,直至全部满足要求才可结束设计工作。

9.6.1 桩型的选择

确定桩型一般应经过 3 个步骤：

(1) 根据上部结构类型、荷载性质及大小和场地土层及地下水位分布列出可用的桩型。

(2) 根据施工设备条件、施工环境因素、施工经验和制桩材料供应条件决定许用的桩型。

(3) 根据经济比较决定采用的桩型。

上述第一步骤可根据文献资料和实践经验进行选择;第二步骤则必须通过调查和实地考察做出结论;第三步骤一般应通过计算作出结论,其中工期长短应作为参与经济比较的一项重要因素。

同一桩基础中,不宜采用不同类型的桩,同时也不宜采用不同直径、不同材料、桩长相差过大的桩,避免桩基产生不均匀沉降甚至丧失稳定性。

9.6.2 桩长和截面尺寸的确定

1) 确定桩长

桩长是指承台底至桩端的长度。在承台底面标高确定之后,桩长主要取决于桩端持力层选择和桩底(端)进入持力层深度。

桩基宜选择层位稳定的硬塑~坚硬状态的中、低压缩性黏性土和粉土层,中密以上的砂土和碎石层,微、中风化的基岩作为桩端持力层。桩端持力层为第四系土时,其厚度宜大

于 $6\sim10\,d$(或宽度)。桩端持力层下有可液化土层或软土时,持力层的承载力和沉降变形量应满足要求。当桩采用打(压)入工艺时,应判断桩能否穿过持力层以上各地层顺利进入持力层。桩端全断面进入持力层的深度,对于黏性土、粉土不宜小于 $2\,d$,砂土不宜小于 $1.5\,d$,碎石类土不宜小于 $1\,d$。当存在软弱下卧层时,桩端以下硬持力层厚度不宜小于 $3\,d$。对于嵌岩桩,嵌岩深度应综合荷载、上覆土层、基岩、桩径、桩长诸因素确定;对于嵌入倾斜的完整和较完整岩的全断面深度不宜小于 $0.4\,d$ 且不小于 $0.5\,m$,倾斜度大于 30% 的中风化岩,宜根据倾斜度及岩石完整性适当加大嵌岩深度;对于嵌入平整、完整的坚硬岩和较硬岩的深度不宜小于 $0.2\,d$ 且不应小于 $0.2\,m$。季节性冻土地基中的桩基,桩端进入冻深线或膨胀土的大气影响急剧层以下的深度应满足抗拔稳定性验算要求,且不得小于 $4\,d$ 及 $1\,D$,最小深度应大于 $1.5\,m$。

2)桩的截面尺寸

如采用混凝土灌注桩,截面形状均为圆形,其直径一般随成桩工艺有较大变化。对于沉管灌注桩,直径一般为 $300\sim500\,mm$ 之间;对钻孔灌注桩,直径多为 $500\sim1\,200\,mm$;对扩底钻孔灌注桩,扩底直径一般为桩身直径的 $1.5\sim2$ 倍,且不应大于桩身直径的 3 倍。

混凝土预制桩断面常用方形,边长一般不超过 $550\,mm$。

9.6.3 桩数及桩的布置

1)估算桩数

初步预估桩数时,暂不考虑群桩效应,桩基在竖向轴心受压或偏心受压时,桩数 n 应满足下式要求:

$$n \geqslant \mu\,\frac{F_k + G_k}{R_a} \tag{9-22}$$

式中:F_k——作用在桩基承台顶面的竖向轴心压力标准值(kN)。

  G_k——承台及其上方填土的重力标准值(kN)。

  R_a——单桩的竖向抗压承载力特征值(kN)。

  μ——桩数在考虑偏心影响时的经验系数。轴心受压,或偏心受压时桩的布置使得群桩横截面的重心与荷载合力作用点重合时,取 $\mu = 1.0$;偏心受压不满足前述条件时,取 $\mu = 1.1\sim1.2$。

2)桩的中心距

考虑桩与桩侧土的相互作用以及施工条件的要求,桩型不同时,其桩的最小中心距要求也不尽相同。如大面积桩群,尤其是挤土桩,由于存在挤土效应,要求桩距较大;当施工中采取减小挤土效应的可靠措施时,可根据当地经验适当减小。通常桩的中心距宜取 $3\sim4\,d$,且不小于表 9-10 的规定。中心距过小,桩施工时互相影响大;中心距过大,则桩承台尺寸太大,不经济。

表 9-10　桩的最小中心距

土类与成桩工艺		排数不少于 3 排且桩数不少于 9 根的摩擦型桩桩基	其他情况
非挤土灌注桩		3.0d	3.0d
部分挤土桩		3.5d	3.0d
挤土桩	非饱和土	4.0d	3.5d
	饱和黏性土	4.5d	4.0d
钻、挖孔扩底桩		2D 或 D+2.0 m(当 D>2 m)	1.5D 或 D+1.5 m(当 D>2 m)
沉管夯扩、钻孔挤扩桩	非饱和土	2.2D 且 4.0d	2.0D 且 3.5d
	饱和黏性土	2.5D 且 4.5d	2.2D 且 4.0d

注:(1) d—圆桩直径或方桩边长,D—扩大端设计直径;
(2) 当纵横向桩距不相等时,其最小中心距应满足"其他情况"一栏的规定;
(3) 当为端承型桩时,非挤土灌注桩的"其他情况"一栏可减小至 2.5d。

3) 桩的布置

根据桩基的受力情况,桩可采用多种形式的平面布置。如等间距布置、不等间距布置,以及正方形、矩形网格、三角形、梅花形等布置形式,如图 9-18。

排列基桩时,宜使桩群承载力合力点与竖向永久荷载合力作用点重合,并使基桩受水平力和力矩较大方向有较大抗弯截面模量,以减小荷载偏心的不利影响。对于桩箱基础、剪力墙结构桩筏(含平板和梁板式承台)基础,宜将桩布置于墙下。对于框架-核心筒结构桩筏基础应按荷载分布考虑相互影响,将桩相对集中布置于核心筒和柱下,外围框架柱宜采用复合桩基,桩长宜小于核心筒下基桩(有合适桩端持力层时)。桩离承台边缘的净距应不小于 d/2。

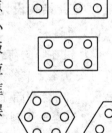

图 9-18　桩的平面布置示意图

9.6.4　桩基承载力与沉降的验算

对于需要考虑承台效应,或偏心受压,或持力层下存在软弱下卧层的桩基础,应验算桩基承载力,具体计算方法可参考本章 9.5.2 至 9.5.4 节。对于规范规定需要验算沉降变形的桩基础尚应计算沉降变形量,其沉降量不得超过建筑物的沉降变形允许值,具体计算方法可参考本章 9.5.5 节。

9.6.5　桩身结构设计

1) 桩身构造要求

(1) 灌注桩

当桩身直径为 300~2 000 mm 时,正截面配筋率可取 0.65%~0.2%(小直径桩取高值);对受荷载特别大的桩、抗拔桩和嵌岩端承桩应根据计算确定配筋率,并不应小于上述规定值。端承型桩和位于坡地岸边的基桩应沿桩身等截面或变截面通长配筋；桩径大于 600 mm 的摩擦型桩配筋长度不应小于 2/3 桩长。对于抗压桩，主筋不应少于 $6\phi10$；纵向主筋应沿桩身周边均匀布置，其净距不应小于 60 mm。箍筋应采用螺旋式，直径不应小于 6 mm，间距宜为 200～300 mm；当钢筋笼长度超过 4 m 时，应每隔 2 m 设一道直径不小于 12 mm 的焊接加劲箍筋。桩身混凝土强度等级不得小于 C25；灌注桩主筋的混凝土保护层厚度不应小于 35 mm，水下灌注桩的主筋混凝土保护层厚度不得小于 50 mm。

（2）混凝土预制桩

混凝土预制桩的截面边长不应小于 200 mm；预应力混凝土预制实心桩的截面边长不宜小于 350 mm。预制桩的混凝土强度等级不宜低于 C30；预应力混凝土实心桩的混凝土强度等级不应低于 C40；预制桩纵向钢筋的混凝土保护层厚度不宜小于 30 mm。预制桩的桩身配筋应按吊运、打桩及桩在使用中的受力等条件计算确定。采用锤击法沉桩时，预制桩的最小配筋率不宜小于 0.8%。静压法沉桩时，最小配筋率不宜小于 0.6%，主筋直径不宜小于 $\phi14$，打入桩桩顶以下 4～5 倍桩身直径长度范围内箍筋应加密，并设置钢筋网片。预制桩的分节长度应根据施工条件及运输条件确定；每根桩的接头数量不宜超过 3 个。预制桩的桩尖可将主筋合拢焊在桩尖辅助钢筋上，对于持力层为密实砂和碎石类土时，宜在桩尖处包以钢钣桩靴，加强桩尖。桩的混凝土设计强度达到 70% 及以上方可起吊，达到 100% 方可运输。

2）桩身结构设计

（1）灌注桩

灌注桩在竖向荷载作用下，一般可分为轴心受压桩和偏心受压桩。轴心受压灌注桩桩身强度可按 9.4.1 节的方法计算；偏心受压时，可根据《混凝土结构设计规范》按偏心受压计算桩身截面所需的受力钢筋，实际配筋尚需满足构造要求。

（2）混凝土预制桩

混凝土预制桩在设计时需满足使用中的强度要求，计算方法同灌注桩，同时桩身配筋还需满足吊运、打桩过程中的强度验算。桩在吊运时可看作梁式构件，一般桩长小于 18 m 时设置两个吊点，在打桩架龙门吊时，设置单吊点。吊点的位置按桩身在自重作用下产生的正负弯矩相等原则计算确定。如图 9-19 所示，式中 q 为桩单位长度自重，K 为考虑桩在吊运过程中可能受到的冲击和振动而取的动力系数，可取 1.5。在运输或堆放时，桩的支点应和吊点位置一致。通常，桩在起吊和吊立过程中引起的内力对桩的配筋起控制作用。

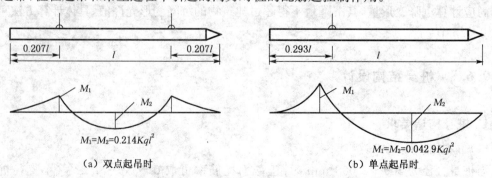

（a）双点起吊时　　　　　　　　　（b）单点起吊时

图 9-19　预制桩的吊点位置和弯矩图

9.6.6 承台设计

桩基承台类型多样,常见的形式有柱下独立桩基承台、平板式和梁板式筏形承台、箱形承台和柱下或墙下条形承台梁等。桩基承台的受力十分复杂,作为上部结构墙、柱和下部桩群之间的力的转换结构,承台可能因承受弯矩作用而破坏,亦可能因承受冲切或剪切作用而破坏。因此,承台设计时,应满足抗弯承载力、抗剪切、抗冲切和上部结构的要求,同时还应满足规范规定的构造要求。当承台的混凝土强度等级低于柱子的强度等级时,还需验算承台的局部受压承载力。

1)构造要求

承台底面标高应根据建筑物的用途、承台厚度、工程地质和水文地质条件、场地周边环境条件、桩的受力情况、桩的刚度和施工条件等综合确定。在满足各种要求的前提下尽量浅埋,埋深不小于 0.6 m。当承台埋置于冻土中时,承台应位于冻胀线以下 0.25 m,高层建筑承台的埋置深度一般为建筑物总高度的 1/18。

柱下独立桩基承台的最小宽度不应小于 500 mm,边桩中心至承台边缘的距离不应小于桩的直径或边长,且桩的外边缘至承台边缘的距离不应小于 150 mm。对于墙下条形承台梁,桩的外边缘至承台梁边缘的距离不应小于 75 mm。承台的最小厚度不应小于 300 mm。高层建筑平板式和梁板式筏形承台的最小厚度不应小于 400 mm,墙下布桩的剪力墙结构筏形承台的最小厚度不应小于 200 mm。承台混凝土强度等级不应低于 C20,承台底面钢筋的混凝土保护层厚度,当有混凝土垫层时不应小于 50 mm,无垫层时不应小于 70 mm;此外,尚不应小于桩头嵌入承台内的长度。

柱下独立桩基承台纵向受力钢筋应通长配置(图 9-20(a)),钢筋直径不宜小于 10 mm,间距不宜大于 200 mm。对四桩以上(含四桩)承台宜按双向均匀布置,对三桩的三角形承台应按三向板带均匀布置,且最里面的 3 根钢筋围成的三角形应在柱截面范围内(图 9-20(b))。纵向钢筋锚固长度自边桩内侧(当为圆桩时,应将其直径乘以 0.8 等效为方桩)算起,不应小于 $35d_g$(d_g 为钢筋直径);当不满足时应将纵向钢筋向上弯折,此时水平段的长度不应小于 $25d_g$,弯折段长度不应小于 $10d_g$。承台纵向受力钢筋的直径不应小于 12 mm,间距不应大于 200 mm。柱下独立桩基承台的最小配筋率不应小于 0.15%。

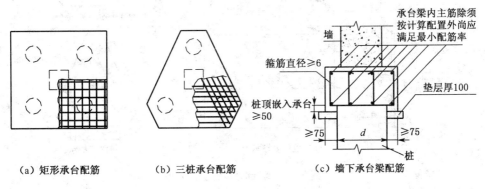

(a)矩形承台配筋　　　　(b)三桩承台配筋　　　　(c)墙下承台梁配筋

图 9-20　承台配筋示意图

柱下独立两桩承台,应按现行国家标准《混凝土结构设计规范》(GB 50010)中的深受弯构件配置纵向受拉钢筋、水平及竖向分布钢筋。承台纵向受力钢筋端部的锚固长度及构造应与柱下多桩承台的规定相同。

条形承台梁的纵向主筋应符合现行国家标准《混凝土结构设计规范》(GB 50010)关于最小配筋率的规定(图9-20(c)),主筋直径不应小于12 mm,架立筋直径不应小于10 mm,箍筋直径不应小于6 mm。承台梁端部纵向受力钢筋的锚固长度及构造应与柱下多桩承台的规定相同。

筏形承台板或箱形承台板在计算中当仅考虑局部弯矩作用时,考虑到整体弯曲的影响,在纵横两个方向的下层钢筋配筋率不宜小于0.15%,上层钢筋应按计算配筋率全部连通。当筏板的厚度大于2 000 mm时,宜在板厚中间部位设置直径不小于12 mm、间距不大于300 mm的双向钢筋网。

桩嵌入承台内的长度对中等直径桩不宜小于50 mm;对大直径桩不宜小于100 mm。混凝土桩的桩顶纵向主筋应锚入承台内,其锚入长度不宜小于35倍纵向主筋直径。对于大直径灌注桩,当采用一柱一桩时可设置承台或将桩与柱直接连接。

2) 承台受弯计算

桩基承台应进行正截面受弯承载力计算,并根据受弯计算的结果进行承台的钢筋配置。柱下独立桩基承台的正截面弯矩设计值可按下列规定计算:

(1) 两桩条形承台和多桩矩形承台

两桩条形承台和多桩矩形承台弯矩计算截面取在柱边和承台变阶处(图9-21(a)),可按下列公式计算:

$$M_x = \sum N_i y_i \tag{9-23}$$

$$M_y = \sum N_i x_i \tag{9-24}$$

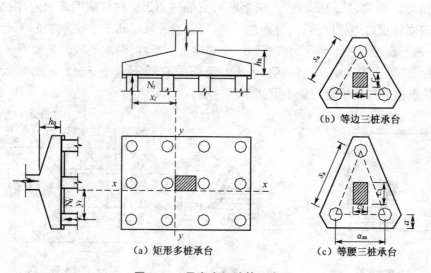

(a) 矩形多桩承台　　　(b) 等边三桩承台　　　(c) 等腰三桩承台

图9-21　承台弯矩计算示意图

式中：M_x、M_y——分别为绕 x 轴和绕 y 轴方向计算截面处的弯矩设计值(kN・m)；

x_i、y_i——垂直 y 轴和 x 轴方向自桩轴线到相应计算截面的距离(m)；

N_i——不计承台及其上土重，在荷载效应基本组合下的第 i 基桩或复合基桩竖向反力设计值(kN)，$N_i = 1.35\left(Q_{ik} - \dfrac{G_k}{n}\right)$。

(2) 等边三桩承台(图 9-21(b))

$$M = \frac{N_{max}}{3}\left(s_a - \frac{\sqrt{3}}{4}c\right) \tag{9-25}$$

式中：M——通过承台形心至各边边缘正交截面范围内板带的弯矩设计值(kN・m)；

N_{max}——不计承台及其上土重，在荷载效应基本组合下三桩中最大基桩或复合基桩竖向反力设计值(kN)；

s_a——桩中心距(m)；

c——方柱边长(m)，圆柱时 $c = 0.8d$ (d 为圆柱直径)。

(3) 等腰三桩承台(图 9-21(c))

$$M_1 = \frac{N_{max}}{3}\left(s_a - \frac{0.75}{\sqrt{4-\alpha^2}}c_1\right) \tag{9-26}$$

$$M_2 = \frac{N_{max}}{3}\left(\alpha s_a - \frac{0.75}{\sqrt{4-\alpha^2}}c_2\right) \tag{9-27}$$

式中：M_1、M_2——分别为通过承台形心至两腰边缘和底边边缘正交截面范围内板带的弯矩设计值(kN・m)；

s_a——长向桩中心距(m)；

α——短向桩中心距与长向桩中心距之比，当 α 小于 0.5 时，应按变截面的二桩承台设计；

c_1、c_2——分别为垂直于、平行于承台底边的柱截面边长(m)。

上述 3 种形式的承台，其受弯承载力和配筋应满足国家标准《混凝土结构设计规范》(GB 50010)的规定，一般可采用下列简化公式进行计算：

平行于 y 向钢筋：

$$A_{sy} = \frac{M_x}{0.9f_y h_0} \tag{9-28}$$

平行于 x 向钢筋：

$$A_{sx} = \frac{M_y}{0.9f_y h_0} \tag{9-29}$$

3) 承台受冲切计算

在轴心竖向荷载作用下，当桩基承台的有效高度不足时，承台将产生冲切破坏。承台冲切破坏的方式有两种：一是沿柱(墙)边或承台变阶处的冲切；二是单一基桩对承台的冲切。柱(墙)边或承台变阶处冲切破坏锥体斜面与承台底面的夹角不应小于45°(图 9-22)，该锥体斜面的上周边位于柱(墙)边与承台交接处或承台变阶处，下周边位于相应的桩顶内边缘处。

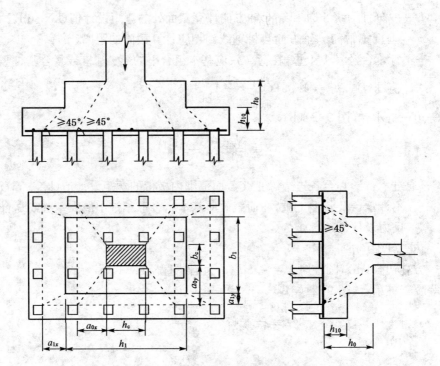

图 9-22 柱对承台的冲切计算示意图

（1）柱对承台的冲切

对于圆柱及圆桩，计算时应将其截面换算成方柱及方桩，即取换算柱截面边长 $b_c = 0.8d_c$（d_c 为圆柱直径），换算桩截面边长 $b_p = 0.8d$（d 为圆桩直径）。

① 对于柱下矩形独立承台受柱冲切的承载力可按下列公式计算：

$$F_l \leqslant 2\big[\beta_{0x}(b_c + a_{0y}) + \beta_{0y}(h_c + a_{0x})\big]\beta_{hp}f_t h_0 \tag{9-30}$$

$$F_l = F - \sum Q_i \tag{9-31}$$

$$\beta_{0x} = \frac{0.84}{\lambda_{0x} + 0.2} \tag{9-32}$$

$$\beta_{0y} = \frac{0.84}{\lambda_{0y} + 0.2} \tag{9-33}$$

$$\lambda_{0x} = \frac{a_{0x}}{h_0} \tag{9-34}$$

$$\lambda_{0y} = \frac{a_{0y}}{h_0} \tag{9-35}$$

式中：F_l——不计承台及其上土重，在荷载效应基本组合下作用于冲切破坏锥体上的冲切力设计值（kN）；

f_t—— 承台混凝土抗拉强度设计值（N/mm²）；

β_{hp}——承台受冲切承载力截面高度影响系数，当 $h \leqslant 800$ mm 时，β_{hp} 取 1.0，当 $h \geqslant$ 2 000 mm 时，β_{hp} 取 0.9，其间按线性内插法取值；

h_0——承台柱边冲切破坏锥体的有效高度(m);

β_{0x}、β_{0y}——柱(墙)冲切系数,由式(9-32)、式(9-33)求得;

λ_{0x}、λ_{0y}——冲跨比,由式(9-34)、式(9-35)求得,当$\lambda<0.25$时取$\lambda=0.25$,当$\lambda>1.0$时取$\lambda=1.0$,其间按线性内插法取值;

h_c、b_c——分别为x、y方向的柱截面的边长(m);

a_{0x}、a_{0y}——分别为x、y方向柱边离最近桩边的水平距离(m);

F——不计承台及其上土重,在荷载效应基本组合作用下柱(墙)底的竖向荷载设计值(kN);

$\sum Q_i$——不计承台及其上土重,在荷载效应基本组合下冲切破坏锥体内各基桩或复合基桩的反力设计值之和(kN)。

② 对于柱下矩形独立阶形承台受上阶冲切的承载力可按下列公式计算:

$$F_1 \leqslant 2[\beta_{1x}(b_1 + a_{1y}) + \beta_{1y}(h_1 + a_{1x})]\beta_{hp}f_t h_{10} \tag{9-36}$$

$$\beta_{1x} = \frac{0.84}{\lambda_{1x} + 0.2} \tag{9-37}$$

$$\beta_{1y} = \frac{0.84}{\lambda_{1y} + 0.2} \tag{9-38}$$

$$\lambda_{1x} = a_{1x}/h_{10} \tag{9-39}$$

$$\lambda_{1y} = a_{1y}/h_{10} \tag{9-40}$$

式中:β_{1x}、β_{1y}——柱(墙)冲切系数,由式(9-37)、式(9-38)求得;

h_1、b_1——分别为x、y方向承台上阶的边长(m);

λ_{1x}、λ_{1y}——冲跨比,由式(9-39)、式(9-40)求得,当$\lambda<0.25$时取$\lambda=0.25$,当$\lambda>1.0$时取$\lambda=1.0$,其间按线性内插法取值;

h_{10}——承台变阶处冲切破坏锥体的有效高度(m);

a_{1x}、a_{1y}——分别为x、y方向承台上阶边离最近桩边的水平距离(m)。

对于柱下两桩承台,宜按受弯构件($l_0/h<5.0$,$l_0=1.15 l_n$,l_n为两桩净距)计算受弯、受剪承载力,不需要进行受冲切承载力计算。

(2) 角桩对承台的冲切

① 四桩以上(含四桩)承台受角桩冲切的承载力可按下列公式计算(图9-23):

$$N_1 \leqslant [\beta_{1x}(c_2 + a_{1y}/2) + \beta_{1y}(c_1 + a_{1x}/2)]\beta_{hp}f_t h_0 \tag{9-41}$$

$$\beta_{1x} = \frac{0.56}{\lambda_{1x} + 0.2} \tag{9-42}$$

$$\beta_{1y} = \frac{0.56}{\lambda_{1y} + 0.2} \tag{9-43}$$

式中:N_1——不计承台及其上土重,在荷载效应基本组合作用下角桩(含复合基桩)反力设计值(kN);

β_{1x}、β_{1y}——角桩冲切系数;

a_{1x}、a_{1y}——从承台底角桩顶内边缘引45°冲切线与承台顶面相交点至角桩内边缘的水平距离;当柱(墙)边或承台变阶处位于该45°线以内时,则取由柱(墙)边或承台变阶处与桩内边缘连线为冲切锥体的锥线(图9-23);

h_0——承台外边缘的有效高度(m);

λ_{1x}、λ_{1y}——角桩冲跨比,$\lambda_{1x}=a_{1x}/h_0$,$\lambda_{1y}=a_{1y}/h_0$,其值均应满足0.25~1.0的要求。

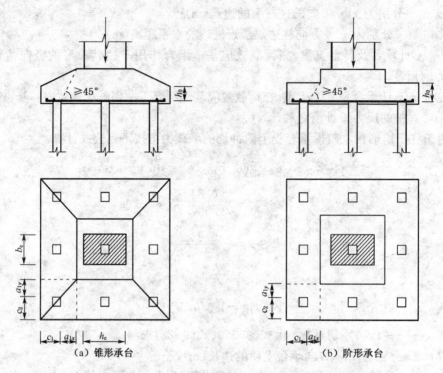

图9-23 四桩以上(含四桩)承台角桩冲切计算示意图

② 三桩三角形承台可按下列公式计算受角桩冲切的承载力(图9-24):

底部角桩:

$$N_1 \leqslant \beta_{11}(2c_1+a_{11})\beta_{hp}\tan\frac{\theta_1}{2}f_t h_0 \tag{9-44}$$

$$\beta_{11}=\frac{0.56}{\lambda_{11}+0.2} \tag{9-45}$$

顶部角桩:

$$N_1 \leqslant \beta_{12}(2c_2+a_{12})\beta_{hp}\tan\frac{\theta_2}{2}f_t h_0 \tag{9-46}$$

$$\beta_{12}=\frac{0.56}{\lambda_{12}+0.2} \tag{9-47}$$

式中:λ_{11}、λ_{12}——角桩冲跨比,$\lambda_{11}=a_{11}/h_0$,$\lambda_{12}=a_{12}/h_0$,其值均应满足0.25~1.0的要求;

a_{11}、a_{12}——从承台底角桩顶内边缘引45°冲切线与承台顶面相交点至角桩内边缘的水平距离;当柱(墙)边或承台变阶处位于该45°线以内时,则取由柱(墙)边或承台变阶处与桩内边缘连线为冲切锥体的锥线。

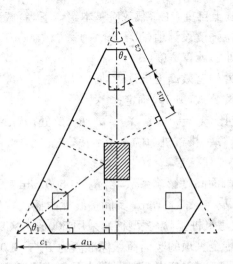

图 9-24　三桩三角形承台角桩冲切计算示意图

4）承台受剪切计算

柱下独立桩基承台，应分别对柱（墙）边、变阶处和桩边连线形成的贯通承台斜截面的受剪承载力进行验算。当承台悬挑边有多排基桩形成多个斜截面时，应对每个斜截面的受剪承载力进行验算。等厚承台斜截面受剪承载力可按下列公式计算（图 9-25）：

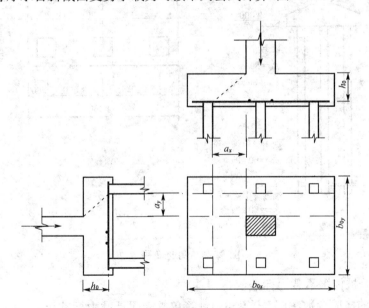

图 9-25　承台斜截面受剪计算示意图

$$V \leqslant \beta_{hs} \alpha f_t b_0 h_0 \qquad (9-48)$$

$$\alpha = \frac{1.75}{\lambda + 1} \qquad (9-49)$$

$$\beta_{hs} = \left(\frac{800}{h_0}\right)^{\frac{1}{4}} \qquad (9-50)$$

式中：V——不计承台及其上土自重，在荷载效应基本组合下，斜截面的最大剪力设计值(kN)；

f_t——混凝土轴心抗拉强度设计值(N/mm²)；

b_0——承台计算截面处的计算宽度(m)；

h_0——承台计算截面处的有效高度(m)；

α——承台剪切系数，按公式(9-49)确定；

λ——计算截面的剪跨比，$\lambda_x = a_x/h_0$，$\lambda_y = a_y/h_0$，此处，a_x、a_y 为柱边(墙边)或承台变阶处至 y、x 方向计算一排桩桩边的水平距离，当 $\lambda < 0.25$ 时取 $\lambda = 0.25$，当 $\lambda > 3$ 时取 $\lambda = 3$；

β_{hs}——受剪切承载力截面高度影响系数，当 $h_0 < 800$ mm 时取 $h_0 = 800$ mm，当 $h_0 > 2\,000$ mm 时取 $h_0 = 2\,000$ mm，其间按线性内插法取值。

【例9-2】 某柱下独立建筑桩基(摩擦型桩)，采用 500 mm×500 mm 预制桩，桩长 14 m。建筑桩基设计等级为乙级，传至桩顶的竖向荷载标准值为 $F_k = 3\,000$ kN，$M_{yk} = 900$ kN·m，其余计算条件见图9-26所示。试验算基桩的承载力是否满足要求($\eta_c = 0.06$)。

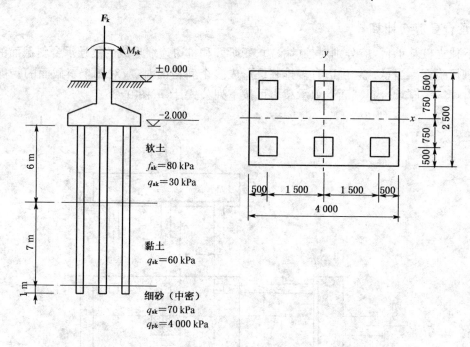

图9-26 例9-2图

【解】 (1)单桩极限承载力标准值

按规范推荐的经验参数法(公式(9-3))计算单桩极限承载力标准值：

$$Q_{uk} = u_p \sum q_{sik} l_i + q_{pk} A_p$$
$$= 0.5 \times 4 \times (30 \times 6 + 60 \times 7 + 70 \times 1) + 4\,000 \times 0.5 \times 0.5$$
$$= 2\,340 \text{ kN}$$

（2）单桩的竖向承载力特征值

$$R_a = \frac{1}{2}Q_{uk} = 1\,170 \text{ kN}$$

（3）基桩承载力特征值

因为是摩擦型桩，桩数为 6 根，并且 $s_a < 6d$，故复合基桩承载力特征值计算时应按式（9-12）考虑承台效应。

$$A_c = (4 \times 2.5 - 6 \times 0.5 \times 0.5)/6 = 1.42 \text{ m}^2$$

$$R = R_a + \eta_c f_{ak} A_c = 1\,170 + 0.06 \times 80 \times 1.42 = 1\,177 \text{ kN}$$

（4）验算基桩的竖向承载力

承台及其上土的自重设计值：$G = 4 \times 2.5 \times 20 \times 2 = 400 \text{ kN}$

$$N_k = \frac{F_k + G_k}{n} = \frac{3\,000 + 400}{6} = 567 \text{ kN} < R = 1\,177 \text{ kN}$$

$$N_{max} = \frac{F_k + G_k}{N} + \frac{M_{ky} x_{max}}{\sum x_i^2} = 567 + \frac{900 \times 1.5}{4 \times 1.5^2} = 717 \text{ kN} < 1.2R$$

因此，基桩竖向承载力满足要求。

【例 9-3】 某建筑桩基设计等级为乙级，柱截面尺寸为 $500 \text{ mm} \times 500 \text{ mm}$。采用柱下独立桩基础，泥浆护壁钻孔灌注桩，桩径为 500 mm，桩长 20 m，单桩现场静载荷试验测得其极限承载力为 $Q_{uk} = 2\,600 \text{ kN}$。承台底面标高为 -1.8 m，室内地面标高 ± 0.000，传至地表 ± 0.000 处的竖向荷载标准值为 $F_k = 5\,500 \text{ kN}$，$M_{ky} = 400 \text{ kN} \cdot \text{m}$，竖向荷载效应基本组合值为 $F = 6\,500 \text{ kN}$，$M_y = 500 \text{ kN} \cdot \text{m}$。承台底土的地基承载力特征值 $f_{ak} = 120 \text{ kPa}$。承台混凝土强度等级为 C25（$f_t = 1.27 \text{ N/mm}^2$），钢筋选用 HRB 335 级钢筋（$f_y = 300 \text{ N/mm}^2$），承台下做 100 mm 厚度的 C10 素混凝土垫层。设计该桩基础。

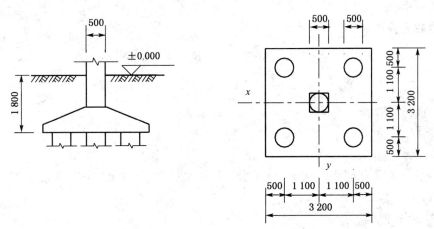

图 9-27　例 9-3 图

【解】 （1）桩数的确定和布置

初步估算桩数时，不考虑承台效应，单桩承载力特征值为

$$R_a = \frac{Q_{uk}}{2} = \frac{2\,600}{2} = 1\,300\text{ kN}$$

考虑偏心作用,桩数 $n \geqslant 1.1\dfrac{F_k}{R_a} = 1.1 \times \dfrac{5\,500}{1\,300} = 4.7$,取桩数为 5 根。

根据表 9-10 的规定,取最小桩间距为 $3d = 1.5$ m,采用如图 9-27 所示布桩形式,满足最小桩间距及承台构造要求。

(2) 复合基桩承载力验算

承台底面面积为 $A = 3.2 \times 3.2 = 10.24$ m²

基桩桩端荷载标准值

$$N_k = \frac{F_k + G_k}{n} = \frac{F_k + \gamma_G A\bar{d}}{n} = \frac{5\,500 + 20 \times 10.24 \times 1.8}{5} = 1\,173.7\text{ kN}$$

$$\begin{aligned}N_{kmax}\\N_{kmin}\end{aligned} = \frac{F_k + G_k}{n} \pm \frac{M_{ky}x_{max}}{\sum x_i^2} = 1\,173.7 \pm \frac{400 \times 1.1}{4 \times 1.1^2} = 1\,173.7 \pm 90.9 = \begin{aligned}1\,264.6\\1\,082.8\end{aligned}\text{ kN}$$

复合基桩承载力特征值计算时考虑承台效应。

$$R = R_a + \eta_c f_{ak} A_c = \frac{Q_{uk}}{2} + \eta_c f_{ak} A_c$$

承台效应系数 η_c 查表 9-8,$s_a = \sqrt{\dfrac{A}{n}} = \sqrt{\dfrac{10.24}{5}} = 1.43$ m,$B_c/l = 3.2/20 = 0.16$,$s_a/d = 1.43/0.5 = 2.86$。查表 9-8 得 η_c 取 0.06。

$$A_c = \frac{(A - nA_{ps})}{n} = \frac{(10.24 - 5 \times 0.2)}{5} = 1.8\text{ m}^2$$

$$R = \frac{Q_{uk}}{2} + \eta_c f_{ak} A_c = \frac{2600}{2} + 0.06 \times 120 \times 1.8 = 1313\text{ kN}$$

桩基承载力验算

$$N_k = 1\,173.7\text{ kN} < R = 1\,313\text{ kN}$$

$$N_{kmax} = 1\,264.6\text{ kN} < 1.2R = 1\,575.6\text{ kN}$$

承载力满足要求。

(3) 承台计算

① 冲切承载力验算

初步设承台高度为 $h = 1\,200$ mm。承台下设置垫层时,混凝土保护层厚度取 50 mm,承台有效高度为 $h_0 = 1\,150$ mm。

a. 柱对承台冲切验算

当 800 mm $< h_0 < 2\,000$ mm 时,β_{hp} 在 $1.0 \sim 0.9$ 之间插值取值,$\beta_{hp} = 0.97$。冲切验算时将圆桩换算成方桩,边长 $b_c = 0.8d = 0.8 \times 500 = 400$ mm。冲切验算示意图见图 9-28。

$$F_l = F - \sum Q_i = 6\,500 - \frac{6\,500}{5} = 5\,200\text{ kN}$$

$$a_{0x} = a_{0y} = 1\,100 - 400 = 700 \text{ mm}$$

$$\lambda_{0x} = \lambda_{0y} = a_{0x}/h_0 = a_{0y}/h_0 = 700/1\,150 = 0.61$$

$$\beta_{0x} = \beta_{0y} = \frac{0.84}{\lambda_{0x} + 0.2} = \frac{0.84}{\lambda_{0y} + 0.2} = \frac{0.84}{0.61 + 0.2} = 1.04$$

$$2\left[\beta_{0x}(b_c + a_{0y}) + \beta_{0y}(h_c + a_{0x})\right]\beta_{hp} f_t h_0$$
$$= 2 \times [1.04 \times (0.4 + 0.7)] \times 2 \times 0.97 \times 1270 \times 1.15$$
$$= 6\,483 \text{ kN} > F_1 = 5\,200 \text{ kN}$$

柱对承台冲切承载力满足要求。

b. 角桩对承台冲切验算

桩顶净反力如下：

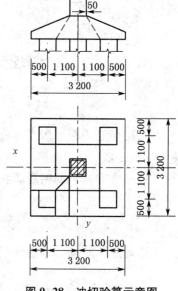

图 9-28　冲切验算示意图

$$\genfrac{}{}{0pt}{}{N_{max}}{N_{min}} = \frac{F}{n} \pm \frac{M_y x_{max}}{\sum x_i^2} = \frac{6500}{5} \pm \frac{500 \times 1.1}{4 \times 1.1^2}$$

$$= 1\,300 \pm 114 = \genfrac{}{}{0pt}{}{1\,414 \text{ kN}}{1\,186 \text{ kN}}$$

$$a_{1x} = a_{1y} = 1\,100 - 400 = 700 \text{ mm}$$

$$c_1 = c_2 = 200 + 500 = 700 \text{ mm}$$

$$\lambda_{1x} = \lambda_{1y} = a_{1x}/h_0 = a_{1y}/h_0 = 700/1\,150 = 0.61$$

$$\beta_{1x} = \beta_{1y} = \frac{0.56}{\lambda_{1x} + 0.2} = \frac{0.56}{\lambda_{1y} + 0.2} = \frac{0.56}{0.61 + 0.2} = 0.69$$

$$\left[\beta_{1x}(c_2 + a_{1y}/2) + \beta_{1y}(c_1 + a_{1x}/2)\right]\beta_{hp} f_t h_0$$
$$= \left[0.69 \times \left(0.7 + \frac{0.7}{2}\right)\right] \times 2 \times 0.97 \times 1\,270 \times 1.15$$
$$= 2\,052.8 \text{ kN} > N_1 = 1\,414 \text{ kN}$$

角桩对承台冲切承载力满足要求。

② 斜截面受剪承载力验算

$$V = 2N_{max} = 2 \times 1\,414 = 2\,828 \text{ kN}$$

$$\alpha = \frac{1.75}{\lambda + 1} = \frac{1.75}{0.61 + 1} = 1.09$$

$$\beta_{hs} = \left(\frac{800}{h_0}\right)^{1/4} = \left(\frac{800}{1\,150}\right)^{1/4} = 0.91$$

$$\beta_{hs}\alpha f_t b_0 h_0 = 0.91 \times 1.09 \times 1\,270 \times 3.2 \times 1.15 = 4\,635 \text{ kN} > V$$

斜截面受剪承载力满足要求。

③ 抗弯验算（配筋计算）

各桩对垂直于 y 轴和 x 轴方向截面的弯矩设计值分别为

$$M_x = \sum N_i y_i = (N_{max} + N_{min}) y_i = 2 \times 1\,300 \times (1.1 - 0.2) = 2\,340 \text{ kN}$$

$$M_y = \sum N_i x_i = 2 N_{max} x_i = 2 \times 1\,414 \times (1.1 - 0.2) = 2\,545 \text{ kN}$$

沿 x 方向布设的钢筋截面面积为

$$A_{sx} = \frac{M_y}{0.9 h_0 f_y} = \frac{2\,545 \times 10^6}{0.9 \times 1\,150 \times 300} = 8\,196 \text{ mm}^2$$

基础配筋间距一般在 $100 \sim 200$ mm 之间,若取间距 150 mm,则实际配筋 22Φ22 ($A_s = 8\,359$ mm^2)。

沿 y 方向布设的钢筋截面面积为

$$A_{sy} = \frac{M_x}{0.9 h_0 f_y} = \frac{2\,340 \times 10^6}{0.9 \times 1\,150 \times 300} = 7\,536 \text{ mm}^2$$

取间距 160 mm,则实际配筋 20Φ22($A_s = 7\,598$ mm^2)。

思考题

9-1 深基础有哪些类型?

9-2 桩有哪些类型? 桩基础适用于什么范围?

9-3 端承桩和摩擦桩受力情况有什么不同? 当各种条件具备时,应优先采用哪种桩?

9-4 高承台桩和低承台桩各有哪些优点? 它们各自适用于什么情况?

9-5 单桩轴向受压荷载作用下的破坏模式有哪些?

9-6 怎样确定单桩竖向承载力设计值?

9-7 简述单桩、单排桩计算步骤及验算要求。

9-8 简述桩基的设计步骤。

9-9 钻孔灌注桩成孔时,泥浆起什么作用?

9-10 "群桩效应"的定义是什么? 在什么情况下会出现群桩效应? 试说明单桩承载力与群桩中一根桩的承载力的不同。

习 题

9-1 某预制桩桩径为 400 mm,桩长 12.0 m,穿越厚度为 4 m 的黏土层后,以密实中砂层为持力层,已知 $q_{s1k} = 50$ kPa,$q_{s2k} = 90$ kPa,$q_{pk} = 6\,500$ kPa。桩基同一承台采用 3 根基桩,不考虑群桩效应。试确定该桩的竖向极限承载力标准值和基桩竖向承载力设计值。

9-2 某预制桩基础如图,桩径 $d = 0.4$ m,桩长 16 m,承台尺寸 3.2 m $\times$ 3.2 m,底面埋深 2.0 m,承台上作用竖向荷载标准值 $F_k = 3\,500$ kN,弯矩标准值 $M_k = 300$ kN·m。土层分布从上而下为:①填土,厚 2 m;②黏土,厚 13.5 m,$q_{s1k} = 40$ kPa;③粉土,厚 0.5 m,$q_{s2k} = 50$ kPa,$q_{pk} = 3\,000$ kPa。假设承台底 $\frac{1}{2} B_c$ 深度范围内地基土极限阻力标准值 $f_{ak} = 200$ kPa,$\eta_c = 0.3$,试验算桩基的竖向承载力是否满足要求。

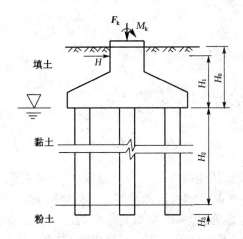 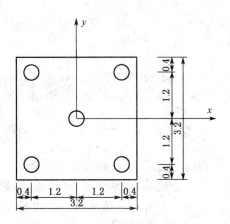

图 9-29　习题 9-2 图

10 区域性地基

本章介绍了几种在我国分布较广的山区地基及其他类型地基与基础问题,包括湿陷性黄土地基、膨胀土地基、山区地基、冻土地基、盐渍土地基及地震区地基等。这类地基土由于地理环境、气候条件及各自地质成因等不同,其性质有显著区别,通常带有一定的区域性。本章先分别介绍这类地基土的特征和分布,讲述其特殊的工程性质和产生原因以及它们给工程建设带来的影响和危害;其次介绍这类地基土各自的工程评价方法和处理措施。

10.1 概述

具有特殊工程性质的土类叫特殊土。当其作为建筑物地基时,如果不注意这些特性,可能引起事故。各种天然形成的特殊土的地理分布存在着一定的规律,表现出一定的区域性,所以又称之为区域性特殊土。我国区域性特殊土主要有湿陷性黄土、膨胀土、红黏土和多年冻土等。

我国广大的山区、丘陵地带,广泛分布着工程地质、水文地质条件更为复杂的山区地基,经常出现多种不良地质现象,如滑坡、崩塌、岩溶和土洞等,对建筑物具有直接或潜在威胁。山区建设有时由于平整场地时大量挖方与填方、地表水下渗或其他因素的影响,使斜坡地段地基失去原有稳定性。因此,必须正确认识山区建设的特性,合理利用,正确处理山区地基。

我国是一个多地震的国家,地震时,在岩土中传播的地震波引起地基土体的振动,当地基土强度经受不住地基振动变形所产生的内力时,就会失去支撑建筑物的能力,导致地基失效,严重时可产生像地裂、坍塌、液化、震陷等灾害。地震中地基的稳定性和变形以及抗震、防震措施是地震区地基基础设计必须主要考虑的问题。

10.2 湿陷性黄土地基

10.2.1 湿陷性黄土的分布和特征

1）我国湿陷性黄土分布

我国黄土分布非常广泛,面积约 64 万 km²,其中湿陷性黄土约占 3/4,主要有以下分布特点:

（1）黄土基本分布在我国北方各省及自治区,南部大致以昆仑山、祁连山、秦岭为界,向东延至泰山和鲁山以北地区。

（2）黄土分布地区气候干燥,降水量少,蒸发量大,属于干旱和半干旱地区,与世界上其他黄土地区的气候条件相似。黄土分布地区年降水量多为 $250\sim500$ mm,年降水量小于250 mm的地区则黄土较少,而代之的是沙漠和戈壁;年降水量大于 750 mm 的地区基本上没有黄土分布。

（3）黄土分布地区的北面与沙漠和戈壁相连,自北而南,戈壁-沙漠-黄土三者逐渐过渡,东西向呈条带状排列。近沙漠地区黄土颗粒成分较粗,向南逐渐变细。

（4）黄土分布呈东西走向的带状横贯我国北方,这是受我国北方山脉地理气候条件的控制而造成的。

2）我国湿陷性黄土特征

遍布在我国西北等部分地区的黄土是一种颗粒组成以粉粒为主的黄色或褐黄色粉状土。具有天然含水量的黄土,如未受水浸湿,一般强度较高,压缩性较小。在覆盖土层的自重引力或自重应力和建筑物附加应力的综合作用下受水浸湿,使土的结构迅速破坏而发生显著的附加下沉(其强度也随着迅速降低),称为湿陷性黄土。

我国的湿陷性黄土,一般呈黄色或褐黄色,粉土粒含量常占土重的 60% 以上,含有大量的碳酸盐、硫酸盐和氯化物等可溶盐类,天然孔隙比在 1.0 左右,一般具有肉眼可见的大孔隙,竖直节理发育,能保持直立的天然边坡。

我国《湿陷性黄土地区建筑规范》(GB 50025—2004)(简称《黄土规范》),给出了我国湿陷性黄土工程地质分区略图。

10.2.2 湿陷性黄土地基的评价

正确评价黄土地基的湿陷性具有很重要的工程意义,它主要包括三方面的内容:首先,查明黄土在一定压力下浸水后是否具有湿陷性;其次,判别场地的湿陷类型,属于自重湿陷性黄土还是非自重湿陷性黄土;最后,判定湿陷性黄土地基的湿陷等级,即强弱程度。

关于黄土地基湿陷性的评价标准,各国不尽相同。这里介绍我国《黄土规范》规定的标准。

1）湿陷系数

黄土的湿陷量与所受的压力大小有关,可用湿陷系数 δ_s 来进行评定。湿陷系数 δ_s 是利用现场采集的不扰动土试样,按室内压缩试验在一定压力下测定,其计算式为

$$\delta_s = \frac{h_p - h_p'}{h_0} \tag{10-1}$$

式中:h_p——保持天然的湿度和结构的土样,加压至一定压力时,下沉稳定后的高度(mm);

h_p'——上述加压稳定后的土样,在浸水(饱和)作用下,附加下沉稳定后的高度(mm);

h_0——土样的原始高度(mm)。

按上述公式计算的湿陷系数:

$\delta_s < 0.015$ 非湿陷性黄土

$\delta_s \geq 0.015$ 湿陷性黄土

《湿陷性黄土地区建筑规范》规定:对自基础底面(初步勘查时,自地面下 1.5 m)算起,

10 m 以内土层应用压力 200 kPa,10 m 以下至非湿陷性土层顶面应用其上覆土的饱和自重压力(当大于 300 kPa 时,仍应用 300 kPa)。如基底压力大于 300 kPa 时,宜用实际压力判别黄土的湿陷性。

2) 湿陷类型的划分

工程实践表明,自重湿陷性黄土在没有外荷载的作用下,浸水后也会迅速发生剧烈的湿陷,甚至一些很轻的建筑物也难免遭受其害。而在非自重湿陷性黄土地区,这种情况就很少见。所以,对于这两种类型的湿陷性黄土地基所采取的设计和施工措施应有所区别。在黄土地区地基勘察中,应按实测自重湿陷量 Δ_{zs}' 或计算自重湿陷量 Δ_{zs} 判定建筑场地的湿陷类型。实测自重湿陷量应根据现场试坑浸水试验确定。该试验方法比较可靠,但费水费时,有时受各种条件限制,往往不易做到。因此,规范规定,除在新建区,对甲、乙类建筑物采用现场试坑浸水试验外,对一般建筑物可按计算自重湿陷量划分场地类型。

计算自重湿陷量按下式进行:

$$\Delta_{zs} = \beta_0 \sum_{i=1}^{n} \delta_{zsi} h_i \tag{10-2}$$

式中:δ_{zsi}——第 i 层土在上覆土的饱和自重应力作用下的湿陷系数,其测定和计算方法同 δ_s,
　　　即 $\delta_s = (h_p - h_p')/h$,其中 h_p 是加压至土的饱和自重应力时下沉稳定后的高度,h_p' 是上述加压稳定后,在浸水作用下,下沉稳定后的高度;

　　h_i——第 z 层土的厚度(mm);

　　n——总计算土层内湿陷土层的数目,总计算厚度应从天然地面算起(当挖、填方厚度及面积较大时,自设计地面算起)至其下全部湿陷性黄土层的底面为止($\delta_s < 0.015$ 的土层不计);

　　β_0——因地区土质而异的修正系数,对陇西地区可取 1.5,对陇东、陕北、晋西地区可取 1.2,对关中地区可取 0.9,对其他地区可取 0.5。

Δ_{zs} 应自天然地面(当挖、填方的厚度和面积较大时,应自设计地面)算起,至其下非湿陷性黄土层的顶面止,其中 $\Delta_{zs} < 0.015$ 的土层不累计。

当实测自重湿陷量 Δ_{zs}' 或计算自重湿陷量 Δ_{zs} 小于 7 cm 时,应定为非自重湿陷性黄土地区;大于 7 cm 时,定为自重湿陷性黄土地区。

3) 黄土地基的湿陷等级

湿陷性黄土地基的湿陷等级,应根据基底下各土层累计的总湿陷量和计算自重湿陷量的大小等因素按表 10-1 判定。

表 10-1　湿陷性黄土地基的湿陷等级

Δ_{zs}计算自重湿陷量 (cm)　　　湿陷类型　　总湿陷量 Δ_s(cm)	非自重湿陷性场地	自重湿陷性场地	
	$\Delta_{zs} \leqslant 7$	$7 < \Delta_{zs} \leqslant 35$	$\Delta_{zs} > 35$
$\Delta_s \leqslant 30$	Ⅰ(轻微)	Ⅱ(中等)	—
$30 < \Delta_s \leqslant 70$	Ⅱ(中等)	Ⅱ(中等)或Ⅲ(严重)	Ⅲ(严重)
$\Delta_s > 70$	Ⅱ(中等)	Ⅲ(严重)	Ⅳ(很严重)

其中总湿陷量

$$\Delta_s = \sum_{i=1}^{n} \beta \delta_{si} h_i \tag{10-3}$$

式中：δ_{si}——第 i 层土的湿陷系数；

h_i——第 i 层土的厚度；

β——考虑地基土侧向挤出和浸水几率等因素的修正系数，基底下 5 m（或压缩层）深度内可取 1.5，5～10 m 取 1.0，10 m 以下至非湿陷性黄土层顶面，在自重湿陷性黄土场地，可取工程所在地区的 β_0 值。

4）湿陷性黄土地基的工程措施

湿陷性黄土地基的设计和施工，除了必须遵循一般地基的设计和施工原则外，还应针对黄土湿陷性这个特点和工程要求，因地制宜地采用以地基处理为主的综合措施。这些措施有：

（1）地基处理，其目的在于破坏湿陷性黄土的大孔结构，以便全部或部分消除地基的湿陷性，从根本上避免或削弱湿陷现象的发生。常用的地基处理方法有土（或灰土）垫层、重锤夯实、强夯、预浸水、化学加固（主要是硅化和碱液加固）、土（灰土）桩挤密等，也可采用将桩端进入非湿陷性土层的桩基。

（2）防水措施，不仅要放眼于整个建筑场地的排水、防水问题，而且要考虑到单体建筑物的防水措施，在建筑物长期使用过程中要防止地基被浸湿，同时也要做好施工阶段临时性排水、防水工作。

（3）结构措施，在建筑物设计中，应从地基、基础和上部结构相互作用的概念出发，采用适当的措施，增强建筑物适应或抵抗因湿陷引起的不均匀沉降的能力。这样，即使地基处理或防水措施不周密而发生湿陷时，建筑物也不致造成严重破坏，或减轻其破坏程度。

在上述措施中，地基处理是主要的工程措施。防水、结构措施的采用，应根据地基处理的程度不同而有所差别。对地基做了处理，消除了全部地基土的湿陷性，就不必再考虑其他措施。若地基处理只消除地基主要部分湿陷量，为了避免湿陷对建筑物危害，还应辅以防水和结构措施。

10.3　膨胀土地基

10.3.1　膨胀土的特性

膨胀土一般系指黏粒成分主要由亲水性矿物组成，同时具有显著的吸水膨胀和失水收缩两种变形特性的黏性土，它一般强度较高，压缩性低，易被误认为是建筑性能较好的地基土。但由于具有膨胀和收缩的特性，当利用这种土作为建筑物地基时，对低层轻型的房屋或构筑物带来的危害更大。在膨胀土地区进行建设，要通过勘察工作，对膨胀土作出必要的判断和评价，以便采取相应的设计和施工措施，从而保证房屋和构筑物的安全和正常使用。

1）膨胀土的特征

膨胀土的黏粒含量一般很高,其中粒径小于 0.002 mm 的胶体颗粒含量一般超过 20%。黏土矿物成分中,伊利石、蒙脱石等强亲水性矿物占主导地位。其液限 ω_L 大于 40%,塑性指数 I_P 大于 17,且多数在 22~35 之间。自由膨胀率一般超过 40%(红黏土除外)。膨胀土的天然含水量接近或略小于塑限,液性指数常小于零,土的压缩性小,多属低压缩性土。任何黏性土都有胀缩性,问题在于这种特性对房屋安全的影响程度。

膨胀土在我国分布广泛,以黄河流域及其以南地区较多。据统计,湖北、河南、广西、云南等 20 多个省、自治区均有膨胀土。膨胀土多出现于二级或二级以上阶地、山前丘陵和盆地边缘地带。所处地形平缓,无明显自然陡坎。在流水冲刷作用下的水沟、水渠易发生崩塌、滑动而淤塞。常见浅层滑坡、地裂,新开挖的坑(槽)壁易发生坍塌。

2）膨胀土对建筑物的危害

膨胀土具有显著的吸水膨胀和失水收缩的变形特性。建造在膨胀土地基上的建筑物随季节性气候的变化会反复不断地产生不均匀的升降而使房屋破坏。破坏具有如下特征:

(1) 建筑物的开裂破坏具有地区性成群出现的特点,建筑物裂缝随气候变化不停地张开和闭合。遇干旱年份裂缝发展更为严重。发生变形破坏的建筑物,多数为一、二层的砖木结构房屋。因为这类建筑物的重量轻,整体性差,基础埋置较浅,地基土易受外界因素的影响而产生胀缩变形,故极易裂损。

(2) 房屋墙面角端的裂缝常表现为山墙上的对称或不对称的倒八字缝,这是由于山墙的两侧下沉量较中部大的缘故。外纵墙下部出现水平缝,墙体外倾并有水平错动。由于土的胀缩交替变形,还会使墙体出现交叉裂缝。房屋的独立砖柱可能发生水平断裂,并伴随有水平位移和转动。隆起的地坪,多出现纵长裂缝,并常与室外地裂相连。在地裂通过建筑物的地方,建筑物墙体上出现上小下大的竖向或斜向裂缝。

(3) 膨胀土边坡极不稳定,易产生浅层滑坡,并引起房屋和构筑物的开裂。

另外,膨胀土的胀缩特性除使房屋发生开裂、倾斜外,还会使公路路基发生破坏,堤岸、路堑产生滑坡,涵洞、桥梁等刚性结构物产生不均匀沉降,导致开裂等。

世界上已有 40 多个国家发现膨胀土造成的危害,估计每年给工程建设带来的经济损失达数十亿美元。膨胀土的工程问题已引起包括我国在内的各国学术界和工程界的高度重视。

3）影响膨胀土胀缩变形的主要因素

膨胀土的胀缩变形由土的内在因素所决定,同时受到外部因素的制约。影响土胀缩变形的主要内在因素有:①矿物成分;②微观结构特征;③黏粒的含量;④土的密度和含水量;⑤土的结构强度。影响土胀缩变形的主要外部因素有:①气候条件是首要的因素;②地形地貌等因素。

10.3.2 膨胀土地基的勘察与评价

1）膨胀土地基的勘察

膨胀土地基的勘察除满足一般勘察要求外,应着重下列内容:

(1) 选址勘察阶段,应以工程地质调查为主。收集当地多年气象资料,了解气候变化特点;查明膨胀土的成因,划分地貌单元,了解地形形态以及有无不良地质现象;调查水文地质情况,调查地表水排泄、积聚情况,地下水类型、水位及其变化幅度等;分析当地建筑物损坏原因。

（2）初步勘察阶段应确定膨胀土的胀缩性;查明场地内不良地质现象的成因、分布和危害程度;采取原状土样进行室内基本物理性质试验、收缩试验、膨胀力试验和膨胀率试验,初步查明场地内膨胀土的物理力学性质。

（3）详勘阶段应确定地基土层胀缩等级以作为设计的依据。

2）膨胀土的胀缩性指标

评价膨胀土胀缩性的常用指标及其测定方法如下:

（1）自由膨胀率 δ_{ef}:指研磨成粉末的干燥土样(结构内部无约束力),浸泡于水中,经充分吸水膨胀后所增加的体积与原土体积的百分比。试验时将烘干土样经无颈漏斗注入量土杯(容积 10 mL),盛满刮平后,将试样倒入盛有蒸馏水的量筒(容积 50 mL)内。然后加入凝聚剂并用搅拌器上下均匀搅拌 10 次。土粒下沉后每隔一定时间读取土样体积数,直至认为膨胀到达稳定为止。自由膨胀率按下式计算:

$$\delta_{ef} = \frac{V_w - V_0}{V_0} \qquad (10\text{-}4)$$

式中:V_0——试验开始时土样的原始体积;

　V_w——在侧限条件下土样浸水在压力膨胀稳定后的体积。

自由膨胀率 δ_{ef} 表示膨胀土在无结构力影响下和无压力作用下的膨胀特性,可反映土的矿物成分及含量,可用来初步判定是否是膨胀土。

（2）膨胀率 δ_{ep}:原状土在侧限压缩仪中,在一定的压力下,浸水膨胀稳定后,土样增加的高度与原高度之比,称为膨胀率。表示为

$$\delta_{ep} = \frac{h_w - h_0}{h_0} \qquad (10\text{-}5)$$

式中:h_w——土样浸水膨胀稳定后的高度(mm);

　h_0——土样的原始高度(mm)。

膨胀率也可用来评价地基的胀缩等级,计算膨胀土地基的变形量以及测定膨胀力。

（3）线缩率 δ_s:指土的垂直收缩变形与原始高度之百分比。试验时把土样从环刀中推出后,置于 20℃恒温条件下,或 15～40℃自然条件下干缩,按规定时间测读试样高度,并同时测定其含水量(ω)。用下式计算土的线缩率:

$$\delta_s = \frac{h_0 - h_i}{h_0} \times 100\% \qquad (10\text{-}6)$$

式中:h_i——某含水量 ω_i 时的土样高度(mm);

　h_0——土样的原始高度(mm)。

（4）膨胀力 p_e:原状土样在体积不变时,由于浸水膨胀产生的最大内应力,称为膨胀力 p_e。以各级压力下的膨胀率 δ_{ep} 为纵坐标,压力 p 为横坐标,将试验结果绘制成 p-δ_{ep} 关系曲线,该曲线与横坐标轴的交点即为

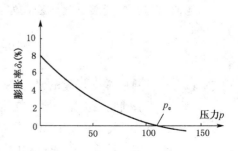

图 10-1　p-δ_{ep} 关系曲线图

膨胀力 p_e,见图 10-1。

3) 膨胀土地基的评价

（1）膨胀土的判别

膨胀土的判别是解决膨胀土地基勘察、设计的首要问题。据我国大多数地区膨胀土和非膨胀土试验指标的统计分析,认为:土中黏粒成分由亲水矿物成分组成。凡自由膨胀率,一般具有上述膨胀土物理力学特征和建筑物开裂破坏特征,且为缩胀性能较大的黏性土,则应判别为膨胀土。

（2）膨胀土的膨胀潜势

通过上述判定膨胀土以后,要进一步确定膨胀土的胀缩性能,也就是胀缩强弱。我国《膨胀土规范》按自由膨胀率 δ_{ef} 大小划分膨胀潜势强弱,即反映土体内部积储的膨胀势能大小,来判别土的胀缩性高低。膨胀土的膨胀潜势按 δ_{ef} 大小分为 3 类,见表 10-2。

表 10-2　膨胀土的膨胀潜势分类

$\delta_{ef}(\%)$	膨胀潜势
$40 \leqslant \delta_{ef} < 65$	弱
$65 \leqslant \delta_{ef} < 90$	中
$\delta_{ef} \geqslant 90$	强

调查表明:δ_{ef} 较小的膨胀土,膨胀潜势较弱,建筑物损坏轻微;δ_{ef} 较大的膨胀土,膨胀潜势较强,建筑物损坏严重。

（3）膨胀土地基的胀缩等级

膨胀土地基评价,应根据地基的膨胀、收缩变形对低层砖混房屋的影响程度进行。地基的胀缩等级我国规范规定以 50 kPa 压力下（相当于一层砖石结构的基底压力）测定土的膨胀率 δ_{ep},计算地基分级变形量 s_c,作为划分胀缩等级的标准,见表 10-3。地基分级变形量应按式（10-7）计算。

表 10-3　膨胀土的膨胀等级

s_c (mm)	级别
$15 \leqslant s_c < 35$	I
$35 \leqslant s_c < 70$	II

地基土的胀缩变形量计算公式为

$$s_c = \psi \sum_{i=1}^{n} \delta_{epi} + \lambda_{si} \Delta \omega_i h_i \tag{10-7}$$

式中:ψ——计算胀缩变形量的经验系数,可取 0.7;

δ_{epi}——基础底面下第 i 层土在压力作用下的膨胀率,由室内试验确定;

λ_{si}——第 i 层土的垂直线缩系数;

$\Delta\omega_i$——第 i 层土在收缩过程中可能发生的含水量变化的平均值（小数表示）,按《膨胀土规范》公式计算;

h_i——第 i 层土的计算厚度(cm),一般为基底宽度的 2/5;

n——自基础底面至计算深度内所划分的土层数,计算深度可取大气影响深度,当有热源影响时,应按热源影响深度确定。

10.3.3 膨胀土地基的工程措施

1)设计措施

(1)建筑场地的选择

根据工程地质和水文地质条件,建筑物应尽量避免布置在地质条件不良的地段(如浅层滑坡和地裂发育区,以及地质条件不均匀的区域)。同时,应利用和保护天然排水系统,并设置必要的排洪、截流和导流等排水措施,有组织的排除雨水、地表水、生活和生产废水,防止局部浸水和出现渗漏。

(2)建筑措施

建筑物的体型力求简单,尽量避免平面凹凸曲折和立面高低不一。建筑物不宜过长,必要时可用沉降缝分段隔开。一般无特殊要求的地坪,可用混凝土预制块或其他块料,其下铺砂和炉渣等垫层。如用现浇混凝土地坪,其下铺块石或碎石等垫层,每 3 m 左右设分格缝。对于有特殊要求的工业地坪,应尽量使地坪与墙体脱开,并填以嵌缝材料。房屋附近不宜种植吸水量和蒸发量大的树木(如桉树),应根据树木的蒸发能力和当地气候条件合理确定树木与房屋之间的距离。

(3)结构处理

在膨胀土地基上,一般应避免采用砖拱结构和无砂大孔混凝土、无筋中型砌块建造的房屋。为了加强建筑物的整体刚度,可适当设置钢筋混凝土圈梁或钢筋砖腰箍。单独排架结构的工业厂房包括山墙、外墙及内隔墙均采用单独柱基承重,角端部分适当加深,围护墙宜砌在基础梁上,基础梁底与地面应脱空 10～15 cm。建筑物的角端和内外墙的连接处,必要时可增设水平钢筋。

(4)地基处理

基础埋置深度的选择应考虑膨胀土的胀缩性、膨胀土层埋藏深度和厚度以及大气影响深度等因素。基础不宜设置在季节性干湿变化剧烈的土层内。一般基础的埋深宜超过大气影响深度。当膨胀土位于地表下 3 m,或地下水位较高时,基础可以浅埋。若膨胀土层不厚,则尽可能将基础埋置在非膨胀土上。膨胀土地区的基础设计,应充分利用地基土的承载力,并采用缩小基底面积、合理选择基底形式等措施,以便增大基底压力,减少地基膨胀变形量。膨胀土地基的承载力,可按《膨胀土规范》有关规定选用。采用垫层时,须将地基中膨胀土全部或部分挖除,用砂、碎石、块石、煤渣、灰土等材料作垫层,而且必须有足够的厚度。当采用垫层作为主要设计措施时,垫层宽度应大于基础宽度,两侧回填相同的材料。如采用深基础,宜选用穿透膨胀土层的桩(墩)基。

2)施工措施

膨胀土地区的建筑物,应根据设计要求、场地条件和施工季节,做好施工组织设计。在施工中应尽量减少地基中含水量的变化,以便减少土的胀缩变形。建筑场地施工前,应完成场地土方、挡土墙、护坡、防洪沟及排水沟等工程,使排水畅通、边坡稳定。施工用水应妥善管理,防止管网漏水。临时水池、洗料场、搅拌站与建筑物的距离不少于 5 m。应做好排水措施,防止施工用水流入基槽内。基槽施工宜采取分段快速作业,施工过程中,基槽不应曝晒或浸泡。被水浸湿后的软弱层必须清除。雨期施工应有防水措施。基础施工完毕后,应立即将基槽和室内回填土分层夯实。填土可用非膨胀土、弱膨胀土或掺有石灰的膨胀土。地坪面层施工时应尽量减少地基浸水,并宜用覆盖物湿润养护。

10.4　红黏土地基

炎热湿润气候条件下石灰岩、白云岩等碳酸盐岩系的出露区,岩石在长期的成土化学风化作用(又称红土化作用)下形成的高塑性黏土物质,其液限一般大于 50%,一般呈褐红、棕红、紫红和黄褐色等,称为红黏土。红黏土的分布在我国以贵州、云南、广西等地最为广泛和典型。它常堆积于山麓坡地、丘陵、谷地等处。当原地红黏土层受间歇性水流的冲蚀,红黏土的颗粒被带到低洼处堆积成新的土层,其颜色较未搬运者浅,常含粗颗粒,仍保持红黏土的基本特性,液限大于 45% 者称次生红黏土。

10.4.1　红黏土的工程地质特征

1) 矿物化学成分

红黏土的矿物成分以石英和高岭石(或伊利石)为主。土中基本结构单元除静电引力和吸附水膜黏结外,还有铁质胶结,使土体具有较高的粘接强度,有抑制土粒扩散层厚度和晶格扩展的作用,在自然条件下浸水可表现出较好的水稳性。由于红黏土分布区现今气候仍潮湿多雨,其起始含水量远高于其缩限,在自然条件下失水,使红黏土具有明显的收缩性和裂缝发育等特征。红黏土常为岩溶地区的覆盖层,因受基岩起伏的影响,其厚度不大,但变化颇剧。

2) 物理力学性质

红黏土中较高的黏土颗粒含量(55%～70%)使其具有高分散性和较大的孔隙比($e = 1.1 \sim 1.7$)。常处于饱和状态($S_r > 82\%$),它的天然含水量($\omega = 30\% \sim 60\%$)几乎与塑限相等,但液性指数较小($I_L = -0.1 \sim 0.4$),这说明红黏土中的水以结合水为主。因此,红黏土的含水量虽高,但土体一般仍处于硬塑或坚硬状态,而且具有较高的强度和较低的压缩性。在孔隙比相同时,它的承载力约为软黏土的 2～3 倍。

3) 地基存在的问题

从土的性质来说,红黏土是建筑物较好的地基,但也存在下列一些问题:

(1) 有些地区的红黏土受水浸泡后体积膨胀,干燥失水后体积收缩而具有胀缩性。

(2) 红黏土厚度分布不均,其厚度与下卧基岩面的状态和风化深度有关。常因石灰岩表面石芽、溶沟等的存在,而使上覆红黏土的厚度在小范围内相差悬殊,造成地基的不均匀性。

(3) 红黏土沿深度从上向下含水量增加,土质有由硬至软的明显变化。接近下卧基岩面处,土常呈软塑或流塑状态,其强度低,压缩性较大。

(4)红黏土地区的岩溶现象一般较为发育。由于地面水和地下水的运动引起的冲蚀和潜蚀作用,在隐伏岩溶上的红黏土层常有土洞存在,因而影响场地的稳定性。

4)红黏土地基的设计及工程措施

红黏土上部常呈坚硬至硬塑状态,设计时应根据具体情况,充分利用它作为天然地基的持力层。当红黏土层下部存在局部的软弱下卧层或岩层起伏过大时,应考虑地基不均匀沉降的影响,采取相应措施。

红黏土地基,应按它的特殊性质采取相应的处理方法。须注意的是,从地层的角度来说,这种地基具有不均匀的特性,故应按照不均匀地基的处理方法进行处理。为消除红黏土地基中存在的石芽、土洞或土层不均匀等不利因素的影响,应对地基、基础或上部结构采取适当的措施,如换土、填洞、加强基础和上部结构的刚度或采取桩基础等。

施工时,必须做好防水排水措施,避免水分渗透进地基中。基槽开挖后,不得长久暴露使地基干缩开裂或浸水软化,应迅速清理基槽修筑基础,并及时回填夯实。由于红黏土的不均匀性,对于重要建筑物,开挖基槽时,应注意做好施工验槽工作。

对于天然土坡和开挖人工边坡或基槽时,必须注意土体中裂隙发育情况,避免水分渗入引起滑坡或崩塌事故。应防止破坏坡面植被和自然排水系统,土面上的裂隙应填塞,应做好建筑场地的地表水、地下水以及生产和生活用水的排水、防水措施,以保证土体的稳定性。

10.5　山区地基

山区地基的土层比较复杂,与平原地区相比,山区地基具有如下特点:具有滑坡、崩塌、泥石流、岩溶和土洞等特殊不良地质现象;边坡处理困难;建筑场地不均匀,存在不均匀沉降和稳定性问题;地下水问题等。下面介绍岩溶、土洞、滑坡,至于岩土地基、崩塌、泥石流等其他问题可参考相关资料。

10.5.1　岩溶

岩溶或称"喀斯特",它是石灰岩、泥灰岩、白云岩、大理岩、石膏、岩盐层等可溶性岩石受水的化学和机械作用而形成的溶洞、溶沟、裂隙、暗河、石芽、漏斗、钟乳石等奇特的地面及地下形态的总称。

岩溶地区由于有溶洞、暗河及土洞等的存在,可能造成地面变形和地基陷落,发生水的渗漏和涌水现象,使场地工程地质条件大为恶化。

在岩溶地区,红黏土层常覆盖在基岩表面,其中可能有土洞发育。红黏土与岩溶、土洞三者之间有不可分割的联系。

我国岩溶地区分布很广,其中以黔、桂、川、滇等省最为发育,其余如湘、粤、浙、苏、鲁、晋等省均有规模不同的岩溶。此外,我国西部和西北部,在夹有石膏、岩盐的地层中,发现局部的岩溶。

1) 岩溶发育的条件

岩溶的发育与可溶性岩层、地下水活动、气候条件、地质构造及地形等因素有关,一般情况下,在石灰岩、泥灰岩、白云岩及大理岩中发育较慢。在岩盐、石膏及石膏质岩层中发育较快,经常存在有漏斗、洞穴并发生塌陷现象。岩溶的发育和分布规律主要受岩性、裂隙、断层以及可溶性不同的岩层接触面的控制,其分布常具有带状和成层性。

2) 岩溶地基稳定性评价和处理措施

在岩溶地区首先要了解岩溶的发育规律、分布情况和稳定程度,查明溶洞、暗河、陷穴的界限以及场地有无出现涌水、淹没的可能性。下列地段属于工程地质条件不良或不稳定的地段:①地面石芽、溶沟、溶槽发育,基岩起伏剧烈,其间有软土分布;②有规模较大的线层溶洞、暗河、漏斗、落水洞;③溶洞水流通路堵塞造成涌水时,有可能使场地暂时被淹没。在一般情况下,应避免在上述地区从事建筑,如果一定要利用这些地段作为建筑场地时,应采取必要的防护和处理措施。

如果在不稳定的岩溶地区进行建筑,应结合岩溶的发育情况、工程要求、施工条件、经济与安全的原则,考虑采取如下处理措施:

(1) 对个体溶洞与溶蚀裂隙,可采用调整柱距、用钢筋混凝土梁板或桁架跨越的办法。

(2) 对浅层洞体,若顶板不稳定,可进行清、爆、挖、填处理,即清除覆土,爆开顶板,挖去软土,用块石、碎石、黏土或毛石混凝土等分层填实。若溶洞的顶板已被破坏,又有沉积物充填,当沉积物为软土时,除了采用前述挖、填处理外,还可根据溶洞和软土的具体条件采用石砌柱、灌注桩、换土或沉井等办法处理。

(3) 溶洞大,顶板具有一定厚度,但稳定条件较差,如能进入洞内,为了增加顶板岩体的稳定性,可用石砌柱、拱或用钢筋混凝土柱支撑。

(4) 地基岩体内的裂隙,可采用灌注水泥浆、沥青或黏土浆等方法处理。

(5) 地下水宜疏不宜堵,在建筑物地基内宜用管道疏导。对建筑物附近排泄地表水的漏斗、落水洞以及建筑范围内的岩溶泉(包括季节性泉)应注意清理和疏导,防止水流通路堵塞,避免场地或地基被水淹没。

10.5.2 土洞

土洞的形成和发育与土层的性质、地质构造、水的活动、岩溶的发育等因素有关,其中以土层、岩溶的存在和水的活动三因素最为重要。

在土洞发育的地区进行工程建设时,应查明土洞的发育程度和分布规律,查明土洞和塌陷的形状、大小、深度和密度,以便提供选择建筑场地和进行建筑总平面布置所需的资料。

建筑场地最好选择在地势较高或地下水最高水位低于基岩面的地段,并避开岩溶强烈发育及基岩面上软黏土厚而集中的地段。若地下水位高于基岩面,在建筑施工或建筑物使用期间,应注意由于人工降低地下水位或取水时形成土洞或发生地表塌陷的可能性。

在建筑物地基范围内有土洞和地表塌陷时,必须认真进行处理,常用的措施如下:

(1) 地表水和地下水处理:在建筑场地范围内,做好地面水的截流、防渗、堵漏等工作,以便杜绝地表水渗入土层内。这种措施对由地表水引起的土洞和地表塌陷可起到根治的作用。

对形成土洞的地下水,当地质条件许可时,可采用截流、改道的办法,防止土洞和地表塌陷的发展。

(2) 挖填处理:这种措施常用于浅层土洞。对地表水形成的土洞和塌陷,应先挖除软土,然后用块石或毛石混凝土回填。对地下水形成的土洞和塌陷,可挖除软土和抛填块石后做反滤层,面层用黏土夯实。

(3) 灌砂处理:灌砂适用于埋藏深、洞径大的土洞。施工时在洞体范围的顶板上钻两个或多个钻孔,其中直径小的(50 mm)作为排气孔,直径大的(大于 100 mm)用来灌砂。灌砂的同时冲水,直到小孔冒砂为止。如果洞内有水,灌砂困难时,可用压力灌注强度等级为 C15 的细石混凝土,也可灌注水泥或砾石。

(4) 垫层处理:在基础底面下夯填黏性土夹碎石作垫层,以提高基底标高,减小土洞顶板的附加压力。这样以碎石为骨架可降低垫层的沉降量并增加垫层的强度,碎石之间有黏性土充填,可避免地表水下渗。

(5) 梁板跨越:当土洞发育剧烈,可用梁、板跨越土洞,以支承上部建筑物。采用这种方案时,应注意洞旁土体的承载力和稳定性。

(6) 采用桩基或沉井:对重要的建筑物,当土洞较深时,可用桩或沉井穿过覆盖土层,将建筑物的荷载传至稳定的岩层上。

10.5.3 滑坡

岩质或土质边坡在一定的地形地貌、地质构造、岩土性质、水文地质等自然条件下,由于地表水及地下水的作用或受地震、爆破、堆载等因素的影响,斜坡土石体在重力的作用下,失去其原有的稳定状态,沿着斜坡方向向下作长期而缓慢的整体移动,这种现象称为滑坡。有的滑坡开始表现为蠕动变形。但在滑动过程中,如果滑面的抗剪强度降低到一定程度时,滑坡速度会突然增加,可能以每秒几米甚至几十米的速度急剧滑落。过去由于对滑坡认识不足,个别工程修建后被滑坡所摧毁,有的被迫迁厂或因整治滑坡而增加巨额投资。因此在山区修建工厂、矿山、铁路、公路以及水利工程时,如何识别和防治滑坡是一个重要的课题。

1) 滑坡的形成条件

引起滑坡的根本原因在于组成斜坡的岩土性质、结构构造和斜坡的外形,这些因素是决定滑坡发生与否及其类别的内部条件。

(1) 自然界中的斜坡是由各种各样的岩石和土体组成的。

(2) 斜坡的内部结构,如岩层层面、节理、裂缝以及断层面的倾向和倾角,对滑坡的发育关系很大。这些部位易于风化,抗剪强度低。当它们的倾向与斜坡坡面的倾向一致时,就容易产生滑坡。

(3) 斜坡的坡高、倾角和断面形状对斜坡的稳定性有很大的影响。

影响滑坡的主要外部条件有:①水的作用;②地震作用;③人为因素的影响等。

2) 滑坡的预防

滑坡会危及建筑的安全,斜坡滑落物可能阻塞交通,因此,在山区建设中,对滑坡必须采取预防为主的方针。在勘察、设计、施工和使用各个阶段,都应注意预防滑坡的发生。滑坡一旦产生,由于土石体的结构遭到破坏,无论采取何种整治措施,同预防相比,其费用都会增加很多。因此,在建设场区内,必须加强地质勘察工作,认真的对山坡的稳定性进行分析和评价,并可采取下列预防措施以防止滑坡的产生:

(1) 场址要选择在山坡稳定的地段,对于稳定性较差、易于滑动或存在古滑坡的地段,一般不应选为建筑场地。

(2) 在规划场区时,应避免大挖大填,不使其破坏场地及边坡的稳定性,一般应尽量利用原有地形条件,因地制宜地顺等高线布置建筑物。

(3) 为了预防滑坡的产生,必须认真做好建筑场地的排水工作;应尽可能保持场地的自然排水系统,并随时注意维修和加固,防止地表水下渗;山坡植被应尽可能加以保护和培育;在施工过程中,应先做好室外排水工程,防止施工用水到处漫流。

(4) 在山坡整体稳定情况下开挖边坡时,如发现有滑动迹象,应避免继续开挖,并尽快采取恢复原边坡平衡的措施。为了预防滑坡,当在地质条件良好、岩土性质比较均匀的地段开挖时,对高度在 15 m 以下的岩石边坡或高度在 10 m 以下的土质边坡,其坡度允许值可按《建筑地基基础设计规范》有关表格确定,但是当:①地下水比较发育,或具有较弱结构面的倾斜地层时;②岩层层面或主要节理面的倾斜方向与边坡的开挖方向相同,且两者走向的夹角小于 45°时,边坡的允许坡度应另行设计。

目前整治滑坡常用排水、支挡、减重与反压护坡等措施。个别情况也可采用通风晾干、电渗排水和化学加固等办法来改善岩土的性质,以达到稳定边坡的目的。由切割坡脚所引起的滑坡,则以支挡为主,辅以排水、减重等措施;由于水的影响所引起的滑坡,则以治水为主,辅以适当的支挡措施。

思考题

10-1 何谓自重和非自重湿陷性黄土?怎样区分?如何划分地基的湿陷等级?

10-2 如何判断地基土是否属于膨胀土?影响膨胀土胀缩变形的主要因素有哪些?采取哪些措施可减轻地基胀缩对工程的不利影响?

10-3 何谓红黏土?红黏土地基有何特点?

10-4 岩溶和土洞各有什么特点?在地基基础设计中应注意哪些问题?

10-5 滑坡是如何分类的?如何预防和治理滑坡?

11 地基处理

改革开放促进了我国国民经济的飞速发展,自 20 世纪 90 年代以来,我国土木工程建设发展很快。土木工程功能化、城市建设立体化、交通运输高速化,以及改善综合居住条件已经成为现代土木工程建设的特征。为了保证工程质量,现代土木工程建设对地基提出了更高的要求。

地基处理一般是指用于改善支承建筑物的地基(土或岩石)的承载力或抗渗能力所采取的工程技术措施,主要分为基础工程措施和岩土加固措施。有的工程不改变地基的工程性质,而只采取基础工程措施;有的工程还同时对地基的土和岩石加固,以改善其工程性质。

11.1 概述

11.1.1 软弱地基的特征

软弱地基是指压缩层主要由淤泥、淤泥质土、冲填土、杂填土或者其他高压缩性土层构成的地基。它是指基本上未经过地形以及地址变动,未受过荷载及地震动力等物理作用或土颗粒间的化学作用的软黏土、有机质土、饱和松砂土和淤泥质土等地层构成的地基。

软土具有如下工程特性:

(1)压缩性较高。软土的压缩系数 $a_{1-2} > 0.5\,\mathrm{MPa}^{-1}$,大部分压缩变形发生在垂直压力为 $100\,\mathrm{kPa}$ 左右。

(2)具有较高的灵敏度。软土受到扰动后强度降低的特性可用灵敏度表示,软土的灵敏度在 3~16 之间。特别是滨海相的软土,一旦受到扰动(振动、搅拌或搓揉等),其絮状结构受到破坏,土的强度显著降低,甚至呈流动状态。

(3)具有较明显的流变性。软土在不变的剪应力的作用下,将连续产生缓慢的剪切变形,并可能导致抗剪强度的衰减。在固结沉降完成之后,软土还可能继续产生可观的次固结沉降。

(4)软土的透水性较差,其渗透系数一般在 $i \times 10^{-6}\,\mathrm{cm}$ 至 $i \times 10^{-8}\,\mathrm{cm}(i = 1, 2, \cdots, 9)$ 之间。因此,土层在自重或荷载作用下达到完全固结所需的时间很长。

(5)抗剪强度很低。软土的天然不排水抗剪强度一般小于 $30\,\mathrm{kPa}$。

(6)具有不均匀性,软土中常夹有厚薄不等的粉土、粉砂、细砂等。

11.1.2　地基处理的目的和意义

由于软弱地基的特点决定了在这种地基上建造工程,必须进行地基处理。地基处理的目的是利用换填、夯实、挤密、排水、胶结、加筋和热化学等方法对地基土进行加固,用以改良地基土的工程特性,主要包括以下方面:

1)提高地基土的抗剪强度

地基的剪切破坏以及在土压力作用下的稳定性,取决于地基土的抗剪强度。因此,为了防止剪切破坏以及减轻土压力,需要采取一定的措施以增加地基土的抗剪强度。

2)降低地基的压缩性

主要是采用一定的措施以提高地基土的压缩模量,以减少地基土的沉降。另外,防止侧向流动而产生持续的剪切变形,也是改善剪切特性的目的之一。

3)改善透水特性

由于地下水的运动会引起地基出现一些问题,为此,需要采取一定措施使地基土变成不透水层或减轻水压力。

4)改善动力特性

地震时饱和的松散粉细砂将会产生液化。因此,需要采取一定措施使地基土变成不透水层或者减轻其水压力。

5)改善特殊土的不良地基特性

主要是指消除或者减少黄土的湿陷性和膨胀土的膨胀性等以及其他特殊土的不良地基特性。

软弱土地基经过处理,不用再建造深基础或者设置桩基,防止了各种倒塌、下沉、倾斜等恶性事故的发生,确保了上部基础和建筑结构的使用安全和耐久性,具有巨大的技术和经济意义。

11.1.3　地基处理方法确定

近年来许多重要的工程和复杂的工业厂房在软弱土地基上兴建,工程实践的要求推动了软弱土地基处理技术的迅速发展,地基处理的途径越来越多,考虑问题的思路日益新颖,老的方法不断改进完善,新的方法不断涌现。根据地基处理方法的原理,目前常用的软弱地基处理方法基本上分为如表 11-1 所示的几类。

表 11-1　软弱土地基处理方法分类表

编号	分　类	处理方法	原理及作用	使用范围
1	碾压及夯实	重锤夯实,机械碾压,振动压实,强夯法(动力固结)	利用压实原理,通过机械碾压夯击,把表层地基土压实,强夯则利用强大的夯击能,在地基中产生强烈的冲击波和动应力,迫使土动力固结密实	适用于碎石、砂土、粉土、低饱和度的黏性土、杂填土等

续表 11-1

编号	分　类	处理方法	原理及作用	使用范围
2	换填垫层	砂石垫层,素土垫层,灰土垫层,矿渣垫层	以砂石、素土、灰土和矿渣等强度较高的材料,置换地基表层软弱土层,提高持力层的承载力,扩散应力,减少沉降量	适用于处理暗沟、暗塘等软弱土地基
3	排水固结	天然地基预压,沙井预压,塑料排水带预压,真空预压,排水预压	在地基中增设竖向排水体,加速地基的固结和强度增长,提高地基的稳定性;加速沉降发展,使地基沉降提前完成	使用于处理饱和软弱土层;对于渗透性极低的泥炭土,必须慎重对待
4	振密挤密	振冲挤密,灰土挤密桩,砂石桩,石灰桩,爆破挤密	采用一定的技术措施,通过振动或挤密,使土体的孔隙减少,强度提高;必要时,在振动挤密的过程中,回填砂、砾石、灰土、素土等,与地基组成复合地基,从而提高地基的承载力,减少沉降量	适用于处理松砂、粉土、杂填土及湿陷性黄土
5	置换及拌入	振冲置换,深层搅拌,高压喷射注浆,石灰桩等	采用专门的技术措施,以砂、碎石等置换弱土地基中部分软弱土,或在部分软弱土地基中掺入水泥、石灰或砂浆等形成增强体,与未处理部分土组成复合地基,从而提高地基的承载力,减少沉降量	黏性土、冲填土、粉砂、细砂等。振冲置换法对于排水剪强度 $c_u <$ 20 kPa 时慎用
6	加筋	土工合成材料加筋,锚固,树根桩,加筋土	在地基中埋设强度较大的土工合成材料、钢片等加筋材料,使地基土能够承受一定拉力,防止断裂,保持整体性,提高刚度,改变地基土体的应力场和应变场,从而提高地基的承载力,改善地基的变形特性	软弱土地基、填土及高填土、砂土
7	其他	灌浆,冻结,托换技术,纠偏技术	通过独特的技术措施处理软弱土地基	根据实际情况确定

地基处理工程要做到确保工程质量、经济合理和技术先进。

我国地域辽阔,工程地质条件千变万化,各地施工机械条件、技术水平、经验积累以及建筑材料品种、价格差异很大,在选用地基处理方法时一定要因地制宜,具体工程具体分析,要充分发挥地方优势,利用地方资源。地基处理方法很多,每种处理方法都有一定的适用范围、局限性和优缺点。没有一种地基处理方法是万能的。要根据具体工程情况,因地制宜确定合适的地基处理方法。在引用外地或外单位某一方法时应该克服盲目性,注意相关地区特点。因地制宜选用地基处理方法是一项重要的选用原则。

因此,在选择地基处理方法前,应完成下列工作:

(1) 搜集详细的岩土工程勘察资料、上部结构及基础设计资料等。

(2) 根据工程的要求和采用天然地基存在的主要问题,确定地基处理的目的、处理范围和处理后要求达到的各项技术经济指标等。

(3) 结合工程情况,了解当地地基处理经验和施工条件,对于有特殊要求的工程,尚应了解其他地区相似场地上同类工程的地基处理经验和使用情况。

(4) 调查邻近建筑、地下工程和有关管线等情况。

(5) 了解建筑场地的环境情况。

确定地基处理方法宜按下列步骤进行：

首先，根据建筑物对地基的各种要求和天然地基条件确定地基是否需要处理。如果天然地基能够满足建筑物对地基的要求时，应该尽量采用天然地基。若天然地基不能满足建筑物对地基的要求，则需要确定进行地基处理的天然地基的范围以及地基处理的要求。

当天然地基不能满足建筑物对地基要求时，应该将上部结构、基础和地基统一考虑。在考虑地基处理方案时，应重视上部结构、基础和地基的共同作用。不能只考虑加固地基，应同时考虑只对地基进行处理的方案，或选用加强上部结构刚度和地基处理相结合的方案。否则不仅会造成不必要的浪费并且可能带来不良后果。

在具体确定地基处理方案前，应该根据天然地基的工程地质和水文地质条件、地基处理方法的原理、过去应用的经验和机具设备、材料条件，进行地基处理方案的可行性研究，提出多种技术上可行的方案。

然后，对提出的多种方案进行技术、经济、进度等方面的比较分析，并且重视考虑环境保护要求，确定采用一种或者几种地基处理方法。这也是地基处理方案的优化过程。

最后，可以根据初步确定的地基处理方案，根据需要决定是否进行小型现场试验或者进行补充调查。然后进行施工设计，再进行地基处理施工。施工过程中要进行监测，如有需要还应该进行反分析，根据情况可以对设计进行修改、补充。

11.2 复合地基理论

11.2.1 复合地基的概念与分类

复合地基技术于 19 世纪 30 年代起源于欧洲。复合地基一般可认为是由两种刚度（或模量）不同的材料（桩体和桩间土）所组成，在相对刚性基础下，两者共同分担上部荷载并协调变形（包括剪切变形）的地基。对复合地基定义的认识，目前较为广泛接受的观点是看其在工程状态下能否保证桩与桩间土共同直接承担荷载；定义侧重于从荷载传递机理角度揭示复合地基的本质，即在荷载作用下，增强体和地基土体共同承担上部结构传来的荷载。

复合地基有两个基本特点：

(1) 加固区是由增强体和其周围地基土两部分组成，是非均质和各向异性的。

(2) 增强体和其周围地基土体共同承担荷载并协调变形。

前一特征使它区别于均质地基（包括天然的和人工均质地基），后一特征使它区别于桩基础。

根据地基中增强体的方向和性质，可将复合地基作如下分类：

(1) 按成桩材料分类

① 散体材料桩——如砂（砂石）桩、碎石桩、矿渣桩等。

② 水泥土类桩——如水泥土搅拌桩、旋喷桩等。

③ 混凝土类桩——CFG 桩、树根桩、锚杆静压桩等。

（2）按增强体的方向分类

① 竖向增强体复合地基：包括柔性桩、半刚性桩和刚性桩复合地基。

② 横向增强体复合地基：包括土工合成材料、金属材料格栅等形成的复合地基。

（3）按成桩后桩体的强度（或刚度）分类

① 柔性桩——散体材料桩。

② 半刚性桩——水泥土类桩。

③ 刚性桩——混凝土类桩。

半刚性桩中水泥掺入量的大小将直接影响桩体的强度。而当掺入量较大时，又类似刚性桩；当掺入量较小时，桩体的特性类似柔性桩。

11.2.2 复合地基作用机理及设计参数

1）作用机理

复合地基按其作用机理可体现以下几方面的作用：

（1）桩体作用

复合地基是桩体与桩周土共同作用，由于桩体的刚度比周围土体大，在刚性基础下等量变形时，地基中的应力将重新分配，桩体产生应力集中而桩周土应力降低，于是复合地基承载力和整体刚度高于原有地基，沉降量有所减小。

由于复合地基中的桩体刚度比周围土体大，在刚性基础下等量变形时，地基中应力将按照材料模量进行分布。因此，桩体产生应力集中现象，大部分荷载由桩体承担，桩间土所承受的应力和应变减小，这样使得复合地基承载力较原地基有所提高，沉降量有所减小，随着桩体刚度的增加，其桩体作用发挥得更加明显。

（2）垫层作用

由于复合地基作用形成的复合土体性能优于原来天然地基，它可以起到类似垫层的换土、均匀地基应力和增大应力扩散角等作用。在桩体没有贯穿整个软弱土层的地基中，垫层的作用尤其明显。

（3）挤密作用

如砂桩、石灰桩、土桩、砂石桩等在施工过程中由于振动、挤压、排土等原因，可以使得桩间土起到一定的挤密作用。采用生石灰桩，由于其材料具有吸水、发热和膨胀等作用，对桩间土同样可起到挤密作用。

（4）加速固结作用

除了碎石桩、砂桩具有良好的透水特性，可以加速地基的固结外，水泥土类和混凝土类桩在某种程度上也可以加速地基固结。因为地基固结不仅与地基土的排水性能有关，而且还与地基土的变形特性有关。

（5）加筋作用

各种桩土复合地基除了可以提高地基的承载力外，还可以用来提高土体的抗剪强度，增加土坡的抗滑能力。目前在国内的深层搅拌桩、粉体喷射桩和旋喷桩等已被广泛地用于基坑开挖时的支护。在国外，碎石桩和砂桩常用于高速公路等路基或路堤的加固，这都利用了复合地基中桩体的加筋作用。

2）设计参数

（1）面积置换率

在复合地基中，取一根桩及其所影响的桩周土所组成的单元体作为研究对象。桩体的横截面面积与该桩体所承担的复合地基面积之比称为复合地基面积置换率。

复合地基桩体的平面布置形式通常有两种，即等边三角形布置和正方形布置。其面积置换率（m）为：

正方形布置时

$$m = \frac{\pi d^2}{4l^2} \tag{11-1}$$

等边三角形布置时

$$m = \frac{\pi d^2}{2\sqrt{3}l^2} \tag{11-2}$$

式中：d——桩体直径（mm）；

l——桩间距（mm）。

（2）桩土应力比

桩土应力比是指复合地基中桩体的竖向平均应力与桩间土的竖向平均应力之比。桩土应力比是复合地基的一个重要设计参数，它关系到复合地基承载力和变形的计算。影响桩土应力比的因素有荷载水平、桩土模量比、复合地基面积置换率、原地基土强度、桩长、固结时间和垫层情况等。桩土应力比的计算公式有多种，这里介绍以下两种：

① 模量比公式

假定在刚性基础下，桩体和桩间土的竖向应变相等，于是可得桩土应力比 n 的计算式为

$$n = \frac{\sigma_p}{\sigma_s} = \frac{E_p}{E_s} \tag{11-3}$$

式中：σ_p、σ_s——分别为桩和桩间土的竖向应力（kPa）；

E_p、E_s——分别为桩身和桩间土的压缩模量（kPa）。

② Baumann 公式

Baumann 根据桩体和桩周土的侧向应力及径向鼓胀量间关系，并假定桩体总体积保持不变，提出砂石桩复合地基桩土应力比 n 的计算公式：

$$n = \frac{E_p}{2k_p E_s \ln\dfrac{R_0}{r_0}} + \frac{k_s}{k_p} \tag{11-4}$$

式中：r_0、R_0——分别为桩半径和每根桩所分担的加固面积的折算半径（m）；

k_p、k_s——分别为桩和桩间土的侧压力系数，其值均介于被动土压力系数和静止土压力系数之间。

11.2.3 复合地基承载力确定

复合地基载荷试验用于测定承压板下应力主要影响范围内复合土层的承载力和变形参

数。对于水泥土搅拌桩复合地基、高压喷射注浆桩复合地基、砂桩地基、振冲桩复合地基、土和灰土挤密桩复合地基、水泥粉煤灰碎石桩复合地基以及夯实水泥土桩复合地基,地基承载力检验应采用复合地基载荷试验,其承载力检验,数量为总数的 $0.5\% \sim 1.0\%$,但是不应该小于 3 点。基于复合地基是由竖向增强体和地基土通过变形协调承载的机理,复合地基的承载力目前只能通过现场载荷试验确定。

复合求和法是先分别确定桩体的承载力和桩间土的承载力,再根据一定的原则叠加这两部分承载力得到复合地基的承载力。复合求和法的计算公式根据桩的类型不同而有所不同。

(1) 对水泥土类桩复合地基可按下式计算:

$$f_{spk} = mR_a/A_p + \beta(1-m)f_{sk} \tag{11-5}$$

式中:R_a——单桩竖向承载力特征值(kN);

A_p——桩的截面面积(m^2);

β——桩间土承载力折减系数,宜按地区经验取值。

(2) 散体材料桩复合地基可采用以下 3 种公式计算:

$$f_{spk} = mf_{pk} + (1-m)f_{sk} \tag{11-6}$$

当 $n \leqslant f_{pk}/f_{sk}$ 时

$$f_{spk} = [1 + m(n-1)]f_{sk} \tag{11-7}$$

当 $n \geqslant f_{pk}/f_{sk}$ 时

$$f_{spk} = f_{pk}[1 + m(n-1)]/n \tag{11-8}$$

式中:f_{spk}、f_{pk}、f_{sk}——复合地基、桩体和桩间土承载力特征值(kPa)。

11.2.4 复合地基变形计算

在各类复合地基沉降实用计算方法中,通常把沉降量分为 3 个部分,即加固区土层压缩量、加固区下卧层土体压缩量和垫层压缩量。

1) 加固区土层压缩变形量计算

加固区土层压缩量计算可采用复合模量法、应力修正法和桩身压缩量法。

(1) 复合模量法

复合模量法的原理是,将复合地基加固区的增强体和基体两个部分视为一个复合体,采用复合压缩模量来表征复合土体的压缩性,采用分层总和法来计算其复合地基加固区压缩量。其计算式为

$$s_1 = \sum_{i=1}^{n} \frac{\Delta p_{spi}}{E_{spi}} H_i \tag{11-9}$$

式中:Δp_{spi}——第 i 层复合土体上附和应力增量(kPa);

H_i——第 i 层复合土层的厚度(mm);

E_{spi}——第 i 层复合土体的压缩模量(kPa),可通过式(11-10)或式(11-11)计算,也可通

过室内试验测定;

n——复合土体分层总数。

复合地基加固区是由桩体和桩间土两部分组成的,呈非均质。在复合地基计算中,为了简化计算,将加固区视作一均质的复合土体,那么与原非均质复合土体等价的均质复合土的模量称为复合地基的复合模量。一般复合压缩模量 E_{sp} 可按下式计算:

$$E_{sp} = mE_p + (1-m)E_s \qquad (11-10)$$

或

$$E_{sp} = [1 + m(n-1)]E_s \qquad (11-11)$$

(2) 应力修正法

应力修正法的基本思路是,认为桩体和桩间土体压缩量相等,计算出桩间土的压缩量则可以得到复合地基的压缩量。在计算桩间土的压缩量时,忽略桩体的作用,根据桩间土分担的荷载,利用桩间土的压缩模量,用分层总和法计算加固区土层的压缩变形量 s_1。

$$s_1 = \sum_{i=1}^{n} \frac{\Delta p_{si}}{E_{si}} H_i = \mu_s \sum_{i=1}^{n} \frac{\Delta p_i}{E_{si}} H_i \qquad (11-12)$$

式中:μ_s——应力修正系数,$\mu_s = \dfrac{1}{1 + m(n-1)}$;

Δp_i——天然地基在荷载作用下第 i 层土上的附加应力增量(kPa);

Δp_{si}——复合地基中第 i 层桩间土中的附加应力增量(kPa)。

(3) 桩身压缩量法

桩身压缩量法认为桩身的压缩量和桩身下刺入量之和就是地基加固区整体的压缩量,在荷载作用下,桩身压缩量为

$$S_1 = \frac{(\mu_p p + p_{pl})}{2E_p} l + \Delta \qquad (11-13)$$

式中:μ_p——应力修正系数,$\mu_p = \dfrac{n}{1 + m(n-1)}$;

l——桩身长度,即加固区厚度(mm);

p_{pl}——桩端的端承力(kPa);

p——桩土顶面荷载(kPa);

Δ——桩身下刺入量(mm)。

2) 加固区下卧层的变形计算

加固区下卧层的压缩变形量通常采用分层总和法计算。因为复合地基加固区的存在,作用于下卧层顶面上的荷载及其下面土体中的附加应力难以精确计算。目前在工程应用上,常采用下述两种方法计算附加应力:

(1) 应力扩散法

利用应力扩散法来计算加固区下卧层上附加压力。对于宽度为 b、长度为 L 的矩形荷载,加固区厚度为 h,则作用在下卧层顶面上的附加应力为

$$p_h = \frac{Lbp}{(b + 2h\tan\theta)(L + 2h\tan\theta)} \qquad (11-14)$$

对宽度为 b 的条形荷载,仅考虑宽度方向的扩散,则

$$p_h = \frac{bp}{(b+2h\tan\theta)} \tag{11-15}$$

（2）等效实体法

等效实体法假定加固区为一实体,利用实体底面（下卧层顶面）的应力及实体周围与土的摩擦力 f 与实体顶面荷载的平衡条件来求下卧层顶面上附加应力 p_h。

当荷载面积为 $L \cdot b$,加固区厚度为 h 时,下卧层顶面上的附加应力 p_h 为

$$p_h = \frac{Lbp - (2L + 2b)hf}{Lb} \tag{11-16}$$

对宽度为 b 的条形荷载

$$p_h = p - \frac{2hf}{b} \tag{11-17}$$

此外,计算加固区下卧层压缩变形量的方法还有 Geddes 法以及不考虑桩体存在的分层总和法等。

11.3　换土垫层法

换土垫层法就是将基础底面以下不太深的一定范围内的软弱土层挖去,然后以质地坚硬、强度较高、性能稳定、具有抗侵蚀性的砂、碎石、卵石、素土、灰土、煤渣、矿渣等材料分层充填,并同时以人工或者机械方法分层压、夯、振动,使之达到要求的密实度,成为良好的人工地基。

11.3.1　换填垫层法的原理

目前,常用的垫层有砂垫层、砂卵石垫层、碎石垫层、灰土或素土垫层、煤渣垫层、矿渣垫层以及用其他性能稳定、无侵蚀性的材料做的垫层等。换填垫层法按其原理可体现以下 5 个方面的作用:

1）提高浅层地基承载力

一般来说,地基中的剪切破坏是从基础底面开始的,并且随着应力的增大逐渐向纵深发展。因此,若以强度较大的砂代替可能产生剪切破坏的软弱土,就可以避免地基的破坏。

2）减少沉降量

一般浅层地基的沉降量占总沉降量比例较大。如以密实砂或其他填筑材料代替上层软弱土层,就可以减少这部分的沉降量。由于砂层或其他垫层对应力的扩散作用,使作用在下卧层土上的压力较小,这样也会相应减少下卧层土的沉降量。

3）加速软弱土层的排水固结

建筑物的不透水基础直接与软弱土层接触时,在荷载的作用下,软弱土地基中的水被迫沿

着基础两侧排出,因而使得基底下的软弱土不易固结,形成较大的孔隙水压力,还可能导致由于地基土强度降低而产生塑性破坏的危险。砂垫层提供了基底下的排水面,不但可以使基础下面的孔隙水应力迅速消散,避免地基土的塑性破坏,还可以加速砂垫层下软弱土层的固结并且提高其强度,但是固结的效果只限于表面,对其深部的影响就不显著了。

在各类工程中,砂垫层的作用是不同的,房屋建筑物基础下的砂垫层主要起置换的作用,对于路堤和土坝等,则主要起排水固结的作用。

4) 防止冻胀

因为粗颗粒的垫层材料孔隙大,不易产生毛细管现象,因此可以防止寒冷地区土中结冰所造成的冻胀。

5) 消除膨胀土的胀缩作用

在膨胀土地基上采用换土垫层法,一般可以选用砂、碎石、块石、煤渣或者灰土等作为垫层,但是垫层的厚度应该根据变形计算确定,一般不小于 300 mm,并且垫层的宽度应该大于基础的宽度,而基础两侧宜用与垫层相同的材料回填。

6) 消除湿陷性黄土的湿陷作用

在黄土地区,常采用素土、灰土或者二灰土垫层处理湿陷性黄土,可用于消除 1~3 m 厚黄土层的湿陷性。

11.3.2 垫层的设计要点

换土垫层法加固地基设计包括垫层材料的选用,垫层铺设范围、厚度的确定,以及地基沉降计算等。

1) 垫层材料的选用

采用换土垫层法处理地基,垫层材料可以因地制宜地根据工程的具体条件合理选用下述材料:

(1) 砂、碎石或者砂石料。

(2) 灰土。

(3) 粉煤灰或者矿渣。

(4) 土工合成材料加碎石垫层等。

2) 垫层厚度的确定

垫层厚度一般根据垫层底部下卧土层的承载力确定,如图 11-1 所示,并符合下式要求:

$$p_z + p_{cz} \leqslant f_{az} \tag{11-18}$$

式中:p_z——垫层底面处土的附加压力值(kPa);

p_{cz}——垫层底面处土的自重应力值(kPa);

f_{az}——垫层底面处软弱土层经深度修正后的地基承载力特征值(kPa)。

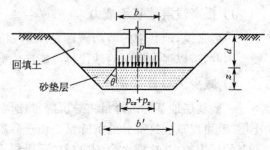

图 11-1 垫层内应力分布

垫层底面处的附加压力值 p_z，可按图 11-1 压力扩散图示计算，即

条形基础时

$$p_z = [(p_k - p_c)b]/(b + 2z \cdot \tan\theta) \qquad (11\text{-}19\text{a})$$

矩形基础时

$$p_z = [(p_k - p_c)bl]/(b + 2z \cdot \tan\theta)(l + 2z \cdot \tan\theta) \qquad (11\text{-}19\text{b})$$

式中：b——矩形基础或条形基础底面的宽度（m）；

      l——矩形基础底面的长度（m）；

      p_k——基础底面处的平均压力值（kPa）；

      p_c——基础底面处土的自重应力值（kPa）；

      z——基础底面下垫层的厚度（m）；

      θ——垫层的压力扩散角，按表 11-2 选取。

表 11-2　垫层压力扩散角 θ

换填材料 z/b	中砂、粗砂、砾砂、圆砾、角砾、石屑、卵石、碎石、矿渣	粉质黏土、粉煤灰	灰土
0.25	20°	6°	28°
≥0.50	30°	23°	

注：(1) 当 $z/b < 0.25$ 时，除灰土仍取 $\theta = 28°$ 外，其余材料均取 $\theta = 0°$，必要时，宜由试验确定；

   (2) 当 $0.25 < z/b < 0.50$ 时，θ 值可内插求得。

计算时，一般先初步拟定一个垫层厚度，再用式（11-18）验算。如果不合要求，则改变厚度，重新验算，直至满足要求为止。垫层厚度不宜大于 3 m，太厚施工较困难，而太薄（0.5 m）则换填垫层的作用不显著。

3）垫层宽度的确定

垫层的宽度除应满足应力扩散的要求外，还应防止垫层向两边挤动。如果垫层宽度不足，四周侧面土质又较软弱时，垫层就有可能部分挤入侧面软弱土中，使基础沉降增大。关于宽度计算，通常可按扩散角法，如条形基础，垫层底宽 b' 应为

$$b' \geqslant b + 2z \cdot \tan\theta \qquad (11\text{-}20)$$

扩散角 θ 仍按表 11-2 选取。底宽确定后，再根据开挖基坑所要求的坡度延伸至地面，即得垫层的设计断面。

垫层断面确定后，对于比较重要的建筑物还要求按分层总和法计算基础的沉降量，以使建筑物基础的最终沉降量小于相应的允许值。

4）沉降计算

砂垫层断面确定之后，对于比较重要的建筑物还要求验算基础的沉降，以便使建筑物基础的最终沉降量小于建筑物的允许沉降量。

垫层地基的沉降分两个部分：一是垫层自身的沉降；二是软弱下卧层的沉降。由于垫层材料模量远大于下卧层模量，所以在一般情况下，软弱下卧层的沉降量占整个沉降量的大部分。

【**例 11-1**】　某砖混结构办公楼，承重墙下为条形基础，宽 1.2 m，埋深 1.0 m，承重墙传至

基础荷载 $F_k=120\,kN/m$，地表为 1 m 厚的杂填土，$\gamma=17.5\,kN/m^3$，下面为淤泥质土，其承载力特征值 $f_{ak}=75.0\,kPa$。试设计基础的垫层。

【解答】 ① 垫层材料选粗砂，$\gamma=20.0\,kN/m^3$，并设垫层厚度 $z=1.5\,m$，$z/b=1.5/1.2>0.5$，则垫层的压力扩散角 $\theta=30°$。

② 垫层厚度的验算，根据题意，基础底面处的平均压力值为

$$p_k=\frac{F_k+G_k}{b}=\frac{120+1.2\times1\times20}{1.2}=120\,kPa$$

基础底面处土的自重应力

$$p_c=17.5\times1.0=17.5\,kPa$$

垫层底面处的附加压力值由式(11-19a)得

$$p_z=\frac{(p_k-p_c)b}{b+2\times z\tan\theta}=\frac{(120.0-17.5)\times1.2}{1.2+2\times1.5\tan30°}=41.98\,kPa$$

垫层底面处土的自重应力

$$p_{cz}=17.5\times1.0+20.0\times1.5=47.5\,kPa$$

查表 7-3 得 $\eta_d=1.0$，则经深度修正后淤泥质土的承载力特征值

$$\begin{aligned}f_{az}&=f_{ak}+\eta_d\gamma_{mz}(d-0.5)\\&=75.0+1.0\times(2.5-0.5)\times47.5/2.5\\&=113\,kPa\end{aligned}$$

$$p_z+p_{cz}=41.98+47.5=89.48\,kPa<f_{az}=113\,kPa$$

说明满足强度要求，垫层厚度选定为 1.5 m 合适。

③ 确定垫层底宽 b'

$$b'=b+2z\cdot\tan\theta=1.2+2\times1.5\times\tan30°=2.93\,m$$

取 b' 为 3 m，按 1 : 1.5 边坡开挖。

11.3.3 施工要点

(1) 垫层的砂料必须具有良好的压实性。砂料的不均匀系数不能小于 5，以中粗砂为好，容许在砂中掺入一定数量的碎石，但要分布均匀。

(2) 铺填垫层应根据不同的换填材料选用不同的施工机械。垫层需分层铺填，分层密实。砂石垫层宜采用振动碾压；粉煤灰垫层宜采用平碾、振动碾、平板振动器、蛙式夯等碾压方法密实；灰土垫层宜采用平碾、振动碾等方法密实。

(3) 开挖基坑铺设垫层时，必须避免对软弱土层的扰动和破坏坑底土的结构。基坑开挖后应及时回填，不应暴露过久或浸水，并防止践踏坑底。当采用碎石垫层时，应在坑底先铺一层砂垫底，以免碎石挤入土中。

11.4　重锤夯实与强夯法

11.4.1　重锤夯实法

重锤夯实法是利用起重机械将重锤提到一定高度(2.5~4.5 m),然后使锤自由落下并重复夯击以加固地基。锤重一般不小于 15 kN,经夯击以后,地基表层土体的相对密实度或干密度将增加,从而提高表层地基的承载力。对于湿陷性黄土,重锤夯实可减弱表层土的湿陷性;对于杂填土,则可减弱其不均匀性。

该法适用于处理离地下水位 0.8 m 以上稍湿的杂填土、黏性土、湿陷性黄土和分层填土等地基,但在有效夯实深度内存在软黏土层时不宜采用。

夯实标准:随着夯击遍数增加,每遍土的夯沉量逐渐减小,一般要求最后两遍平均夯沉量对于黏性土及湿陷性黄土不大于 1.0~2.0 cm,对于砂性土不大于 0.5~1.0 cm。

11.4.2　强夯法

强夯法是法国 Menard 技术公司在 1969 年首创的,通过 80~300 kN 的重锤和 8~30 m 的落距,对地基土施加很大的冲击能,一般能量为 500~8 000 kN·m。强夯在地基土中所出现的冲击波和动应力,可以提高地基土的强度,降低土的压缩性,改善砂土的抗液化条件,消除湿陷性黄土的湿陷性等。同时,夯击能还可以提高土层的均匀程度,减少将来可能出现的地基差异沉降。

强夯法适用于碎石土、砂土、杂填土、低饱和度的粉土与黏性土、湿陷性黄土和人工填土等地基的加固处理。这种方法的不足之处是施工振动大,噪声大,影响附近建筑物,所以在城市中不宜采用。

1) 强夯法的加固机理

目前,强夯法加固地基有 4 种不同的加固机理,即动力密实、动力固结、动力置换和震动波密实理论,各种加固理论的特性取决于地基土的类别和强夯施工工艺。

下面来分析一下强夯法加固过程中的几个有代表性阶段的特点:

(1) 加载阶段,即夯击的一瞬间,夯锤的冲击使地基土体产生强烈的振动和动应力,在波动的影响带内,动应力和孔隙水压力急剧上升,而动应力往往大于孔隙水压力,动的有效应力使土体产生塑性变形,破坏土的结构。对于砂土,迫使土的颗粒重新排列而密实。对于黏性土,土骨架被迫压缩,同时由于土体中的水和土颗粒两种介质引起不同的振动效应,两者的动应力差大于土颗粒的吸附能时,土中部分结合水和毛细水从颗粒间析出,产生动力水聚结,形成排水通道,制造动力排水条件。

(2) 卸载阶段,即夯击动能卸去的一瞬间,动的总应力瞬息即逝,然而土中孔隙水压力仍然保持较高的水平,此时孔隙水压力大于有效应力,故土体中存在较大的负有效应力,引起砂土液化。在黏性土地基中,当最大孔隙水压力大于最小主应力、静止侧压力及土的抗拉强度之和时,土体开裂,渗透性迅速增大,孔隙水压力迅速下降。

(3) 动力固结阶段,在卸载之后,土体中仍然保持一定的孔隙水压力,土体就在此压力作用下排水固结。在砂土中,孔隙水压力消散甚快,使砂土进一步密实;在黏性土中,孔隙水压力消散较慢,可能要延续 2～4 周。如果有条件排水固结,土颗粒进一步靠近,重新形成新的水膜和结构连接,土的强度逐渐恢复和提高,达到加固地基的目的。

非饱和土的夯实过程就是土中的气相被挤出的过程,夯实变形主要是由于土颗粒的相对位移引起的。

2) 强夯法的适用范围与特点

强夯法常用来加固碎石土、砂土、低饱和度的黏性土、素填土、杂填土、湿陷性黄土等地基。对于饱和度较高的黏性土地基等,如果有工程经验或者试验证明采用强夯法有加固效果的也可采用。通常认为强夯挤密法只适用于塑性指数<10 的土,对淤泥和淤泥质土地基不宜采用强夯法加固,国内已经有一些关于采用强夯法加固饱和软黏土地基失败的工程实例。

一般来说,强夯法的特点总结为:适用土质范围广;施工工艺、设备简单;加固效果显著,可取得较高的承载力,一般地基土强度可提高 2～5 倍;土粒结合紧密,有较高的结构强度;节省加固原材料;施工费用低,节省投资,同时耗用劳力少;工效高,施工速度快。

3) 设计计算

(1) 有效加固深度

强夯法的有效加固深度可按下式估算,即

$$H = \alpha \sqrt{Wh/10} \tag{11-21}$$

式中:H——有效加固深度(m);

W——夯锤重(kN);

h——落距(m);

α——折减系数,黏性土取 0.5,砂性土取 0.7,黄土取 0.34～0.5。

(2) 夯锤和落距

锤重与落距的乘积称为夯击能。强夯的单位夯击能(指单位面积上所施加的总夯击能)应根据地基土类别、结构类型、荷载大小和需处理深度等综合考虑,并通过现场试夯确定。一般来说,粗颗粒土可取 1 000～3 000 kN·m,细颗粒土取 1 500～4 000 kN·m。

国内夯锤的质量一般为 10～25 t,常采用 8～20 m 的落距,对相同的夯击能,应选用大落距的施工方案来获得较大的触地速度。

(3) 夯击点布置及间距

夯击点布置根据基础的形式和加固要求而定,对大面积地基一般采用等边三角形、等腰三角形或正方形;对条形基础,夯点可成行布置;对独立柱基础,可按柱网设置采取单点或成组布置,在基础下面必须布置夯点。

强夯处理范围应大于建筑物基础范围,每边超出基础外缘的宽度宜为基底下设计处理深度的 1/2～2/3,并不宜小于 3 m。第一遍夯击点间距为 5～9 m,以后每遍夯击点间距可以与第一遍相同,也可以适当减小。

（4）单点夯击击数与夯击遍数

单点夯击击数指单个夯点一次连续夯击的次数,对整个场地完成全部夯击点称为一遍,单点的夯击遍数加满夯的夯击遍数为整个场地的夯击遍数。单点夯击数应按现场试夯得到的夯击数和下沉量关系曲线确定,且应同时满足:

① 最后两击的平均夯沉量,当单击夯击能小于 4 000 kN·m 时为 50 mm,当单击夯击能为 4 000～6 000 kN·m 时为 100 mm,当单击夯击能大于 6 000 kN·m 时为 200 mm。

② 夯坑周围地面不应发生过大的隆起。

③ 不因夯坑过深而发生起锤困难。

各夯击点之夯击数一般为 4～10 击。

夯击遍数应根据地基土的性质确定,一般可取 2～3 遍,最后再以低能量(如前几遍能量的 1/4～1/5)满夯 2 遍,以夯实前几遍之间的松土和被振松的表层土。

（5）两遍间隔时间

需要分两遍或者多遍夯击的工程,两遍夯击之间应有一定的时间间隔。各遍间的间隔时间取决于加固土层中孔隙水应力消散需要的时间。对于砂性土来说,孔隙水应力的峰值出现在夯实完的瞬间,消散时间只有 2～4 min。对于黏性土,因孔隙水压力消散较慢,一般时间为 15～30 天。也可以人为地在黏性土中设置竖向排水通道来缩短间隔的时间。

4）质量控制

强夯法处理地基的加固效果,可以根据地基工程地质情况以及地基处理要求选择下列几种方法中的两种或者两种以上方法进行检验:室内土工试验、现场十字板试验、动力触探试验、静力触探试验、旁压仪试验、波速试验和载荷试验等。检验点数,每个建筑物的地基不少于 3 点,检测深度和位置按设计要求确定,同时现场测定每夯击点夯击后的地基平均变形值,以检验强夯效果。通过强夯法加固前后测试结果的比较分析可以了解强夯加固地基的效果。

11.5 碎（砂）石桩法

碎（砂）石桩也称为挤密碎（砂）石桩,是指用振动或者冲击荷载在软弱地基中成孔后将砂再挤入土中,形成大直径密实砂柱体的加固地基的方法。碎（砂）石桩属于散体桩复合地基的一种。

碎（砂）石桩适用于挤密松散砂土、粉土、黏性土、素填土、杂填土等地基。饱和黏性土地基上对变形控制要求不严的工程也可以采用碎（砂）石桩置换处理。

砂桩在 19 世纪 30 年代源于欧洲,最早于 1835 年由法国工程师设计,用于在海湾沉积软黏土上建造兵工厂的地基中。我国 1959 年首次在上海重型机器厂采用锤击成管挤密砂桩法处理地基,1978 年又在宝山钢铁厂采用振动重复压拔管砂桩施工法处理原料堆料地基。

11.5.1 砂石桩的作用原理

1) 在松散砂土中的加固作用

由于成桩方法不同,在松散砂土中成桩时对周围砂层产生挤密作用或同时产生振密作用。

采用冲击法或振动法往砂土中下沉桩管和一次拔管成桩时,由于桩管下沉对周围砂土产生很大的横向挤压力,桩管就将地基中同体积的砂挤向周围的砂层,使其孔隙比减小,密度增大,这就是挤密作用。有效挤密范围可达 3~4 倍桩直径。

当采用振动法往砂土中下沉桩管和逐步拔出桩管成桩时,下沉桩管对周围砂层产生挤密作用,拔起桩管对周围砂层产生振密作用,有效振密范围可达 6 倍桩直径左右。振密作用比挤密作用更显著,其主要特点是砂桩周围一定距离内地面发生较大的下沉。

2) 在软弱黏性土中的加固作用

碎石桩在软弱黏性土地基中,主要通过桩体的置换和排水作用加速桩间土体的排水固结,并且形成复合地基,从而提高地基的承载力和稳定性,改善地基土的力学性能。这其中对软弱黏性土起到的加固作用包括置换作用、排水作用、加筋作用和垫层作用。

11.5.2 砂石桩的设计要点

1) 处理范围

加固范围应该根据建筑物的重要性和场地条件确定,通常都大于基础底面面积,处理宽度宜在基础外缘扩大 1~2 排桩。对可液化地基,应在基础外缘增加 2~4 排桩,当用于防止砂层液化时,每边放宽不宜小于处理深度的 1/2,并且不应该小于 5 m。

2) 桩直径及桩位布置

砂石桩直径可采用 300~800 mm,可以根据地基土质情况和成桩设备等因素确定。对饱和黏性土地基宜选用较大直径。

砂石桩孔位宜采用等边三角形或正方形布置。

3) 砂石桩间距

由于砂石桩在松散砂土和软弱黏性土中作用原理有所不同,因此,桩间距计算方法也有所不同。在砂土地基中,基本假定是挤密后土体中土颗粒增多而体积不变,借以控制加固后的孔隙比,从而计算桩间距,即根据要求的孔隙比计算:

按等边三角形布置时

$$s = 0.95 \, \xi d \left[(1 + e_0)/(e_0 - e_1) \right]^{1/2} \tag{11-22}$$

按正方形布置时

$$s = 0.89 \, \xi d \left[(1 + e_0)/(e_0 - e_1) \right]^{1/2} \tag{11-23}$$

$$e_1 = e_{\max} - D_{r1}(e_{\max} - e_{\min}) \tag{11-24}$$

式中:s——砂石桩间距(m);

d——砂石桩直径（m）；

ξ——修正系数，当考虑振动下沉密实作用时，可取 $1.1\sim1.2$；不考虑振动下沉密实作用时，可取 1.0；

e_0——天然孔隙比；

e_1——要求达到的孔隙比；

e_{max}——最松散状态下孔隙比；

e_{min}——最密实状态下孔隙比；

D_{r1}——要求砂土达到的相对密实度，一般取 $0.70\sim0.85$。

在黏性土地基中，桩间距可按置换率要求计算，如对正方形布置的桩间距 s 可按下式计算：

$$s = (A_p/m)^{1/2} \tag{11-25}$$

式中：A_p——砂石桩的截面面积（m²）；

m——面积置换率。

4）砂石桩桩长

砂石桩桩长可根据工程要求和工程地质条件通过计算确定，一般不宜小于 4 m。

（1）当相对硬层的埋藏深度不大时，应按相对硬层的埋藏深度确定。

（2）当相对硬层的埋藏深度较大时，对于按变形控制的工程，加固深度应该满足碎石桩或碎石桩复合地基变形不超过建筑物地基容许变形值的要求；对于按稳定性控制的工程，加固深度应该大于最危险滑动面的深度。

5）碎石桩桩孔内的填料量

碎石桩体材料可用碎石、卵石、角砾、圆砾、粗砂、中砂或者石屑等硬质材料，宜选用风化易碎的石料，按一定配比混合，含泥量不得大于 5%。

11.6 排水固结法

排水固结法是对天然地基，或先在地基中设置砂井（袋装砂井或者塑料排水带）等竖向排水体，然后利用建筑物自重分级加载；或是在建筑物建造前预先在场地加载预压，使土体中的孔隙水排出，提前完成固结沉降，同时逐步提高强度的一种软黏土地基加固方法。

该法常用于解决软黏土地基的沉降与稳定问题，使地基沉降在加载预压期间基本或大部分完成，从而建筑物在使用期间不致产生过大的沉降与沉降差。同时，该法可增加地基土的抗剪强度，提高地基的承载力与稳定性。

11.6.1 加固原理与应用条件

饱和软黏土地基在荷载作用下，孔隙中的水被慢慢地排出，孔隙体积慢慢减小，地基发生固结变形，同时，随着超静孔隙水压力逐渐消散，有效应力逐渐提高，地基土的强度逐渐增长。

现以图 11-2 为例给予说明。土样的天然固结压力为 σ_0' 时，其孔隙比为 e_0，在 $e-\sigma_c'$ 坐标上其相应的点为 a 点，当压力增加 $\Delta\sigma'$，固结终了时，变为 c 点，孔隙比减小 Δe，曲线 abc 称为压缩曲线。与此同时，抗剪强度与固结压力成比例地由 a 点提高到 c 点。所以，土体在受压固结时，一方面孔隙比减小产生压缩，一方面抗剪强度也得到提高。

如从 c 点卸除压力 $\Delta\sigma'$，则土样回弹，图中 cef 为回弹曲线，如从 f 点再加压 $\Delta\sigma'$，土样发生再压缩，沿虚线变化到 c' 点。从再压缩曲线 fgc' 可清楚地看出，固结压力同样从 σ_0' 增加 $\Delta\sigma'$，而孔隙比减小值为 $\Delta e'$，比 Δe 小得多。这说明，如果在建筑场地先加一个和上部建筑物相同的压力进行预压，使土层固结（相当于压缩曲线上从 a 点变化到 c 点），然后卸除荷载（相当于在回弹曲线上由 c 点变化到 f 点），再建造建筑物（相当于在压缩曲线上从 f 点变化到 c' 点），这样，建筑物所引起的沉降即可大大减小。如果预压荷载大于建筑物荷载，即所谓超载预压，则效果更好。因为当土层的固结压力大于使用荷载下的固结压力时，原来的正常固结黏土层将处于超固结状态，而使土层在使用荷载下的变形大为减小。

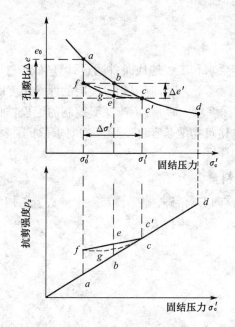

图 11-2　排水固结法增大地基土密实度的原理

另外，土层的排水固结效果和它的排水边界条件有关。当土层厚度相对荷载宽度（或直径）比较小时，土层中孔隙水向上下面透水层排出而使土层发生固结[图 11-3(a)]，称为竖向排水固结。

同时，根据一维固结理论，在达到同一固结度时，软黏土层固结所需要的时间与排水距离的平方成正比。软黏土越厚，一维固结所需要的时间越长。为了加速固结，最有效的方法是在天然土层中增加排水路径，缩短排水距离。

在天然地基中设置砂井或者塑料排水带等竖向排水系统，这时土层中的孔隙水主要通过砂井和竖向排出。砂井的作用就是缩短排水距离，使沉降提前完成，加速地基土强度的增长。如图 11-3(b)所示。

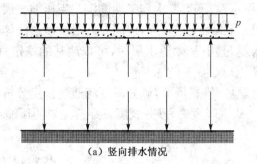 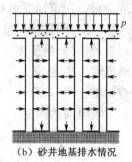

|（a）竖向排水情况|（b）砂井地基排水情况|

图 11-3 排水法原理

排水固结法主要适用于处理淤泥、淤泥质土及其他饱和软黏土。对于砂类土和粉土，因透水性良好，无须用此法处理，对于受污染的软黏土和强结构性软黏土地基加固工程不宜采用该法。

11.6.2 堆载预压法设计计算

堆载预压法处理地基的设计应包括以下内容：

（1）选择竖向排水体，确定其断面尺寸、间距、排列方式和深度。

（2）确定预压区范围、预压荷载大小、荷载分级、加载速率和预压时间。

（3）计算地基土的固结度、强度增长、抗滑稳定性和变形。

1）砂井排水固结的设计计算

（1）砂井设计

竖井地基的设计工作包括选择竖井类型，确定竖井的直径与间距、深度以及平面布置形式，计算竖井地基固结度。

① 竖井的类型

工程上采用的竖井有普通砂井、袋装砂井以及塑料排水板等。

② 砂井的直径和间距

砂井的直径和间距主要取决于黏土层的固结特性和工期要求。为了加速土层的固结，缩小井径比增大砂井直径效果好得多，宜采用"细而密"的方案。另外，砂井的直径还与施工方法有关。

常用的普通砂井直径可取 $300 \sim 500$ mm，袋装砂井直径可取 $70 \sim 120$ mm。塑料排水板已经标准化，一般相当于直径 $60 \sim 70$ mm。砂井的间距可按井径比选用，井径比（n）按下式确定：

$$n = d_e/d_w \tag{11-26}$$

式中：d_e——砂井有效排水范围等效圆直径（mm）；

d_w——砂井直径（mm），普通砂井的间距可按 $n = 6 \sim 8$ 选用，塑料排水板和袋装砂井的间距可按 $n = 15 \sim 22$ 选用。

③ 竖井的深度

砂井的深度应根据建筑物对地基的稳定性、变形要求和工期确定。当压缩土层不厚、底部有透水层时,砂井应尽可能贯穿压缩土层;当压缩土层较厚,但间有砂层或砂透镜体时,砂井应尽可能打至砂层或透镜体;当压缩土层很厚,其中又无透水层时,可按地基的稳定性及建筑物变形要求处理的深度来决定。

按稳定性控制的工程,如路堤、土坝、岸坡、堆料场等,砂井深度应通过稳定分析确定,砂井长度应超过最危险滑弧面的深度 2.0 m。从沉降考虑,砂井长度宜穿透主要的压缩土层。

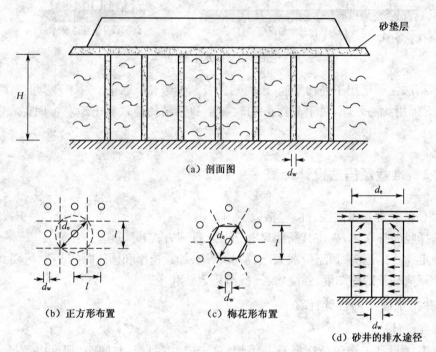

图 11-4　砂井布置图

④ 砂井的布置和范围

排水井有两种平面布置方式:梅花形和正方形(图 11-4)。假设每个砂井的有效影响面积为圆面积,如砂井间距为 l,则等效圆(有效排水范围)的直径 d_e 与 l 的关系为:梅花形时,$d_e = 1.05l$;正方形时,$d_e = 1.13l$。由于梅花形排列较正方形紧凑和有效,所以应用较多。

砂井的布置范围应稍大于建筑物基础范围,扩大的范围可由基础轮廓线向外增大 2~4 m。

⑤ 砂垫层

在砂井顶面应铺设排水砂垫层,以连通各个砂井形成通畅的排水面,将水排到场地以外。砂垫层厚度不应小于 0.5 m;水下施工时,砂垫层厚度一般为 1.0 m 左右。

(2)地基固结度计算

① 竖向平均固结度 U,可按下式计算:

$$U_z = 1 - \frac{8}{\pi^2}\exp\left(\frac{-\pi^2}{4}T_v\right) \tag{11-27}$$

式中:T_v——竖向固结时间因数,$T_v = \dfrac{C_v t}{H^2}$。

如果考虑逐级加荷,则时间 t 从加荷历时的一半起算,如为双面排水,H 取土层厚度的一半。

② 根据 Barron 的解法计算径向平均固结度 U_r

$$U_r = 1 - \exp\left(-\frac{8}{F}T_H\right) \tag{11-28}$$

式中:T_H——水平向固结时间因数,$T_H = \dfrac{C_H t}{d_e^2}$;

C_H——水平固结系数(cm^2/s),$C_H = \dfrac{K_H(1+e)}{\gamma_w a}$;

K_H——水平渗透系数(cm/s);

F——与 n 有关的系数,$F = \dfrac{n^2}{n^2-1}\ln(n) - \dfrac{3n^2-1}{4n^2}$;

n——井径比,$n = d_e/d_w$,一般 n 取 4~12。

③ 砂井的平均固结度为

$$U_{rz} = 1 - (1 - U_r)(1 - U_z) \tag{11-29}$$

(3) 预压荷载

预压荷载的大小应根据设计要求确定。对于沉降有严格限制的建筑,应采用超载预压处理,超载量大小应根据预压时间内要求完成的变形量通过计算确定,并宜使预压荷载下受压土层各点的有效竖向应力大于建筑物荷载引起的相应点的附加应力。

单元堆载面积要足够大,用来保证深层软黏土地基加固效果,堆载的顶面积不小于建筑物基底面积。

严格控制加荷载速率,分级荷载大小要适宜,保证在各级荷载下地基的稳定。

对于超软黏土地基,首先应该设计好持力垫层,对其分级荷载大小、施工工艺要精心设计,避免对土的扰动和破坏。

2) 地基土抗剪强度增长的预估

有效固结压力法是采用只模拟压力作用下的排水固结过程,不模拟剪力作用下的附加压缩的方法。对于荷载面积相对于土层厚度比较大的排水固结预压工程,这样的模拟大致是合理的。土的强度变化可以通过剪切前的竖向有效固结压力表示。对正常固结饱和黏性土地基,某点 t 时刻的抗剪强度 τ_{ft} 可按下式计算:

$$\tau_{ft} = \tau_{f0} + \Delta\sigma_z U_t \tan\varphi_{cu} \tag{11-30}$$

式中:τ_{f0}——地基土的天然抗剪强度(kPa);

$\Delta\sigma_z$——预压荷载引起的该点的附加竖向应力(kPa);

U_t——该点土的固结度;

φ_{cu}——三轴固结不排水压缩试验求得的土的内摩擦角。

3) 沉降计算

预压荷载作用下地基的最终沉降量可按下式计算:

$$s_f = \xi \sum_{i=1}^{n} \frac{e_{0i} - e_{1i}}{1 + e_{0i}} h_i \qquad (11-31)$$

式中：e_{0i}——第 i 层中点土自重应力所对应的孔隙比，由室内固结试验 e-p 曲线查得；

$\quad\quad e_{1i}$——第 i 层中点土自重应力与附加应力之和所对应的孔隙比，由室内固结试验 e-p 曲线查得；

$\quad\quad h_i$——第 i 层土层厚度(m)；

$\quad\quad \xi$——经验系数，对正常固结饱和黏性土地基可取 $\xi = 1.1 \sim 1.4$，荷载较大、地基土较软弱时取较大值，否则取较小值。

11.6.3 真空预压法及其设计要点

真空预压法是通过在砂垫层和竖向排水体中形成负压区，在土体内部与排水体间形成压差，迫使地基土中水排出，地基土体产生固结。

1) 真空预压法的加固机理

真空预压在抽气前，薄膜内外均承受一个大气压 p_a 的作用，抽气后薄膜内外形成一个压力差（称为真空度），首先是砂垫层，其次是砂井中的气压降至 p_v，使薄膜紧贴砂垫层，由于土体与砂垫层和砂井间的压差，从而发生渗流，使孔隙水沿着砂井或塑料排水板上升而流入砂垫层内，被排出塑料薄膜外；地下水在上升的同时，形成塑料板附近的真空负压，使土体内的孔隙水压形成压差，促使土中的孔隙水压力不断下降，地基有效应力不断增加，从而使土体固结。土体和砂井间的压差，开始时为 $p_a - p_v$，随着抽气时间的增长，压差逐渐变小，最终趋向于零，此时渗流停止，土体固结完成。所以真空预压过程，实质为利用大气压差作为预压荷载（当膜内外真空度达到 600 mmHg，相当于预压荷载 80 kPa），使土体逐渐排水固结的过程。

真空预压法适用于超软黏性土以及边坡、码头等地基稳定性要求较高的工程地基加固，土愈软，加固效果愈明显。

相对于堆载预压法，不需要大量堆载，可省去加载和卸载工序，节省大量原材料、能源和运输能力；所用设备和施工工艺比较简单，无须大量的大型设备，便于大面积使用；无噪声，无振动，无污染，可做到文明施工。

2) 真空预压法的设计要点

（1）竖井

砂井的砂料应选用中砂，其渗透系数应大于 1×10^{-2} cm/s；竖井一般采用袋装砂井或塑料排水板，其尺寸、排列方式、间距和深度等参照本节"砂井设计"确定。

（2）膜内真空度

膜内真空度应均匀分布，且稳定地保持在 650 mmHg 以上；竖井深度范围内土层的平均固结度应大于 90%。

（3）预压区面积和形状

真空预压效果与预压区面积大小及长宽比有关。实测资料表明，预压面积越大，加固效果越明显。真空预压区边缘应该大于建筑物基础轮廓线，每边增加量不得小于 3.0 m，每块预压区相互连接，形状应尽可能为正方形。

（4）沉降计算

首先应计算加固前建筑物荷载下天然地基的沉降量，后计算真空预压期间所完成的沉降量，两者之差即为预压后在建筑物使用荷载下可能发生的沉降。

11.7 高压喷射注浆法与深层搅拌法

高压喷射注浆法是一种近年来发展起来的地基处理方法，该方法可以用多种化学浆液注入地基中与地基土搅拌，组成加固体，达到加固的目的。

高压喷射注浆法又称旋喷法，它是利用钻机把带有特殊喷嘴的注浆管钻至土层预定位置后，用高压脉冲泵（工作压力在 20 MPa 以上），将水泥浆液通过钻杆下端的喷射装置，向四周以高速水平喷入土体，借助液体的冲击力切削土层，使喷流射程内的土体遭受破坏。与此同时，钻杆一面以一定的速度（20 r/min）旋转，一面低速（15～30 cm/min）徐徐提升，使土体与水泥浆充分搅拌混合，胶结硬化后即在地基中形成直径比较均匀、具有一定强度（0.5～8.0 MPa）的圆柱体，从而使地基得到加固。

其施工工艺流程如图 11-5 所示。

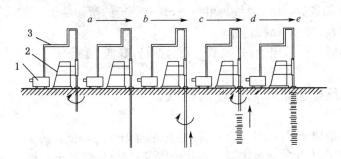

图 11-5　高压喷射注浆施工工艺流程
a—钻机就位钻孔；*b*—钻孔至设计标高；*c*—旋喷开始；*d*—边旋喷边提升；*e*—旋喷结束成桩
1—钻孔机械；2—超高压脉冲泵；3—高压胶管

11.7.1 高压喷射注浆的分类

1）按注浆的形式分类

高压喷射注浆按注浆的形式分为旋喷注浆、定喷注浆和摆喷注浆 3 种类型。

（1）旋喷注浆。在利用旋喷注浆法施工时，喷嘴一面喷射一面旋转并提升，固结体呈现圆柱状。

（2）定喷注浆。利用定喷注浆法施工时，喷嘴一面喷射一面提升，喷射方向固定不变，固结体形如板状或者壁状。

（3）摆喷注浆。利用摆喷注浆法施工时，喷嘴一面喷射一面提升，喷射的方向呈较小角度来回摆动，固结体形如较厚墙状。

2）按喷射方法分类

高压喷射注浆法施工工艺根据喷射方法的不同又分为：

（1）单管法。用一根单管喷射高压水泥浆液作为喷射流，由于高压浆液射流在土中衰减大，破碎土的射程较短，成桩直径较小，一般为 0.3～0.8 m。

（2）二重管法。用同轴双通道二重注浆管复合喷射流。成桩直径为 1.0 m 左右。

（3）三重管法。用同轴三重注浆管复合喷射高压水流和压缩空气，并注入水泥浆液。由于高压水射流的作用，使地基中一部分土粒随着水、气排出地面，高压浆流随之填充空隙。成桩直径较大，一般有 1.0～2.0 m，但成桩强度较低（0.9～1.2 MPa）。

11.7.2　高压喷射注浆法加固技术的优点

（1）由于将水泥土与原地基软黏土就地搅拌混合，因而可以最大限度地利用原土。

（2）对周围原有建筑的影响较小。

（3）可按照不同地基土的性质及工程设计要求合理选择，设计比较灵活。

（4）施工设备简单，管理方便，施工时无振动、无污染，可在密集的建筑群中进行施工，而且料源广阔，价格低廉。

（5）透气、透水性差，固结体内虽有一定的孔隙，但这些孔隙并不贯通，为密封型，而且固结体有一层较致密的硬壳，其渗透系数相当高，具有一定的防渗功能。

（6）固结强度高，单桩承载力较高。

（7）与钢筋混凝土桩基相比，节省了大量的钢材，降低了造价。

11.7.3　高压喷射注浆法的适用范围

高压喷射注浆适用于淤泥、淤泥质土、黏性土、粉土、砂土、湿陷性黄土、人工填土及碎石土等的地基加固；可用于既有建筑和新建筑的地基处理、深基坑侧壁挡土或挡水、基坑底部加固防止管涌与隆起、坝的加固与防水帷幕等工程。但对含有较多大粒块石、坚硬黏性土、大量植物根茎或含过多有机质的土及地下水流过大、喷射浆液无法在注浆管周围凝聚的情况下，不宜采用。

11.7.4　设计计算

1）直径的确定

高压旋喷桩的直径除浅层可用开挖的方法确定以外，深部的直径无法用准确的方法确定，因此只能用经验的方法给出。

2）桩的平面布置

竖向承载旋喷桩的平面布置可根据上部结构和基础特点确定。独立基础下的桩数一般不应少于 4 根。

3）旋喷桩复合地基承载力

竖向承载旋喷桩复合地基承载力特征值应通过现场复合地基载荷试验确定。初步设计时,也可按式(11-5)估算,式中 β 可根据试验或类似土质条件的工程经验确定,当无试验资料或经验时,可取 0~0.5,承载力较低时取低值。其单桩竖向承载力特征值只可通过现场单桩载荷试验确定。

4）浆量计算

浆量计算主要有两种方法——体积法和喷量法,取较大者作为设计喷浆量。

5）材料要求

主要材料为水泥,对于无特殊要求的工程,宜采用 32.5 级及以上的普通硅酸盐水泥。水泥应在使用前做质量鉴定。

6）褥垫层设置

竖向承载旋喷桩复合地基宜在基础和桩顶之间设置褥垫层,褥垫层厚度可取 200~300 mm,其材料可选用中砂、粗砂、级配砂石等,最大粒径不宜大于 30 mm。

11.8 水泥土搅拌桩法

水泥土搅拌桩法是以水泥作为固化剂的主剂,通过特制的深层搅拌机械,将固化剂(浆体或粉体)和地基土强制搅拌,使软土硬结形成具有整体性、水稳定性和足够强度的水泥土桩或地下连续墙。

11.8.1 加固机理

水泥与软黏土采用机械搅拌加固的基本原理是基于水泥加固土的物理化学反应过程,有别于混凝土的硬化机理。

1）水泥水化作用

当水泥掺入软土中时,水泥颗粒表面的矿物很快与软土中的水发生强烈的水解和水化反应,生成氢氧化钙、含水硅酸钙、含水铝酸钙及含水铁酸钙等水泥水化物。

2）水泥的离子交换和颗粒聚集作用

由于土颗粒在天然状态下表面带有负电荷,而反离子层为阳离子,其中的钠离子和钾离子进行离子交换,使土粒水化膜变薄,进而使土颗粒聚结成较大的团粒。另外,水泥水化后其凝胶颗粒呈分散状,比表面积急速增大,所产生的表面能具有强烈的吸附活性,能使土颗粒结合扩大,形成水泥土的团粒结构,同时也逐渐封住了各颗粒间的空隙,在宏观上表现为水泥土的强度有了很大的提高。

3）水泥土的硬化作用

离子交换后,溶液中析出大量的钙离子,当钙离子的数量超过离子交换的需要量后,在碱性环境中,组成颗粒矿物的二氧化硅与三氧化铝的一部分或大部分与钙离子产生化学反应,并逐渐生成不溶于水的稳定的铝酸钙、硅酸钙及钙黄长石的结晶水化物,这些化合物在水中和空气中逐渐硬化,提高了水泥强度,且其结构比较致密,水分不易侵入,故该水泥还具有优异的防水性能。

4）碳酸化作用

水泥水化物中游离的氢氧化钙能吸收水中和空气中的二氧化碳,反应生成不溶于水的碳酸钙,该过程也可以小幅度增加水泥土的强度,但主要体现在后期强度。水泥加固软黏土的强度主要来自于水泥水解水化物与土体的胶结作用。

11.8.2　水泥土搅拌桩法的优点

（1）由于将固化剂与原地基土就地搅拌混合,因而最大限度地利用了地基土。
（2）搅拌时不会使地基土产生侧向挤出,对原有建筑物影响很小。
（3）根据地基土的不同性质和工程要求,可以合理选择固化剂的类型及其配方,设计灵活。
（4）施工过程中无振动、无污染、无噪声,可在城市市区和密集建筑群中施工。
（5）加固后土体的重度基本不变,软弱下卧层不会产生附加沉降。
（6）与钢筋混凝土桩基相比,降低成本的幅度较大。
（7）可以根据上部结构的需要,灵活地采用柱状、壁状、格栅状和块状等加固形式。

11.8.3　水泥土搅拌桩法的适用范围

本法适用于处理正常固结的淤泥与淤泥质土、粉土、饱和黄土、素填土及无流动地下水的饱和松散砂土地基和含水量较高且地基承载力不大于 120 kPa 的黏性土地基。多用于墙下条形基础、大面积堆料厂房、高等级公路、铁路、机场的地基处理;用于深基坑开挖时防止坑壁及边坡塌滑及坑底隆起的支护工程以及粉土、夹砂层、砂土地基的防渗工程中。

11.8.4　水泥土搅拌桩法的设计要点

1）桩径和桩长

水泥土搅拌桩的桩径不应小于 500 mm。竖向承载搅拌桩的长度应根据上部结构对承载力和变形的要求确定,并宜穿透软弱土层到达承载力相对较高的土层;为提高抗滑稳定性而设置的搅拌桩,其桩长应超过危险滑弧线以下 2 m。

2）单桩竖向承载力特征值

水泥土搅拌桩单桩竖向承载力特征值应通过现场载荷试验确定,如果无试验资料,也可按下列两式计算,并取其中较小值:

$$R_a = u_p \sum_{i=1}^{n} q_{si} l_i + \alpha q_p A_p \tag{11-32}$$

$$R_a = \eta f_{cu} A_p \tag{11-33}$$

式中:R_a——单桩竖向承载力特征值(kN);

f_{cu}——与搅拌桩桩身水泥土配比相同的室内加固土试块在标准养护条件下 90 d 龄期的立方体抗压强度平均值(kPa);

η——桩身强度折减系数,干法可取 0.20～0.30,湿法可取 0.25～0.33;

u_p——桩的周长(m);

A_p——桩的截面面积(m^2);

n——桩长范围内所划分的土层数;

q_{si}——桩周第 i 层土的侧阻力特征值,对淤泥可取 4～7 kPa,对淤泥质土可取 6～12 kPa,对软塑状的黏性土可取 10～15 kPa,对可塑状态的黏性土可取 12～18 kPa;

l_i——桩长范围内第 i 层土的厚度(m);

q_p——桩端地基土未经修正的承载力特征值(kPa);

α——桩端天然地基土的承载力折减系数,可取 0.4～0.6,承载力高时取低值。

3)布桩形式

柱状加固可采用正方形、等边三角形等布桩形式。桩可只在基础平面范围内布置,独立基础下的桩数不宜少于 3 根。布桩形式可根据上部结构特点以及对地基承载力和变形的要求,采用柱状、壁状、格栅状或块状等不同形式。

4)水泥土搅拌桩复合地基承载力特征值

在设计时,可根据要求达到的复合地基承载力特征值,按式(11-5)求面积置换率。竖向承载水泥土搅拌桩复合地基的承载力特征值应通过现场单桩或多桩复合地基荷载试验确定。初步设计时也可按式(11-5)估算。

5)其他

水泥土搅拌桩还要进行变形验算和抗滑验算。

同时注意水泥土搅拌桩复合地基宜在基础下设置垫褥层。垫褥层厚度可以取 200～300 mm,其材料可选用中砂、粗砂、级配砂石等,最大粒径不宜大于 20 mm。

11.9 土工合成材料

土工合成材料是 20 世纪 60 年代末兴起的,用于岩土工程领域的一种化学纤维品的建筑材料,是土木工程中应用的合成材料的总称。它主要是由聚酯纤维、聚乙烯、聚氯乙烯、聚丙烯、尼龙纤维等高分子化学材料作为原料而制成的各种类型的产品,可放置于岩土体或其他工程结构的内部、表面或各种结构层之间,用途极其广泛,具有排水、隔离、反滤、加固补强、保护和止水等作用,是应用于土木工程中的一种新型工程材料。

11.9.1 土工合成材料的主要功能

土工合成材料在工程上的应用,主要表现在排水、反滤、隔离、加筋、防护和防渗 6 个方面。

1）排水

土工合成材料的排水作用是指利用土工合成材料将不必要的大气降水、土中多余的水分收集起来，并将其排出的性能。具有良好的三维透水特性的土工合成材料可将水经过它的平面迅速沿水平方向排走，构成水平排水层。土工合成材料所形成的排水层，其排水作用的效果取决于在相应的受力条件下的导水性的大小（导水性为水平向渗透系数和厚度的乘积），及其所需排水量和所接触土层的土质条件。它还可与其他材料（如粗粒料、排水管、塑料排水板等）共同构成排水系统或深层排水井。

2）反滤

土工合成材料的反滤作用是指把土工合成材料铺设在被保护的土上，可以起到与一般砂砾石反滤层同样的作用，既允许水流渗透通过，同时又阻止水流将土颗粒带走，从而防止发生流土、管涌和堵塞。

3）隔离

土工合成材料的隔离作用是指把土工合成材料设置在两种不同土或材料或者土与其他材料之间，将它们相互隔离，避免混杂产生不良效果。土工合成材料用于路基工程，以防止软弱土层侵入路基引起翻浆冒泥，同时有利于排水，加速土体固结，增强地基承载能力。

当用于材料的储存堆放场地，可以避免材料损失和劣化，对于废料还有助于防止污染。当用于受力的结构体中，则有助于保证结构的状态和设计功能。但用作隔离的土工合成材料，其渗透性应大于所隔离土的渗透性；当承受动荷载作用时，土工纤维应有足够的耐磨性和抗拉强度。

4）加筋

土工合成材料的加筋作用是指利用土工合成材料的抗拉强度和韧性等力学性质，可以分散荷载，增强土体的抗变形能力，减小沉降量，从而提高土工结构的稳定性，或作为加筋材料构成加筋土以及各种复合土工结构。

5）防护

土工合成材料的防护作用是指限制或者防止岩土体受外界环境影响而破坏的作用，用于防冲、防浪、防冻、防震、固砂、防止盐碱化以及泥石流等，可以分为屏障作用和防侵蚀作用。

6）防渗

利用土工合成材料中弱透水材料，可以有效防止液体的渗透、气体的挥发，以保护环境或者建筑物的安全。

11.9.2　土工合成材料的特点

土工合成材料的特性包括物理性能、力学性能、水力学性能和耐久性能。它的特点是质量轻，质地柔软，整体连续性好；弹性、耐磨性、耐腐蚀性、耐久性和抗微生物侵蚀性好，不易霉烂和虫蚀；施工方便，抗拉强度高，没有显著的方向性，各向强度基本一致。土工合成材料一般为工厂制品，材质易保证，施工简捷，造价较低，与砂垫层相比可节省大量砂石材料，节省费用1/3左右。用于加固软弱土地基或边坡，可提高土体强度，承载力增大3~4倍，显著地减少沉降，提高地基稳定性。但土工合成材料存在抗紫外线（老化）能力较低，如果埋在土中，不受紫外线照射则不受其影响,可使用 40 年以上。

11.9.3 土工合成材料的适用范围

土工合成材料适用于加固软弱土地基,以加速土的固结,提高土体强度;用于堤岸边坡,可使结构坡角加大,又能充分压实;用于公路、铁路路基作加强层,防止路基翻浆、下沉;用于河道和海港岸坡的防冲,水库、渠道的防渗以及土石坝、灰坝、尾矿坝与闸基的反滤层和排水层,可取代砂石级配良好的反滤层;用于挡土墙后的加固,可代替砂井,此外还可节约投资,缩短工期,保证安全使用。

11.10 托换技术

既有建筑物地基加固技术又称为托换技术。一般包括:补救性托换、预防性托换、侧向托换和维持性托换。

补救性托换是指对已有建筑物的原有基础不符合要求,而需要增加该基础的深度或原基础加宽的托换的技术。

预防性托换是指邻近要修筑较深的新建筑物基础,需要将已有建筑物的基础加深或扩大的技术。

侧向托换是指在平行于已有建筑物基础旁,修筑比较深的板桩墙、树根桩或地下连续墙等的技术。

维持性托换是指在建筑物基础下,设计时预先设置好顶升的措施,以适应地基变形的需要的技术。

下面介绍两种托换技术的方法:灌浆托换和桩式托换。

11.10.1 灌浆托换

灌浆托换是利用气压或液压或电化学原理,通过注浆管把浆液均匀地注入地层中,浆液以填充、渗透和挤密等方式侵入土颗粒间或岩石裂隙中水分和空气所占据的空间,经过一段时间后,浆液将原来松散的土粒或裂隙胶结成一个整体,形成一个结构新、强度大、防水性能好和化学稳定性良好的结石体。

灌浆托换属于原位处理,施工较为简便,能快速硬化,加固体强度高,一般情况下可以实现不停产加固。灌浆材料有粒状浆材如水泥浆、黏土浆等,以及化学浆材如硅酸钠、氢氧化钠、环氧树脂、丙烯酰胺等。但是,灌浆托换因浆材价格多数较高,通常仅限于浅层加固处理,加固深度常为 3～5 m。

建筑工程中用于基础托换的灌浆法主要有水泥硅化法、硅化加固法、碱液加固法。

1) 水泥硅化法

水泥硅化法是将水玻璃与水泥分别配成两种浆液,按照一定比例用两台泵或一台双缸独立分开的泵将两种浆液同时注入土中。这种浆液不仅具备水泥浆的优点,而且还兼有某些化学浆液的优点。这种方法的特点是凝结时间快、可灌性好等,凝结时间可控。

2) 硅化加固法

硅化加固法是利用带有孔眼的注浆管将硅酸钠($Na_2O \cdot nSiO_2$)溶液与氯化钙($CaCl_2$)溶液分别轮换注入土中,从而使土体达到固化的效果。

3) 碱液加固法

碱液(即氢氧化钠溶液)加固的原理不同于溶液本身析出胶凝物质将分散的土颗粒胶结而使土得到加固的方法,碱液加固法本身并不能析出任何胶凝物质,而只是使土颗粒表面活化,然后在接触处彼此胶结成整体,从而提高土的强度。

随着科学技术的日新月异,使结构物的荷载日益增大,对变形要求越来越严,因此,地基处理的重要地位也日益明显,已经成为制约工程建设的主要因素,如何选择一种既满足工程要求,又节约投资的设计、施工和验算方法,是我们亟待解决的问题。

11.10.2 桩式托换

在基础结构的下部或两侧设置各类桩(包括静压桩、锚杆静压桩、预制桩、打入桩、灌注桩、灰土桩和树根桩等),在桩上搁置托梁或承台系统,或直接与基础锚固,来支承被托换的墙或柱基的托换方法,称为桩式托换。

1) 锚杆静压桩托换

锚杆静压桩是由锚杆和静力压桩两项技术巧妙结合而形成的一种桩基新工艺。在需要加固的既有建筑物基础上按照设计开凿压孔和锚杆孔,用黏结剂固定好锚杆,然后安装压桩架,与建筑物基础连为一体,并且利用既有建筑物自重作为反力,用千斤顶将预制桩段压入土中,桩段间用硫黄胶泥或者焊接连接。当压桩力和压入深度达到设计要求后,将桩与基础用微膨胀混凝土浇筑在一起,桩即可受力,从而达到提高地基承载力可控制沉降的目的(如图11-6所示)。

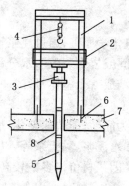

图 11-6 锚杆静压桩托换
1—反力架;2—反力梁;3—油压千斤顶;
4—倒链;5—分节混凝土预制桩;6—锚杆;
7—基础承台;8—压桩孔

锚杆静压桩施工机具简单,施工作业面小,施工方便灵活,技术可靠,效果明显,施工时无振动、无污染,对原有建筑物里的生活或生产秩序影响小。锚杆静压桩适用范围广,可适用于黏性土、淤泥质土、杂填土、粉土、黄土等地基。由于具有上述优点,锚杆静压桩技术在我国各地得到了较多的应用。

2) 预制桩托换

如既有建筑物的沉降未稳定或还在发展,但尚未丧失使用价值,可以采用预制桩托换法对其基础地基进行加固补强,以用来阻止该建筑物的沉降、裂缝或者倾斜继续发展,恢复其使用功能。托换法使用于钢筋混凝土基础或基础内设有地梁的多层及单层建筑,对于淤泥、淤泥质土、黏性土、粉土和人工填土等,并且地下水较低的情况效果较好。预制桩托换法是在已经开挖的基础下托换坑内,利用建筑物上部结构自重作为支承反力,用千斤顶将制好的钢管或者钢筋混凝土桩段——压入土中,逐段接成桩身的托换方法。

预制桩托换法适用于淤泥、淤泥质土、黏性土、粉土和人工填土,并且埋深较浅的硬持力层。当地基土中含有较多大的块石、坚硬黏性土或者密实的砂土夹层时,应该根据现场试验确定其适用与否。

3) 树根桩托换

树根桩是一种小直径(150~300 mm)钻孔灌注桩,长度一般不超过 30 m,可以是竖直桩,也可以是斜桩或形成网状结构如树根状,故称为树根桩。

树根桩主要运用于建筑物需要加层,地基和基础承载力不足的时候;由于地质勘查、设计和施工原因,建筑物建成后发生不均匀沉降;古建筑的地基基础加固或对岩石和土体边坡稳定加固等。树根桩法适用于淤泥、淤泥质土、黏性土、粉土、砂土、碎石土以及人工填土等地基土。

树根桩托换技术具有需要的施工场地小、施工时噪声小、机具简单、振动小等优点。又由于其桩径很小,因而对承台和地基土几乎不产生扰动,所以托换时对墙身不存在危险,也不会扰动地基土和干扰建筑物的正常工作。

思考题

11-1 什么是软弱地基?

11-2 简述地基处理的方法。

11-3 简述换填垫层法的作用。

11-4 垫层厚度和宽度是如何确定的?

11-5 什么是重锤夯实法?其应用范围包括哪些方面?

11-6 强夯法的加固机理是什么?

11-7 简述砂石桩的设计要点。

11-8 排水固结法中砂井的作用是什么?砂井地基的固结度如何计算?

11-9 试述灌浆法的作用。

11-10 试述水泥土深层搅拌法的加固机理。

11-11 叙述土工合成材料的性能。

参 考 文 献

[1] 中华人民共和国国家标准.建筑地基基础设计规范(GB 50007—2011).北京:中国建筑工业出版社,2011.

[2] 中华人民共和国国家标准.岩土工程勘察规范(GB 50021—2001(2009 版)).北京:中国建筑工业出版社,2009.

[3] 中华人民共和国行业标准.建筑地基处理技术规范(JGJ 79—2012).北京:中国建筑工业出版社,2012.

[4] 中华人民共和国国家标准.土工实验方法标准(GB/T 50123—1999).北京:中国建筑工业出版社,1999.

[5] 中华人民共和国行业标准.建筑桩基技术规范(JGJ 94—2008).北京:中国建筑工业出版社,2008.

[6] 高大钊.土力学与基础工程[M].北京:中国建筑工业出版社,2008.

[7] 赵明华.土力学与基础工程[M].第三版.武汉:武汉理工大学出版社,2011.

[8] 李章政,马煜.土力学与基础工程[M].武汉:武汉大学出版社,2014.

[9] 孙鸿玲,徐书平.土力学与基础工程[M].北京:中国水利水电出版社,2012.